All Voices from the Island

島嶼湧現的聲音

橫斷臺灣
Traverse Taiwan

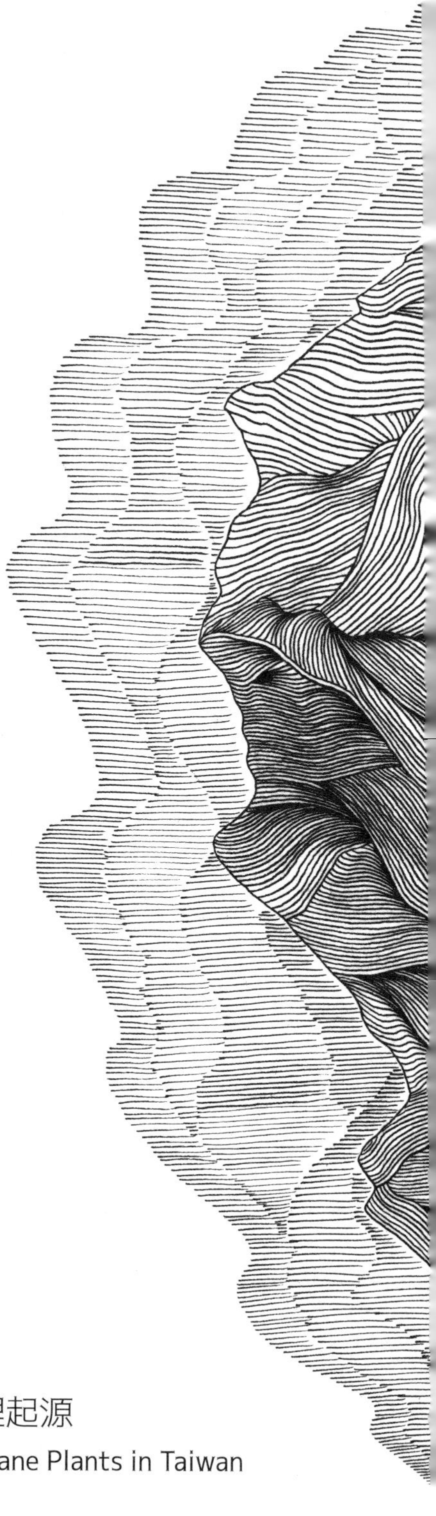

游旨价
Yu Chih Chieh

追尋臺灣高山植物地理起源

On the Phytogeographical Origin of Montane Plants in Taiwan

PART I
植物的鏡像世界——

Taiwan Strait　Taiwan Island

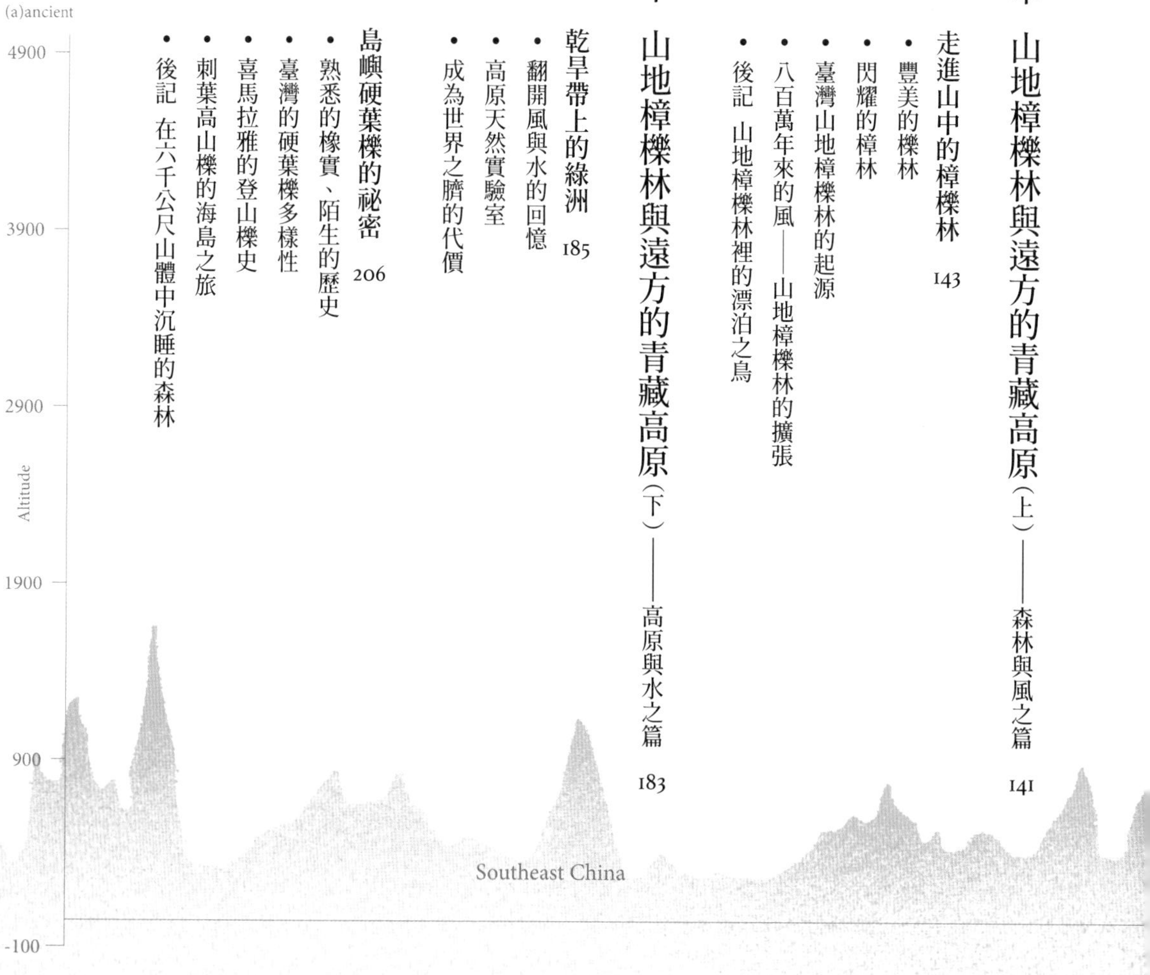

(a)ancient
4900
3900
2900
Altitude
1900
900
-100
Southeast China

PART II 橫斷臺灣

(a)ancient
4900
3900
2900
Altitude
1900
900
-100

The Himalayas and the Hengduan Mts

橫斷山地圖

1 雪寶鼎
2 四姑娘山
3 二郎山
4 貢嘎山
5 螺髻山
6 玉龍雪山
7 哈巴雪山
8 白馬雪山
9 梅里雪山
❄ 明永冰河
★ 大雪山埡口

山脈
河流
山峰
城市

說明：本地圖為標示書中所提重要地點、山脈、山峰、河流與城市位置。

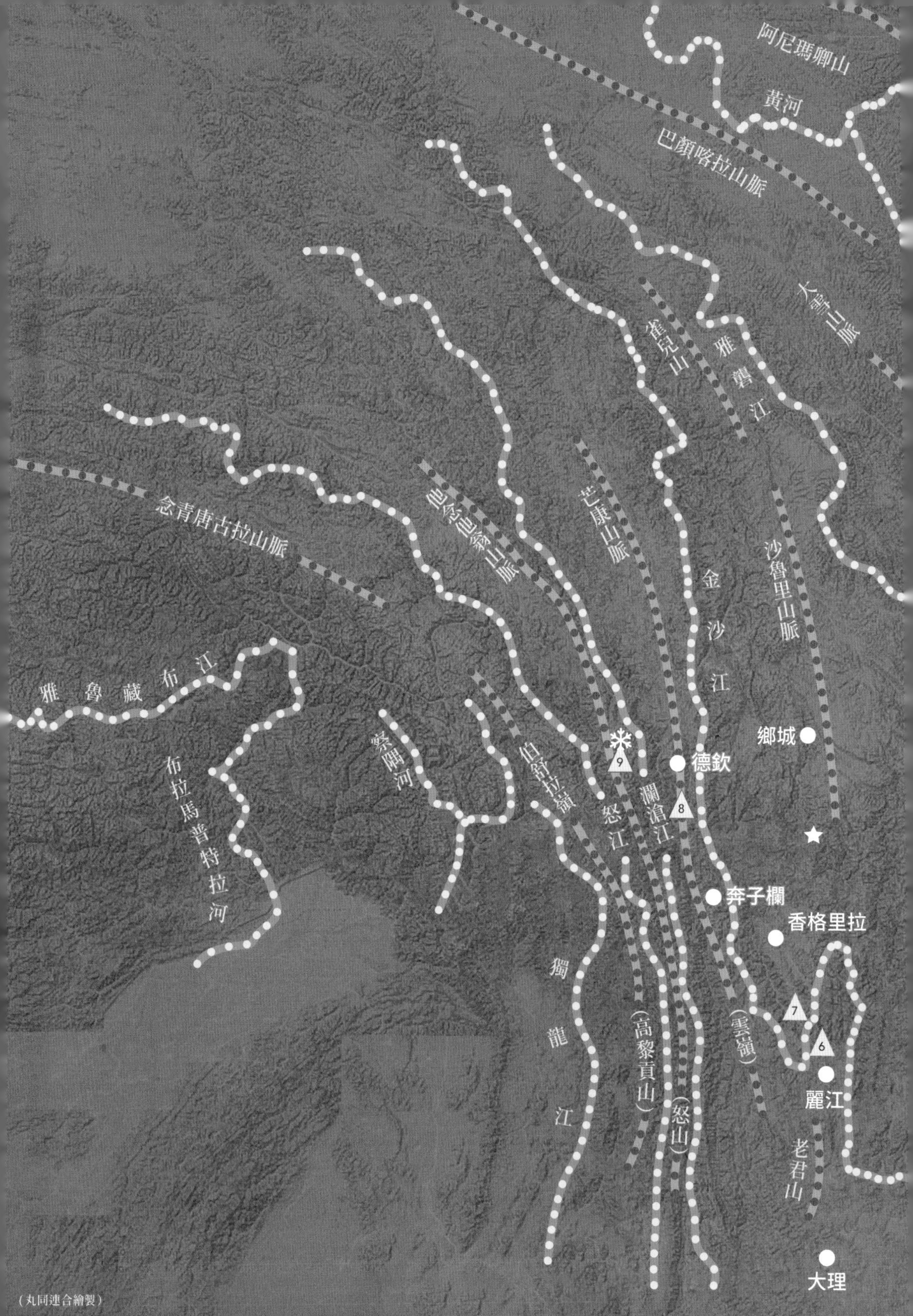
阿尼瑪卿山
黃河
巴顏喀拉山脈
大雪山脈
雀兒山
雅礱江
念青唐古拉山脈
他念他翁山脈
芒康山脈
金沙江
沙魯里山脈
雅魯藏布江
察隅河
伯舒拉嶺
怒江
瀾滄江
德欽
鄉城
布拉馬普特拉河
奔子欄
香格里拉
獨龍江
(高黎貢山)
(怒山)
(雲嶺)
麗江
老君山
大理
(丸同連合繪製)

導讀

島之生

洪廣冀　臺灣大學地理環境資源學系副教授

緣起

一八八一年，五十八歲的華萊士（Alfred Russel Wallace, 1823-1913），出版了《島之生》（*Island Life*）一書。在此二十二年前，華萊士與達爾文同時提出演化論，讓這位昔日以販賣標本維生的採集者，頓時成為英國科學界的新星。然而，由於華萊士對通靈與催眠的興趣，以及無法接受達爾文全然把造物者排除在演化之外的見解，他一直處在當時英國的科學圈外。讓華萊士走出自己的路、且在科學界大放異采的便是生物地理學，特別是島嶼的生物地理學。

《島之生》成為生物地理學的經典，其深邃與比較的視野會由著名的演化學者、螞蟻專家、生物多樣性概念的提出者以及普立茲獎得主威爾森（E. O. Wilson, 1929-2021）所繼承，並在其與羅伯特・麥克阿瑟（Robert MacArthur）合撰之《島嶼生物地理學之理論》（*The Theory of Island Biogeography*, 1967）中發揚光大。

在《島之生》中，華萊士花了相當篇幅討論臺灣的生物相。他說這個被葡萄牙人稱為Formosa的島嶼，直到相當晚近，對博物學者來說，都是個「未知之地」（*terra incognita*）。他表示，感謝斯文豪（Robert Swinhoe, 1836–1877）於一八五六至一八六六年的採集，博物學家得以一窺臺灣的生物相，且細究其與周邊區域的關係。在華萊士的時代，論及臺灣生物相的特殊性時，一般見解是臺灣的生物相與對岸的大陸有著密切關係：即臺灣與大陸本為一體，生物相也彼此相通，臺灣海峽的「陷落」是相當晚近的事，導致臺灣生物相與中國大陸生物相兩者仍是密不可分。

華萊士挑戰此通說，認為從生物地理學的角度，臺灣與中國大陸的分離（separation）比一般以為的來得早，具體表現在臺灣島上已出現自己的特有種，且生物相中包含大量東南亞、喜馬拉雅、日本與印度的成分。在如此界定臺灣生物相的特色後，華萊士依照島嶼與大陸的關係遠近，將幾個緊鄰大陸的島嶼生物相排入一個序列。他認為，與大陸關係最近者為英國，關係最遠者則是臺灣。

在判斷臺灣生物相之獨特性時，華萊士援引生物地理學中最大的謎團及最歷久彌新的主題：間斷分布（disjunct distribution）。間斷分布的內涵很簡單：高度相近、且在演化上具備深切之親緣關係的動植物出現在相距很遠的地點。對於間斷分布，還不具備演化概念的博物學者會訴諸造物者之意志。他們認為，既然物種是造物者所創造，且造物者在造物時，勢必會顧及各物種適合的生育地，若兩地的環境相近，即便相隔甚遠，上頭可發現類似的物種，不僅合理，甚至可作為造物者存在的證明。對十九世紀的博物學者而言，當他們已逐漸發展出物種演化的概念，開始不滿把什麼事都推給造物者的解釋方式。他們援引陸橋、冰河等大尺度的地質變動，再把動植物本身的遷徙能力考慮在內，把間斷分布轉化為可以研究的科學問題，而不是證明造物者存在的一則注腳。

傳承

目前科學界對臺灣島及其生物相理解，相較於華萊士的時代，已不可同日而語。在華萊士的時代，地質學者還沒有「板塊」的概念，當然無從以「板塊擠壓」的概念來理解臺灣島的起源。我們現在已經知道，臺灣並非如華萊士所以為的，很早就從大陸分出，再隨著時間，一度與大陸曾經高度類似的生物相，逐步演化出自己的特色。目前研究者接受的說法是，臺灣是從海中隆起的島嶼，相當年輕；這個島上曾經空無一物，但也因為如此，加上其多元複雜的地形，它成為來自四面八方動植物的收容所與驛站，從而造就華萊士所觀察到的獨特性。

華萊士對臺灣及其生物相之身世的判斷或許有誤，但有一點是正確的，即臺灣是研究間斷分布的寶庫。在華萊士以降之生物地理學者的努力下，臺灣與日本、東南亞之植物相的關聯已日漸清晰；唯獨臺灣與其所謂「喜馬拉雅」的關聯，即便研究者投注大量心力，還是局限在個案的盤點上；其整體的圖像，乃至於催生此間斷分布的機制，還是包裹在迷霧之中。

二〇二三年，臺大森林系博士游旨价出版《橫斷臺灣》，處理了臺灣與華萊士所言之「喜馬拉雅」的關聯，從臺灣的角度將其詮釋為「橫斷山－臺灣間斷分布」。離《島之生》的出版已過了一百四十二個年頭，旨价這本《橫斷臺灣》，是世界第一本處理臺灣與橫斷山之植群關係的專書。

閱讀《橫斷臺灣》時，對臺灣生物相感興趣的朋友應會驚訝，原來一些我們以為「很臺灣」的物種，如臺灣杉（*Taiwania cryptomerioides*）、杜鵑、小檗，乃至於那些盛開在三千餘公尺高山的花草，竟同時在橫斷山及其周邊現蹤。乍看之下，此間斷分布的出現讓人難以理解。臺灣與橫斷山或所謂「喜馬拉雅」在空間上的距離自不待言，在時間尺度的差距更不容小覷。從地質年代來看，臺灣是年輕的島嶼，橫斷山卻是地球上最古老的陸塊之一。臺灣的生物相該如何跨越漫長的時空差距，進而與橫斷山產生連繫？

要回答前述問題，我們得先從橫斷山的身世開始。旨价告訴我們，橫斷山不是一座山，而是面積達五十八萬七千平方公里、海拔平均在三千七百三十公尺的龐大地域。岷山山脈、邛崍山脈、大雪山脈、沙魯里山脈、芒康山脈、他念他翁山脈、伯舒拉嶺共七條山脈構成它的肌理，怒江、瀾滄江與金沙江則構成其血脈。橫斷山的西界即為喜馬拉雅山，東側則為岷山及四川盆地之西緣與西南緣。植物學者估計，目前橫斷山至少有三千三百種特有種與八十九個特有屬，高山植物的特有種比例為北半球之首。以旨价的話來說，「橫斷山是北半球最著名的山之國度，高山地帶的存在時間可能至少有三千萬年。」

然而，橫斷山之植物相的豐饒是一回事，與遙遠的臺灣島產生連繫，又是另一回事。旨价告訴我們，要回答「橫斷山─臺灣間斷分布是如何可能」此將近半世紀的謎團，我們得回到約二百五十八萬年前的冰河期。在那個絕大部分地表均為冰河覆蓋的時代，當許多生命因而消亡，喜愛寒冷氣候的植物反倒伺機擴張。可以這樣想像，今日臺灣杉的祖先，便是在一片冰天雪地中，離開了橫斷山，一路生根繁衍，越過臺灣陸橋，抵達臺灣。非常有可能，在臺灣陸橋兩側，曾經是繁盛的針葉樹海。此後，當全球進入間冰期，氣溫回升，前述臺灣陸橋兩側的樹海逐步衰亡；落腳臺灣的山地植物祖先，遂遷往高處避難，因而形成間斷分布。

於是，旨价表示，「與世獨立的臺灣高山，成為間冰期時橫斷山東遷生物譜系的避難之所。」他告訴我們：「作為山岳之島，位於東亞島弧的臺灣，得天獨厚地擁有一塊遼闊的高山地貌。」那麼，對臺灣人而言，瞭解此間斷分布又有何意義？他的回答是：「從生物演化的歷史來看，隱藏在這片山域中真正珍貴的無形之物，是由臺灣高山上橫斷山後代守護萬年的回憶，一段臺灣與世界最古老之山之間獨一無二的連結。」

旨价的這段話讓我想起《山椒魚來了》這部紀錄片。與臺灣杉、櫻花鉤吻鮭等物種類似，山椒魚同樣是冰河孑遺生物，在因冰河生長與衰退誘發的生物大遷徙過程中，在臺灣找到容身之處。《山椒魚來了》不僅揭露此臺灣特有生物少為人知的故事，更讓人動容的，該片同時也讓我們看見一群為臺灣生態研究犧牲奉獻的當代博物學者，以及串連起這群人的信念與友誼。該片的一個主題為「我們都是特有種」；在看完該片後，我在筆記本寫下：是的，我們都是特有種，因為我們彼此相連。

築夢

旨价表示，橫斷山讓人著迷之處，不僅是其地形，或是植物千萬年來的演化，還包括好幾代人們的「築夢」。在一處段落，他細數他如何跟隨眾多先行者的腳步：

我在不知不覺中，將威爾森來到松潘尋找美麗百合與蘭花的故事牢記於心，對於虎克與佛雷斯特關於喜馬拉雅杜鵑花的癡迷感同身受。我站在瀾滄江與金沙江的分水嶺（雲嶺），想像金敦－渥德在三江峽谷的驚險冒險，也在蒼山上眺望洱海，幻想賴神甫辛勤採集植物的身影。每每經過玉龍雪山，我都會想起納西族植物嚮導「老趙」（趙成章）的家族，以及長居在此記錄東巴文化的洛克。橫斷山的山上，不僅有植物的繽紛身影，也滿溢著博物學者的遺緒。

為了幫助讀者理解旨价追逐的是什麼樣的夢想，容我在此提供旨价提及之植物採集者的小傳：

虎克（Joseph Dalton Hooker, 1817-1911）為十九世紀下半葉英國最重要的植物學者；一八四七年間，他赴喜馬拉雅山區，展開為期三年的植物學探險。長期主掌皇家邱園（Royal Botanical Gardens at Kew）的他，為達爾文好友，也是演化論得以形成與傳播的重要推手。

威爾森（Ernest Henry Wilson, 1876-1930）同樣是英國人，在邱園受過植物採集的訓練後，於一八九九年被著名的園藝公司 James Veitch & Sons 僱用，前往中國採集，開啟其東亞首屆一指之「植物獵人」的傳奇生涯。從一九〇七年起，他開始為哈佛大學的阿諾德樹木園（Arnold Arboretum）採集，重點仍放在東亞，並於一九一八年時來到臺灣採集，稱臺灣的森林是「東亞最美麗者」（the finest forest in East Asia）。

佛雷斯特（George Forrest, 1873-1932）亦為英國人；在前往澳洲淘金失敗後，他為愛丁堡大學植物園工作，於一九〇四年起，七次前往中國雲南及其周邊區域，重點放在當地種類繁複的杜鵑花。

金敦—渥德（Francis Kingdon-Ward, 1885-1958）出身學術世家，父親為劍橋大學的植物學者，本身也曾前往劍橋大學就讀。然而，他並未完成學業；與其在標本館中工作，他更鍾情採集者的生涯。從後見之明來看，中斷學業是個明智的選擇。他過世時，在論及中國西南之植物相時，沒有人可以不提金敦—渥德的名字。

生涯最為坎坷者則是洛克（Joseph Charles Rock, 1884-1962）。洛克生於奧地利維也納，年少時，不滿家中為其做的職涯規畫，他憤而逃家。在歐陸各國流浪後，他來到美國，又前往夏威夷。一九一七至一九二〇年間，他投入夏威夷的植群研究，其成果引起美國農業部的注意。後續十三年，他前往於雲南及其周邊，為美國農業部（United States Department of Agriculture, USDA）、哈佛大學的阿諾德樹木園及其他機構採集植物。他的興趣也擴延至當地原住民納西族的社會與文化。一九六二年，終身未婚的洛克於夏威夷過世，他是世界首屈一指之中國西南植物相及納西族研究的權威。

什麼樣的推力與拉力讓前述採集者前仆後繼地遠赴雲南及其周邊地帶，即旨价所稱的橫斷山？首先，隨著鴉片戰爭的結束，中國門戶大開。歐美園藝界摩拳擦掌，準備從這個莫大的土地上，帶回世人還不知道的植物寶藏。蘇格蘭人福鈞（Robert Fortune, 1812-1880）於華南的植物採險已證明植物採集是門「好生意」。福鈞將武夷山的茶苗運至大吉嶺栽植，終結了中國在世界茶葉市場的獨霸地位；他還發現蓪草所製作的米紙以及園藝植物芍藥等，既滿足了植物學界對中國植物相的好奇，同時也在園藝學界引起陣陣旋風。有了福鈞的成功在先，考慮到中國廣闊的領土，何處才是植物獵人的下一處獵場？答案很快地浮現：中國西南。

十九世紀末期的大英帝國，除了從中國沿海往內陸挺進外，另一重要路線便是從緬甸入侵。一八八〇年代，英國控制緬甸全境，正式將之收入大英帝國版圖。夾在兩條路線間的就是中國西南山地。在以軍事與外交手段建立初步政治秩序後，博物學採集者接踵而至。對他們而言，當地繁複的生物相既蘊含著物種起源中心的解答，同時也是大英帝國得以富強的鑰匙。除了為帝國與科學服務外，對於採集者而言，採集與探險也有一層個人的意義。他們有不少是在主流社會中格格不入的邊緣人；因為無法遏制自己流浪的欲望，他們無法忍耐在室內的長期工作，也由此阻斷了他們翻身或階級流動的契機。前往世界最少人探索的角落採集，帶回少為人知的物種，將其所見所聞出版成書，便成為他們成名的最佳途徑。

值得注意的是，約當此時，美國也加入爭奪中國植物資源的行列。對此，不能不提者為哈佛大學的阿諾德樹木園與美國農業部。前者由波士頓商人之子及林學家薩均特（Charles Sprague Sargent, 1841-1927）主持，後者則以植物探險家、農藝學家費爾柴德（David Grandison Fairchild, 1869-1954）馬首是瞻。

薩均特與費爾柴德堅信，要讓美國變得富強，關鍵是引入世界各地的有用植物。那是美國開始成為眾多移民首選的時代，美國社會開始擔憂糧食生產不足以支應倏地膨脹的人口，引入他國之經濟作物為可能的解決辦法之一。與之同時，生活在都市的中產階級，對於都市公園、造景也有更多的需求。除了美國原生植物外，他們也希望能徜徉在滿布珍稀植物的公園中。薩均特與費爾柴德均把中國之植物資源視為美國富強的關鍵之一。以其個人財力、政府預算以及在上流社會中無遠弗屆的網路，他們「挖角」了當時最富盛名的植物獵人，令其將採得的異國植物寄回美國，經專業育種後，再分配至美國農家與一般家庭。薩均特與費爾柴德的植物引入計畫深刻地改變了美國的農業與園藝地景，也因為兩人在產官學界的影響力，美國逐步浮現為世界的園藝、農業與造景大國。

此外，不能不提的是，隨著遺傳學（genetics）與實驗科學的發展，前述植物探險也被賦予了不同的意義。一九〇〇年代前後，生物學家「發現」了孟德爾的豌豆雜交實驗。這位在花園中培育著豌豆、觀察其性狀，並試著以數學描述其性狀變異之邏輯的奧地利神職人員，開啟了一門與傳統博物學有別的學科，生物學者稱之為遺傳學。

當時離達爾文一八五九年出版《物種起源》已過了將近半世紀；就科學社群而言，關心的已不再是物種是否演化，反倒是人類該如何操控演化。隨著遺傳學逐步羽翼豐滿，各種新奇的演化理論紛紛出籠。例如，允為遺傳學奠基者之一的德佛里斯（Hugo de Vries, 1848-1935），主張物種並非如達爾文以為的緩慢且漸進的演化，反倒是以跳躍式的突變（mutation）。這些新穎的科學理論燃起大眾對於生物學的興趣。既然演化是可以操弄的，且生命是可以掌控的，若可以從世界各地取得各種深具經濟與景觀價值的物種，無疑就擁有了大量的材料，科學家便可在實驗室與花園中，好整以暇地製作新種。

然而，這些野心勃勃的植物獵人，當他們踏上中國西南時，若無在地人對周遭環境的知識，再有經費與科學知識的加持，同樣也是枉然。對此，不能不提者便是旨价提及的「老趙」。老趙的全名為趙成章，納西族人。當佛雷斯特與金敦—渥德至中國西南採集時，他們便是與老趙接觸，由其出面招募感興趣的年輕人。當老趙招募到一批生力軍後，佛雷斯特與金敦—渥德再傳授植物採集的程序與要求，以老趙為工頭，帶領族人執行兩位採集者交付的工作，又或者帶領他們前往採集。

長久以來，植物學者與歷史學者都不知道佛雷斯特與金敦—渥德的豐功偉業背後，還存在著如此的幕後功臣。一直到人類學者穆格勒（Erik Mueggler, 1962-）撰寫《紙之路》（*The Paper Road*），老趙及其他納西族人的面容才逐漸明晰。穆格勒告訴我們，老趙等納西族人前往山區採集時，他們不只是為了採集者的錢，同時也在回溯經典中記錄之祖靈返鄉的路徑。他們為了一群離家背井的外國人採集，同時也在返回其宗教信仰中的原鄉。穆格勒指出，科學知識與在地知識的交流是雙向的；對佛雷斯特與金敦—渥德而言，當他們踏入納西族人的領域時，或許認為這是片沒有人的「荒野」。然而，在與納西人一再重訪祖先走過的路徑，這群在自身社會常常感覺格格不入的外國人，也找到了心靈的寄託，一個他們也會叫作家鄉的地方。

回家

有人曾對我說，居住在臺灣這座島嶼，不時會有一種被世界遺棄的感覺。是的，這座孤懸海中的島嶼，的確也曾令我感到孤單。但我藉由山地植物的生命，理解到島嶼並不孤獨，

它不是生物演化的死胡同，當然也不會是旅程的終點。

二〇一九年，初踏上橫斷山的旨价，心中充滿「他鄉遇故知」的興奮。他「天馬行空」地想著：「橫斷山真像是放大了數千倍的中央山脈。不僅山更高、谷更深，植物種類也更多更新奇。如果有天臺灣從島嶼變成一片大陸，那麼中央山脈的模樣，應該就和眼前的橫斷山一樣吧！」

然而，旨价隨即發現，「橫斷山不僅僅只是我幻想中那放大了數千倍的中央山脈」，且「橫斷山能為臺灣山地所揭示的，遠遠超過植物種類間的相似性」。事實上，旨价認為，橫斷山與臺灣的山巒宛如「鏡中的兩座山脈」：「每當我向橫斷山走近一步，我也就朝心中的臺灣山林愈靠近了一步。」

以地理學的術語，在探究臺灣與橫斷山之間的關聯時，旨价當中經歷了所謂的尺度縮放（scaling）。什麼是尺度縮放？各位應當都有使用google map的經驗。為了要搞清楚自己的位置，我們會不時調整右下角的尺度，把地圖拉近或拉遠一些，這便是尺度縮放。那麼，尺度縮放與間斷分布有何關聯？如前所述，間斷分布的核心「是相距甚遠的地點可發現相似的物種」，但什麼是相似性呢？各位應該都有類似經驗——當站在遠處端詳一對同卵雙胞胎時，會覺得兩人看起來非常類似；然而一旦靠近些，又會發現當中存有不少差異。換言之，「像不像」的判斷會涉及觀看者到底站多遠，也就是取決於你所採取的尺度。

在《帝國、氣象、科學家：從政權治理到近代大氣科學奠基，奧匈帝國如何利用氣候尺度丈量世界》（*Climate in Motion: Science, Empire, and the Problem of Scale*）中，環境史家黛博拉・柯恩（Deborah

Coen）重探了尺度縮放此地理學概念。她指出，「尺度縮放是一種軀體學習的體驗」，「為了將自己定位於遙遠的地方或是久遠的過去，我們必須依賴他人的知識。這也使得尺度縮放成為一種社會過程，通常以衝突和協調為其特色。」她也提醒讀者，尺度縮放也是個「情感過程」，「〔它〕修正我們對世間事物彼此之相對意義的判斷，就是在形成新的依戀之際，同時放下一些舊有的執著。因此，尺度縮放往往伴隨產生渴望和失落感、異國風情的誘惑以及思鄉的痛苦。」

尺度縮放是《橫斷臺灣》最讓我欣賞的部分。為了釐清臺灣與橫斷山的「相似性」，旨价展開了一系列的尺度縮放；與之同時，他也以誠懇的筆觸，關照自己在尺度縮放過程中的摩擦、猶疑、痛苦、依戀與喜悅。如此的關照讓本書不只是本「科普」書籍，更是一個年輕的植物學家如何地以身為度。

《橫斷臺灣》是旨价的第二本書。他的第一本書是《通往世界的植物》，同樣是在處理間斷分布的主題，但視角則由臺灣往東，越過太平洋與美國西部，探討生物地理學所言的「東亞－東北美間斷分布」。在撰寫該書推薦詞時，我以美國植物學者——同時也是前述隔離分布最主要的發現者——阿薩．格雷（Asa Gray, 1810-1888）的一句話，邀請讀者進入旨价的世界：「你願不願意靠過來，看看萬綠叢中的一個我。」

行文至此，我也想替旨价發出一份邀請函：「你願不願意站遠一些，從多重尺度審視我們腳下這塊土地，以及在這個島嶼上繁衍百萬年之久的的生靈？」

推薦

兩個世紀的博物學家

徐如林　山林作家

一年多前，答應旨价為他正在撰寫的新書寫序後，我就陷入糾結的狀態。我太喜歡旨价的《通往世界的植物》，藉著在臺灣博物館擔任導覽志工，以及參加不同團體的讀書會，成功售出一百多本，簡直比推銷自己的書還賣力。今年五月二十日的臺灣生物多樣性研討會，主持人鍾國芳老師特別推介他的二位得意門生：黃瀚嶢和游旨价。他們二人正在合作新書。

旨价的第二本書會是怎麼樣呢？很多年輕作家出了一本暢銷書就後繼乏力，但我知道旨价還有源源不絕的能量，可以繼續寫出精采的書。我追蹤他的臉書，看到他在橫斷山每一次的努力調查，心想：我一定要寫出一篇足以匹配他新書的序，這想法讓我一年多來寢食難安。

旨价邀我寫序，主要是因為我們很多相同的經驗。旨价雖是臺大登山社小我三十多屆的學弟，但我畢業後一直持續登山與古道調查，也跟山社的學弟妹始終保持聯繫。先夫楊南郡曾擔任臺大登山社的社團指導老師，山社學生經常來家裡請教登山問題，人數少則七、八人，多時超過二十人，大家夜以繼日高談闊論，直到東方既白。

就在那段時間，楊老師對山社學生提出「學術性登山」的概念——日治時期的學者，無論是人類學的鳥居龍藏，植物學的川上瀧彌，博物學的森丑之助、鹿野忠雄，地理學的田中薰等等，他們無一不是深入高山現場調查，所以能留下不朽的成就。

臺大登山社得天獨厚，擁有各科系的人才，加上傳承匯聚的能量，一定可以做出相當的成果。果然，在老師的指導下，先後完成大濁水溪流域的《南湖記事》、臺灣心臟地區的《丹大札記》等四個山域的調查書，深獲讚譽。

旨价是話不多的學生，個性內向含蓄，當年在眾多高談闊論的登山社員中，幾乎是個隱藏版。我特別注意到旨价，是在二〇一五年開始寫《合歡越嶺道》這本書時。有關太魯閣戰爭的史蹟地，我們原本想再度去現場，但楊南郡老師當時已罹患食道癌，體力上不可能親自上山。臺大登山社的學弟妹們，因此義不容辭地代替我們上山下溪，拍照、記錄路程與史蹟現況。

旨价當時帶來他的踏勘成果，很有耐心地繪圖與解說，提供我如臨現場的資料，讓這本書能順利地在楊老師過世一個多月前出版。這時，我才知道當年的「學術性登山」已在他的心中牢牢扎根了。

之後，我聽說旨价有機會出訪日本、美國，最後落腳在雲南西雙版納，開始研究橫斷山的植物，老實說，我真的非常羨慕他。年輕真好，有足夠的體力和時間，可以從事和自己所學相關的研究，在生物地理的範疇中盡力發揮。

說起生物地理，我和旨价也有淵源！大學時我讀的雖是理工，但因為兼修「登山系」的緣故，我很認真旁聽了整學期的「臺灣高山植物」。畢業多年後，聽說臺大森林系蘇鴻傑老師在退休前開了一門「植物地理學」課程，我排除萬難，每週準時去旁聽，蘇老師注意到我這個認真的旁聽生，總是為我多準備一份講義。

我記得臺灣杉是蘇老師的研究重點之一，他還曾因這個研究獲獎。我曾多次在臺灣的登山途中，遠看或仰望這些「撞到月亮的樹」，也知道它們有親族遠在橫斷山。

二〇一九年十一月初，我參加臺大登山社學妹胡嘉穎帶隊的「梅里雪山轉山」高山健行之旅，在橫斷山三大江之一的瀾滄江支流雨崩溪谷，看到自深邃谷底筆直長上來的臺灣杉群落，站在步道上竟可以平視臺灣杉的樹梢頂芽！

原來在臺灣窮盡目力還看不清的臺灣杉真身，於橫斷山卻能如此近身觀察。因此我知道旨价寧願忍受遠離家鄉的孤寂，也要在這裡研究的心情。

橫斷山與臺灣的山脈，是亞洲少數南北縱向排列的山脈，這獨特的地形，成為冰河時期各種生物南遷的避難地，也在後來各自演化成相似又相異的物種。

橫斷山與臺灣高山生物的關係，旨价在這本《橫斷臺灣》的新書有詳細的書寫，他寫出的不只是生物上相關的各種證據，還有他自己心底千絲萬縷的關聯。說植物的故事，也說自己的故事，內容理性，文筆卻是感性的，可以欲罷不能地一口氣讀完，更能留著隨時查看某種植物的身世溯源。

收到《橫斷臺灣》的書稿後，我迫不及待在三天三夜看完它，看到書中有關杜鵑花的專篇，特別興奮。杜鵑花是臺灣常見的開花植物，臺大校園栽種大量的平戶杜鵑，素有杜鵑花城之名。在郊山、在高山，可以看到大大小小的各種杜鵑花，其中二千公尺以上的高山，開著粉色花球的玉山杜鵑與森氏杜鵑，更是臺灣高山花季的盛事。

一九七九年五月，我和楊南郡從阿里山爬過塔山連峰，下至來吉部落的途中，曾踏著一棵森氏杜鵑的枝幹，下降十公尺的斷崖。當時很疑惑，杜鵑花為什麼能長到如此高大？

多年後到尼泊爾健行時，看到樹高約十層樓、開著鮮紅如火球的杜鵑花，才見識到杜鵑花家族的厲害。如今讀到旨价這本書，才知道臺灣高山的大型杜鵑花，原來是喜馬拉雅系杜鵑花，讓我瞬間恍然大悟。

細讀《橫斷臺灣》的書稿，彷彿看到旨价的身影，他站在橫斷山四千多公尺的山坡上，遙望著遠方島嶼的高山，那是他進入高山植物世界的啟蒙地；然後，我看到書中不時出現的鹿野忠雄身影，他觀察著臺灣高山的生物相，遙想這些動、植物與喜馬拉雅山系的關聯性。

相隔八十年的二個年輕學者，在橫斷山與中央山脈之間相遇了。

推薦

Entering Earth, Locating Self！——來自讀者角度的推薦

詹偉雄　文化評論人

二〇二一年底，美國博物學家威爾森（Edward O. Wilson）以九十二歲高齡過世。在他生前，為了鼓勵美國年輕人投身生命科學，威爾森以自己的一生為主題接受訪談，錄下了十五集簡短、風趣但深具啟發性的影片，在節目第一集，這位年紀已八十八歲的老Youtuber是這麼說出他的開場白：「每個小孩都有一段『甲蟲期』（bug period），我也有，但我直到現在都還沒有走出它。」

童年的時候，威爾森有一次在碼頭垂釣，他定睛於釣竿下游著的魚，沒想到這生物即刻躍出水面，銳利的鰭刺中了右眼瞳孔，自此成為半視障者，但他說，這一不幸的際遇反而讓他更好奇於地表最微小難辨的生物，一生興趣不墜，威爾森的成名作即是螞蟻的研究，除了專書獲得普立茲獎，而且先後有一個屬和二十一種的螞蟻以他的名字命名。

在游旨价的新書《橫斷臺灣》前面，引用威爾森的自況之語，是要表達我奮力讀完發印稿後的一個想法：確實，無論文化的差異，每個地球的小孩都有個「甲蟲期」，但也有可能它完全地

被隱沒在生命深處，直到五、六十歲受某些召喚或牽引，才得破繭而出。相較於威爾森的一輩子浸泡、無法自拔，東方小孩（譬如我）則顯然是太慢進入了（而有些則是永遠也不會進入），然而我們也不得不承認：不管是哪個年紀或哪個文化語境，受啟蒙者一旦被這些小生物擾動了之後，生命就開始轉彎，再也難以回頭了。

三年前，游旨价的第一本書《通往世界的植物》應該是造成許多讀者生命「微型位移」的開眼之作。只要是在臺灣爬過高山的人，應該都有過與敘事主人翁「小檗」切身遭遇的經驗，那種片刻的疼痛、懊悔、惱怒（特別是疲憊已極、天空落下雨珠之際），其實是接上了地質時代幾百萬年來滴答不止的時間刻度，在空間上親密了那距離迢遙、尺度浩瀚、氣候蒼茫冰凍的喜馬拉雅山區和圖博高原。在那一片刻——不是被它刺痛的那一刻，而是閱讀文本的這一刻——讀者與地球萬物結合成了現象學的整體，就我自身的感受，那一剎那是輝煌、是榮耀、是歸屬，也是肯證，宛如一顆流星墜入了行星的大氣層。

《橫斷臺灣》是游旨价的第二本書，藉著臺灣植物探入地球史與生物地理學的初衷仍然不變，只是幅員更形廣袤、物種更形多樣，譬如說繽紛美豔、親緣浩瀚的十七種山地杜鵑花（一個屬之中有超過五百個種，就是大屬，杜鵑花超過九百）、中低海拔的殼斗科樟櫟林（野生殼斗科也超過一千個物種），以及小檗的二·〇版進階敘事；這本書也為「橫斷」這個生物地理學上大尺度間斷分布（跨洲與越洋）的現象，做了詳盡的說明；而如果真要說《橫斷臺灣》與前作的最大差異，是作者投身於極致的田野——位於喜馬拉雅和圖博高原東側、三條大河（怒江、瀾滄江、金沙江）南北向削切冰雪高山、有「世界花園」之稱的橫斷山——所帶來的現場感和身體感。

身為一個初老才進入甲蟲期的讀者，我完全沒有植物分類學或生物地理學的知識，來為讀者做這本書的提點，唯一可說的是自身獲得啟蒙的興奮之情。

關於啟蒙，人文社會科學領域討論已經很多，現代人幾乎已經把「啟蒙」看成是「暗黑」的等同語，科技專擅、官僚冷漠、武器殺戮、極權暴政、自然毀壞……無一不是啟蒙理性的後果——即便對當時代的人來說都是非預期性的。但是，如果我們歷史化地反思，啟蒙時代代言人之一康德所揭櫫的「勇敢地求知」(*Sapere aude* / Dare to Know)這一實事求是、運用自身思辨理性來理解世界、祛除迷信(disenchantment)、創建新世界的核心理想，難道不是確實而真切地賦予了一個有志的個人——其足以扭轉自身命運的關鍵力量嗎？在沒有被啟蒙的我們的祖先身上，要掙脫封建階級與迷信綁鎖的宿命，是一件完全不可能的事情。

從十八世紀開始，西歐進入啟蒙的高峰，一旦有了可資運用的理性，現代啟蒙者便急著認識世界，那些在既有識界外的地理疆域與地球本身，變成冒險、探勘、採集、典藏、凝視、研究、分析、實驗……的對象和客體。一七〇八年，力行歐化啟蒙改革的俄羅斯沙皇彼得大帝(Peter the Great)徵詢盛名的哲學家萊布尼茲，問他應該收藏哪些東西之時，得到的答案是：「藏品櫃裡應該包含自然和人類所創造的一切重要和稀有的東西。特別是石頭、金屬、礦物、野生植物、動物標本，植物還要有對應的手繪，動物標本既要有剝制而成的、也要有原物保存的。外國人寫的書、做的器具，各種珍奇異寶也都要有。總而言之，一切吸引眼球的事物。」

萊布尼茲的建議，不啻是一項歷史性的聲明：博物學家的世紀到來了。庫克船長的三次太平洋遠征(一七六八至一七七九)、洪堡的中南美洲踏查(一七九九至一八〇四)、達爾文的小獵犬號旅行（一八三一至一八三六）、華萊士於馬來群島的八年跳島蹲點（一八五四至一八六二），都成為世紀盛事，一度，洪堡還名列歐洲當時知名度最高的人，僅次於拿破崙。

那兩個世紀裡，博物學者是歷史的扭轉者（game changer），他們蒐羅來的標本和物種開拓了現代人對新世界的理解，但就個人的自我塑造角度來說，他們何嘗不是「縱身於地球萬物中」而整個靈魂煥然一新的人？一八三三年春天，在小獵犬號的船艙裡，達爾文在寫給小妹凱瑟琳的遠洋家書中如此興奮：「世界上沒有別的事比得上地質學。不論是獵松雞的第一天，或是狩獵季的第一天，那種快樂都無法和一組完好化石骨骸的樂趣相比，這些化石幾乎是用一種活生生的語調，訴說它們遠古以前的遭遇。」

旨价的著作，是我在臺灣爬山的新穎參考書，原來雪山三六九山莊後的巒大花楸、圈谷裡渾圓結實的玉山杜鵑、下翠池一大片宛若電影《臥虎藏龍》場景的玉山圓柏純林，它們物種生命史上的第一顆種子，居然都是來自於「香格里拉」所在的橫斷山；而臺灣黑熊、臺灣水鹿、臺灣高山小黃鼠狼分別跟滿洲黑熊、四川水鹿、日本小黃鼠狼，在遠古的彼時是屬於同一家族，這些生物透過不同的陸橋與不同的方法來到臺灣，成了新生島嶼的新住民。

這本書是需要奮力去讀的，幸運的是，我是靠著認識的激情，邊做筆記與摘要地讀了兩遍。「進入了地球（entering earth），才終於標定了自己（locating self）」，身為初入甲蟲期的初老者，誠心推薦這一本啟蒙之作。

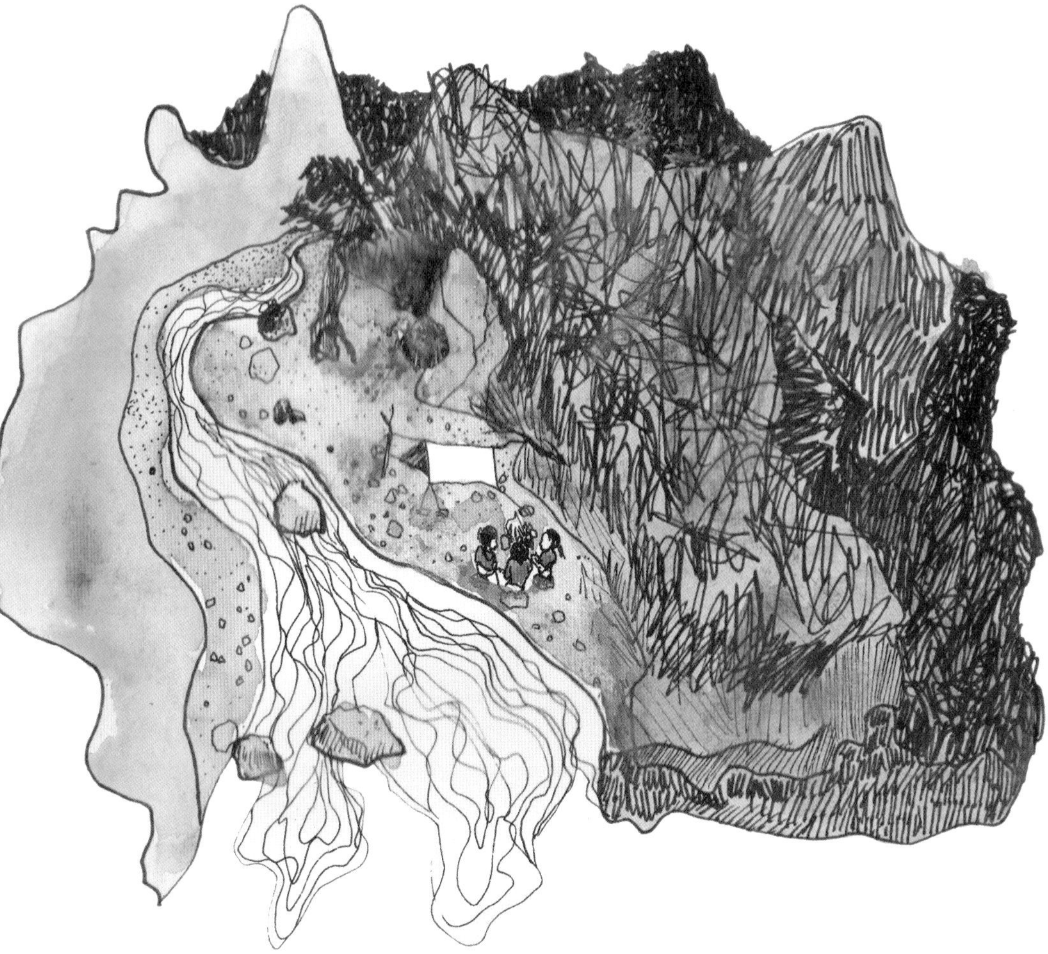

「我徘徊在海之濱，山之巔。越此城鎮，越彼鄉園……」露莎蘭／登山社山歌（馮銘如繪）

自序

致森林系與登山社

從山谷的上切

二〇〇八年我申請上研究所不久，得悉指導教授打算讓我做高山植物的研究，心裡十分高興。當時我在心中細數著還沒去過的登山路線，安萊溪橫斷、南北大武縱走、荖濃溪上游和雲峰，滿心期待可以趁讀研究所時將這些路線好好爬個夠。卻沒想到，才不到一年我便因為高山植物的研究而愈來愈討厭山。

那陣子，每當我計劃起山旅，總是得先考量小檗的分布才能安排路線。為了探索未知，我通常得選需要數天探勘行程才能進入的深山。而且因為夥伴難尋，我往往得自己當領隊。由於登山社的社員大多對單純採植物沒有興趣，因此我得帶上一定數量的新生社員，負責他們的訓練，作為使用社團資源的回饋。為了蒐集樣本，除了登山裝備、食物、水之外，我要額外背上乾燥劑、枝剪、紙板、報紙和好多的夾鏈袋。記得在某支探勘萬東山西峰（火山）的冬季隊伍，我們紮營在萬大南溪上源的溪谷裡。

當夜已深，隊友們都已用睡袋把自己裹得嚴實，呼呼大睡的時候，我卻還發著抖在外帳底下拔小檗的葉子，拍照、做編號，然後把它們塞進乾燥劑裡。常常，當我把冰冷的小檗枝條從背包套裡拿出來的時候，手指會被小檗的銳刺扎到。看著手表上的時間都快午夜了，明天還得一大早就起來上切七百公尺到火山，最後三百公尺照紀錄所說還是杜鵑林，心裡就覺得好委屈。

念研究所的日子裡，我當然沒有看到茖濃溪上游的模樣，也沒有找到安萊溪橫斷的入口。這些路線如果要同時採集、探勘和帶新手，風險著實太大。由於平常工作日很難找到人一起上山，所以我通常只能利用農曆年假規劃長程山旅。記得某次除夕，阿公聽到我初二又要去爬山，對我發了一頓脾氣。他用臺語唸叨我，說他不懂我為什麼那麼愛爬山。他最恨爬山了，以前為了討生活他得去集集大山上砍柴砍竹子，還要背香蕉，那個香蕉好重，把他肩膀都壓扁了。所以，他以後才去大城市闖，就是不想過苦日子。現在我吃好睡好，不愁吃穿，居然還一直往山裡跑，吃飽太閒。接著，他也唸叨起我的科系，說森林系沒前途。質問我以後畢了業要幹嘛？

「你還要一直爬山嗎？」

「森林系博士念了可以賺錢嗎？」

幸好，父親剛好經過，趕緊介入並替我圓場。那時我並沒有生阿公的氣，但我知道阿公的話說到了我心坎裡，他指出了我刻意不去眺望的未來。因為我的確不明白爬山對於自己的意義是什麼，對於身旁關係密切的人們意義又是什麼。

在山脊的休息

曾經沉迷過爬山的人應該都會同意，爬山初期常有一種心境：山爬得愈多，就愈不明白為什麼喜歡爬山。雙腳雖然一直往山裡走，但心裡卻總愈來愈不懂什麼是山。而我，大概是在爬山的第三年進入這種狀態，並一直持續到讀博士班後

爬山對於自己的意義是什麼，對於身旁關係密切的人們意義又是什麼？
（馮銘如繪）

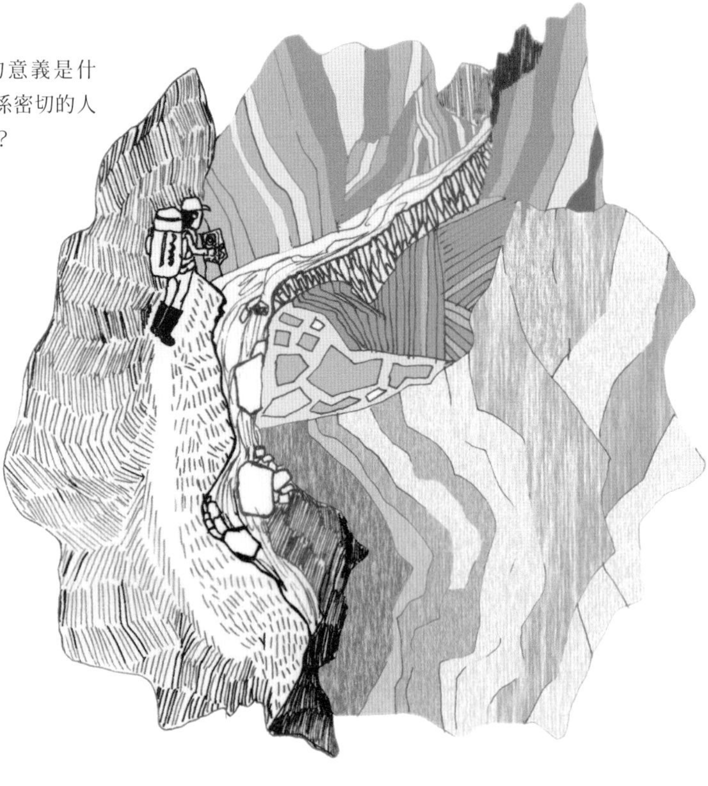

的三年。這段日子裡，我厭倦山。就像在萬大南溪溪谷的回憶，我不明白我究竟是來爬山，還是來採植物？我感覺都不是，我兩者都做不好。研究所念了一陣子，我對山產生新的反感。並不是我不愛山了，而是我有些厭惡起自己。當漸漸具備關於山林的知識後，我隱隱約約感覺著臺灣的高山似乎有許多祕密，但我每次上山，都像路過。聽到老師或學長對我說：「啊！那座山有××植物呢！你怎麼沒看到？」或是調侃我：「你真的很可愛欸，入寶山而空手回！」我的心裡就有些沮喪，有時也會感到自責或些許絕望。但我從沒想到，當我思想深陷漩窩，備感無助之際，將我拉出深淵的居然是一起登山的夥伴。

我一直都明白，打從一開始，登山吸引我的就不全然是自然，更有爬山的人。在山裡，我習慣為沉默山景中注入有情的想像。我喜歡在山施捨的平靜中，感受人跟人之間的親暱。因為天性保守，我在山裡不太做計畫之外的事，臣服於山，照規矩走，我原以為我會跟山就這樣一直相處下去。但上山採植物這件事打碎了我的以為。找不到植物時，我怨著山，因為隊員因素錯過植物時，我在心裡怨著隊員。為了找植物，我有時會走偏路線、推遲進度。我得安排那些我討厭的崎嶇路線，要背水的路線，有斷崖的路線，沒有美麗風景可看的路線。我得走上我討厭的林道，或是在我討厭的下雨天上山。然而，也是這段日子，我察覺到一件奇怪的事。不論我心裡對於上山如何倦怠、厭煩，不論我多麼顯眼地表現出我是為植物而上山，我的身邊卻總還是有人陪著一起上山。我和他們之間，不知何時起培養出了無語的默契。

每當我採了一株小檗，我會直接遞給後面的夥伴。他會二話不說接走植物，迅速拉開我的背包套把植物塞進去。在他放手之前，我總會感覺到大背包有點微微被往後拉，這是因為夥伴正細心地想把小檗推入背包套的深處，因為若沒塞好，植物可能會在半途掉出來。而他知道，當我晚上發現植物不見時會很難過。我發現他們喜歡把「小檗」叫成「小屁（與辟同音）」。當我有時懶惰，故意「錯過」身旁的小檗時，走在後面的夥伴會叫住我：「喂！這裡有小屁你不採嗎!?」當我在營地要廢沒有和隊友去單攻，回來時，我往往會看到他們人手一枝小檗，一臉輕鬆地對我說：「這是在哪裡哪裡看到的小屁，順便幫你採了。」在出發前的打包時刻，當我一臉哀怨地提起裝著乾燥劑的沉重袋子，學姐會突然就蹦蹦跳跳地來到我身旁說：「我幫你背這個吧，是要採小屁的吧。」當我在山下的咖啡店寫文章，通訊軟體偶然會突然跳出幾張植物圖像，那是在山裡的夥伴丟來的訊息。他們問說：「這是小屁嗎？要採嗎？怎麼採？要標本嗎？」這一切，讓我漸漸感覺到上山採小檗不只是我在意的事情，也是他們在意的事情。甚而，他們也開始問問題。

「我這次採的這個好像葉子比較捲耶。」

「上次在××山看到的小屁，為什麼刺特別長啊？」

「為什麼太魯閣小屁只有太魯閣有?」

「這個果子為什麼是黑色的啊?什麼東西會吃它?」

不是念森林系,也不懂植物的他們,是何時開始對「小屁」產生興趣的?我竟沒發覺。但讓我更訝異的是,他們的好奇心不知道何時感染了我。當我不再只是關注自己在山上的喜怒哀樂,而是試圖開始回答他們的問題後,我也開始對「小屁」產生了好奇。我漸漸開始相信,山與研究植物之間原來可以沒有衝突。我是願意上山的,我也是願意上山採植物的。關於小檗(小屁)的一切,我不再只是自己想知道,我也想讓那些想知道的人知道。上個月,我收到一位學妹的婚宴邀請。她與她的先生,都曾和我一起在臺灣的山野裡登山、採小檗。看著電子邀請函上,學妹抱著小孩,一臉幸福,完全不像山裡髒兮兮的模樣。我不禁神遊起過往,那個生活中有山的土壤、小檗的刺以及我們笑容的求學年代。腦海裡彷彿突然響起了學妹最愛說的抱怨:「我的背包套又被小屁戳破好幾個洞了!你要賠我一個!」

往遠山的路標

當我的研究逐漸開始累積成果,山也以一種全新的姿態進入了我的山旅。它不僅

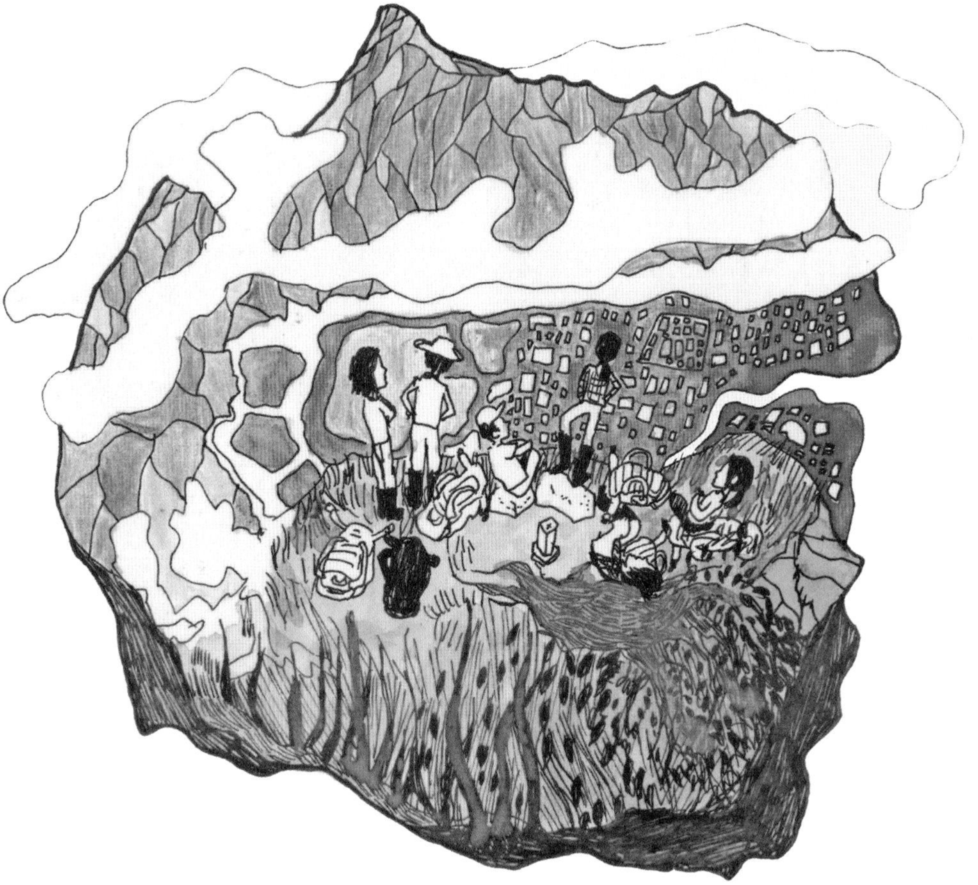

我是願意上山的，我也是願意的上山採植物的，因為身旁有人與我一同前行。（馮銘如繪）

成為我認識臺灣的獨特窗口，也成為帶我通往異地山野的路標。自從第一次爬上臺灣的高山，我對那裡的環境、氣氛與景觀就彷彿天生地著迷。小時候，因為家住太平，上合歡山並不遠。春天杜鵑花開的時候，冬天雪後天晴的時候，老爸會開著車帶我們一家上山。我好喜歡高山上冰涼的空氣，開闊的視野，還有森林與草原鑲嵌的山野。好像，臺灣以天上的白雲為界，之上、之下各自有著一塊氣候、風景截然不同的土地。

關於這片雲海之上的「異境」，它是如何出現的？我發現許多臺灣人似乎都不太清楚。剛上大學時，大部分課堂裡的教材往往只告訴我，臺灣有高山，高山生態很特別。或是臺灣森林分幾種，不同海拔上各有怎樣的森林。這些宛如旅行團導遊介紹的說詞，總讓我感覺高山就像是一個陌生的旅遊目的地，而不是我們家園的一部分。直到偶然選上了蘇鴻傑老師的植物地理學，我才確切得知高山之上的生物並非憑空出現，而是有所起源。但當時，也就僅僅只是「知曉了」。我在心裡一直無法真正記起，那些與臺灣有著生物地理學連結的「遠方」。參加登山社無疑是這一切的轉捩點。這個社團賦予我探索山林的能力，讓我從高山遊客的身分裡昇華，成為一名山林的探勘客。爾後，當這個身分與研究結合，我在小檗的研究中再次見到了當年植物地理學講義中提到的「喜馬拉雅山」與「中國西南部山地」。這些地理名詞對我終有了鮮明的意義，因為，那裡可能是臺灣高山上小檗們的生物地理起源地。

二〇一七年，「橫斷山」第一次出現在我的電子信箱裡。在國際學術研討會上認

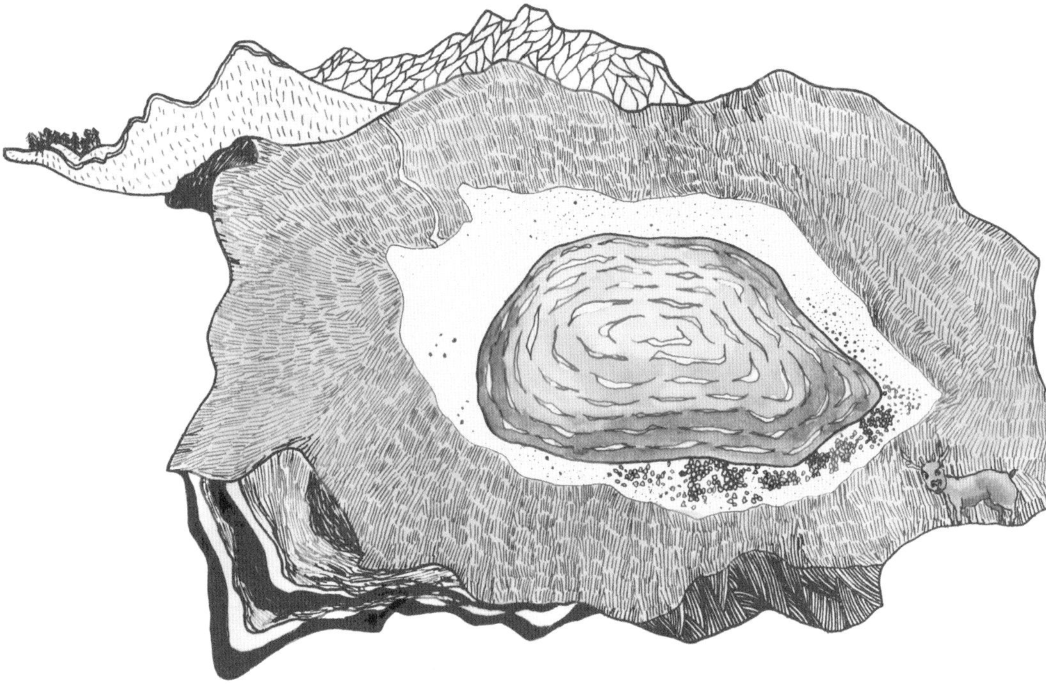

一片山景，一朵龍膽的花開，一秒與水鹿的對視，就足以讓人感到心滿意足。（馮銘如繪）

識的友人邀請我到橫斷山進行「沒有目的」的考察。我在這座神祕山國的雪峰之間、河谷之畔，隱隱看到了臺灣高山植被的前世，以及日籍博物學者迴盪在臺灣高山中的耳語。回到臺灣後我才進一步理解，曾經讓我大感困惑的「中國西南部山地」，原來就是橫斷山。二〇一九年，我毅然離開家鄉，踏上了臺灣山地植物原鄉的追尋。說來，橫斷山範圍如此遼闊，其間生物來來去去，遷徙他方本屬常事。甚而，它與鄰近的山地、高原，甚至是北半球其他陸塊的生物相本就有所關聯。然而，在我心裡，這份以臺灣為起點的追尋，或許和從橫斷山（起源地）抵達島嶼（目的地）的視角有著本質上的不同。因為對橫斷山的自然來說，臺灣只是它諸多能夠散播的終點「之一」。橫斷山－臺灣間斷分布現象的發現與闡明，只是橫斷山在北半球的自然網絡中另一個有趣的蒐集。但對臺灣的自然來說，這個追尋卻是確立己身樣貌不可或缺的一個行動。作為迎接四方生物的島嶼，這個追尋是為了去完整臺灣高山自然史遺失的片段，從而幫助我們理解，此刻我們引以為傲的多元面貌是如何演化而來。

像是在夢裡，卻又像是命運使然。從大學開始登山，到研究所鑽研高山植物，這之間每一個未知目的的嘗試，或許都是為了將我帶往這個無法預知卻深具意義的遠方。因為橫斷山，我對於臺灣山林多樣生物相的起源少了許多迷惑。原來這裡並不是一座被世界遺忘、身世不明的黑暗山域，而「間斷分布」的物種就像路標，將我與我們從臺灣導向了橫斷山。如今，我懷揣著這份領悟，期盼著再次回到臺灣山林，與高山上各類生物再次相逢。屆時，舉凡一朵龍膽的花開、一秒灰鷺飛過的身影，在我眼中，都將通過橫斷山與臺灣之間的連結，成為此生不枉一回的理由。

導言

鏡中山脈

阿薩・格雷的視野——在地視角的植物敘事

一八〇三年，美國政府從拿破崙手中買下超過兩百萬平方公里的「路易斯安那」領地，揭開了美國西部大拓荒的序曲。時任美國總統的傑弗遜（Thomas Jefferson）任命路易斯（Meriwither Lewis）和克拉克（William Clark）兩位年輕軍官帶領一支探險隊，前往路易斯安那以及更西部的太平洋沿岸進行地理和資源調查。一八四八年，美國自美墨戰爭（Mexican–American War）奪得原屬墨西哥的內華達山脈及鄰近的高原地區，淘金熱隨後燃起，整個北美洲西部的自然萬象，不論是金子還是植物，都成為美國之物。

不像被英國人經營了兩個世紀的東部地區，美國西部是一處充滿野性的新世界。在這片遼闊的土地上，鑲嵌著壯闊的大草原、積雪的洛磯山脈、優勝美地的花崗岩大峽谷以及炎熱的沙漠荒原。多樣的地貌與生態，孕育的是極具特色的植物多樣性。美國西部是世界知名的特有植物熱點，獵奇的沙漠植物、優雅的山地森林、世界最老樹

★ 編輯說明：本書植物物種的學名、屬名原文以附錄方式彙整。至於動物的學名原文則會置放正文，不另外列表。

（刺果松）、世界最高樹（紅杉），以及世界最大樹（世界爺）的發現，開拓了世人對植物的想像。然而，在十九世紀中葉之前，來自西部拓荒衍生的植物學材料、研究話語權大抵都由歐洲科學界主導，直到哈佛大學的博物學教授阿薩·格雷（Asa Gray）的行動才有了改變的契機。阿薩·格雷系統地籌集資金，並組織專業的採集人員，將他們一批批送往美國西部進行採集。

「必須有人冒險進入這片未知的領域……」阿薩·格雷的目的是完整地調查美國西部的植物，並將這些新發現置於全球化脈絡底下去研究。而阿薩·格雷的願景則是，美國境內的植物，無論是標本還是新物種的發表，都應該是屬於美國人，也是美國人該做的事。「儘管墨西哥人興趣缺缺，但我們對新西班牙和洛磯山脈的植物有著許多好奇。」在美國植物學家眼裡，這些植物的價值與西部的金子一般珍貴。

阿薩·格雷如今被尊稱為美國植物學之父。他生於一八一〇年，紐約州北部的一個北愛爾蘭裔貧寒家庭，年輕時曾長期在美國植物學者托瑞（John Torrey）處當助手，在那時開始對植物學產生興趣，也很快成為了專業學者。一八三八至一八三九年，阿薩·格雷前往植物學歷史悠遠的歐洲進行考察。他在倫敦、巴黎、維也納、日內瓦和柏林的標本館間穿梭，渴望從歐洲人的收藏取得關於北美洲植物的新資訊。而在汲汲於標本的同時，阿薩·格雷在心中卻也產生一股強烈的情緒，他多麼希望北美洲的植物應該被保存在美國本土，並在美國被研究。十九世紀中葉，在阿薩·格雷以及他的

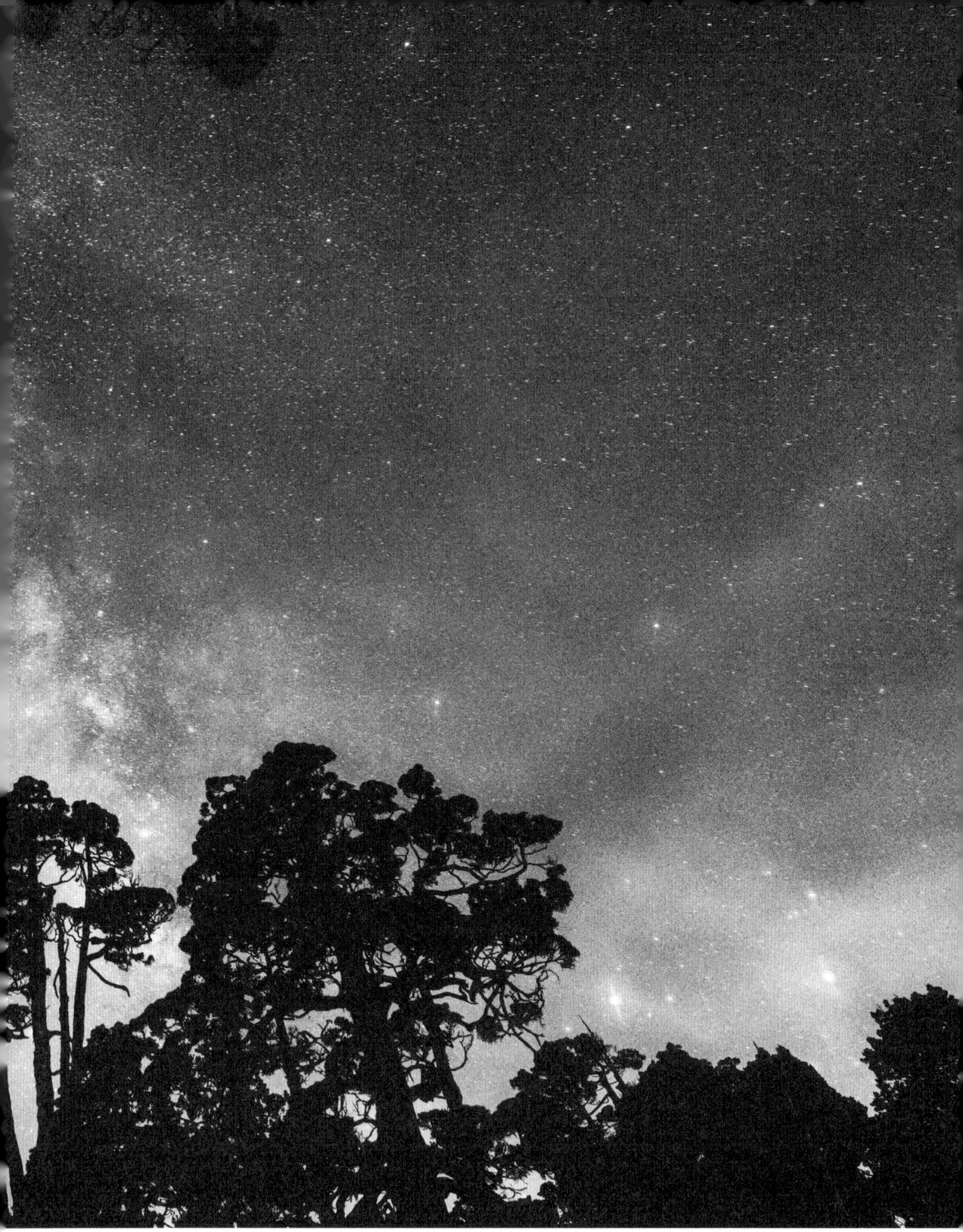

作為島嶼核心的無人區，山雖是野外運動者的冒險天堂，卻也是更多人望而生畏，不願親近的存在。
雪山翠池的玉山圓柏林。（黃柏雯攝）

夥伴、合作者的努力之下，以美國西部的植物世界為舞臺，美國正式迎來屬於自己的植物大命名時代。直至今日，美國的植物研究的動能依然閃耀、活躍。

冰河時代的遺產——以臺灣為名的生物地理模式

臺灣的中央，曾經一如美國西部充滿野性。其中，令人印象最深刻的，是一座座直上雲表的高山。這些山峰的起源或可追溯到五、六百萬年前板塊擠壓的造山運動，而在近一百萬年間海拔大幅隆升。（筆者私人通訊）類型多變的森林隨之發育與擴張，成為四方生物遷徙、交流的驛站。它們之中，尤其是深根大地的植物，因緣際會滯留於此。在山脈胎動的聲響中，演化成一個個島嶼特有譜系。長久以來，科學之眼未曾窺探這片山林荒野及其珍藏的物種。直到一八九五年，日本帝國的博物學者首度來到群山。他們滿腔熱血，奔走山林，立志以所學知識，驅散植物學裡未知的黑暗。當數以千計的新物種陸續自山林中被發現，臺灣終以東亞植物多樣性之島的樣貌走上世界植物研究的舞臺。

大和民族對臺灣山林的掌控終因終戰來臨而結束，當警察與軍隊退出山林，當易達之處已被走過，臺灣山地植物的探索彷彿在戰亂之中重新回到黑暗時刻。一九七五至一九七九年《臺灣植物誌》第一版（*Flora of Taiwan*）陸續完成、出版，[1]臺灣終於擁有為臺灣人而寫的第一份植物資料庫，儘管島嶼中央的大片山地，除了原住民族的神話，鮮少再有科學的痕跡。當許多臺灣植物的模式標本收藏於日本與美國，植物誌的參考資料亦多承繼於日治時期與外國文獻，研究人員心中或許也曾有過阿薩．格雷的感嘆，多麼希望臺灣的植物應該被保存在臺灣本島，並在臺灣被研究。走過日治時期的臺灣植物大命名時代，臺灣山林的植物學除了分類學的訂正、新物種的搜尋，還有什麼新方向可以探索？甚而，我們獨特的山林物種是否能在全球範圍內，為整體植物科學領域帶來啟示？基於臺灣的地理位置與地質歷史，生物地理學理應成為探索的一個方向。

如果物種間的利用關係（exploitation）構成了生物演化的獨特脈絡，那麼物種與地理環境之間的交互影響則揭露了生命與地球之間不可切分的羈絆。企鵝為什麼只出現在南半球，北極熊又為什麼只分布北半球？生物地理學（biogeography）就是一門探討這類問題的學科。而世界上生物的地理分布模式千變萬化，除了「特有」現象之外，「間斷分布」現象是其中一個備受人們關注的模式。所謂「間斷」，係指同一生物分類群（或近緣分類群）分布在兩個或更多相互分離的區域，其間被高山、沙漠或海洋等其他不適合植物生長和傳播的地理屏障所阻隔。早在十八世紀，歐美的博物學者就留意到生物的「間斷分布」現象，近兩個世紀來，「間斷分布」不僅為科學貢獻新知，也影響了各國的政治、經貿發展，譬如間斷分布在東亞與北美

1　《臺灣植物誌》(*Flora of Taiwan*)與美國有關。一九六九年一月中美雙方簽訂一項關於學術合作的協定，共同編纂《臺灣植物誌》。編輯委員於一九七三年組成，成員為李惠林、劉棠瑞、黃增泉、小山鐵夫、棣慕華(Charles E. Devol)等五位教授，一九七五至一九七九年陸續出版六卷。第二版則於一九九三至二〇〇二年陸續出版，亦為六卷。

的人蔘屬物種。十八世紀末，靠著出口人蔘（花旗蔘）到中國，美國緩解了始政初期的財政困難，並與中國的貿易與外交關係打下了基礎。但在生物學者眼裡，「間斷分布」現象不是生財工具，而是地球為特定一組生物與地區專門譜寫的自然史協奏曲。

在世界為數不多的間斷分布現象中，臺灣竟得天獨厚地擁有一個：**橫斷山—臺灣間斷分布**。長久以來，學界習慣將其稱為「東喜馬拉雅—臺灣間斷分布」或「中國西南—臺灣間斷分布」，本書採取作者個人觀點，將其詮釋為「橫斷山—臺灣間斷分布」，相關論述與理由可見內文。一九〇六年，早田文藏發表了臺灣杉，原先被認為是臺灣特有之物。然而一九三九年，東亞大陸的臺灣杉族群陸續在橫斷山、雲貴高原被發現，這種間斷分布現象開始引起東亞植物學者的關注。許多學者如今認為，這種生物地理模式應是冰河時代的遺產。在距今約二百五十八萬年前的更新世，全球進入冰河循環期的氣候。這場持續至今，百萬年尺度的氣候變遷，塑造了第四紀以來的海洋與陸地環境格局，以及與之相關的生物群落（包含人屬的出現與演化）。二萬六千年前至二萬年前，那是最近一次冰河最盛期，北半球高緯度地區和南極發育著大規模的冰棚，全球有四分之一陸地都被厚實的冰棚覆蓋著。彼時，當許多生命消亡於冰雪之中，東亞山地上喜歡季節性寒冷的植物譜系反而獲得意外的新生。冰河期時，因全球降溫，棲息於橫斷山的生物的生育地有了擴張的契機。經由東亞南方的高原與東西向山脈，它們獲得離開橫斷山的機會，其中，往東遷徙的譜系有些跨越了臺灣陸橋陸

新生代以來全球估測年均溫的變化趨勢

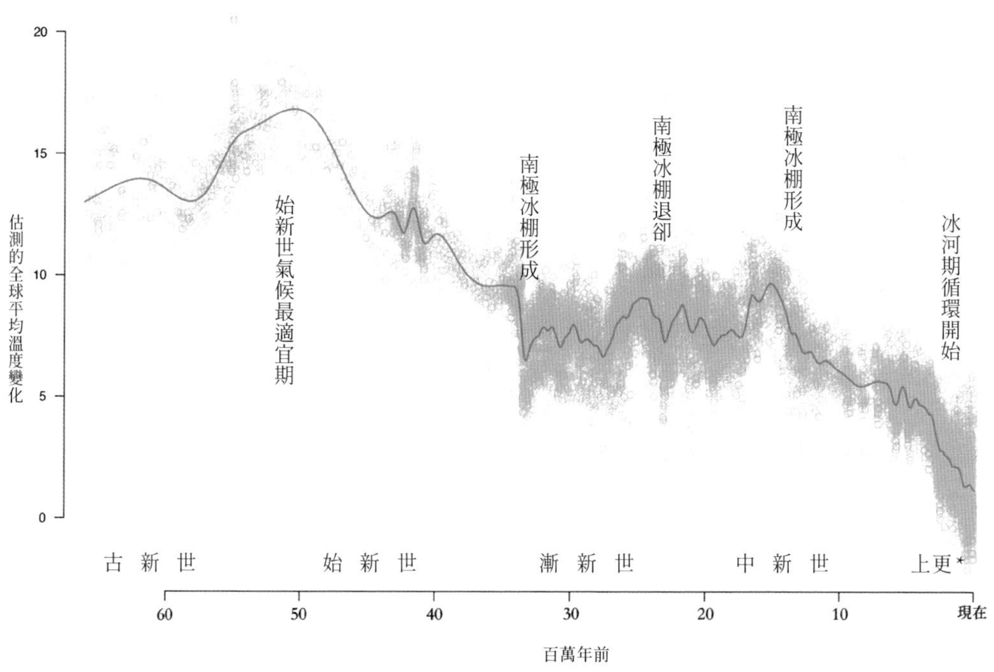

游旨价製圖

*上更為上新世與更新世的簡稱。

續抵達臺灣。間冰期時，全球氣溫回升，臺灣海峽復現，這條山廊也因海拔不夠高，無法保留橫斷山生物適合的生育地，不僅路徑上的橫斷山生物相繼滅絕，橫斷山的生物亦難以大規模東遷。獨自一隅的臺灣高山，成為間冰期時橫斷山東遷生物譜系的避難之所。

在新生代後期東亞的生物演化史裡，橫斷山是一個十分重要且關鍵的存在，與它最息息相關的生物類群是山地生物。在近期研究裡，世上現存最古老的高山植被，極有可能就存在於橫斷山上。橫斷山是北半球最著名的山之國度，高山地帶的存在時間可能至少有三千萬年，擁有大量古老或孑遺的生物譜系。在冰河期時，橫斷山山地物種適居的範圍擴大，整個山區成為物種演化的搖籃，在間冰期時，則成為庇蔭山地物種的避難所。

這些發生在冰河時代，圍繞橫斷山發生

冰島中央高地上的冰河，或許是最接近冰河期的景象。（游旨价攝）

的各式生物遷徙、擴散，如今大抵隨著間冰期的到來，以及山地生物的滅絕而被抹去。作為山岳之島，位於東亞島弧的臺灣，得天獨厚地擁有一塊遼闊的高山地貌，但從生物演化的歷史來看，隱藏在這片山域中真正珍貴的無形之物，是由臺灣高山上橫斷山後代守護萬年的回憶，一段臺灣與世界最古老之山之間獨一無二的連結。

蜀山之王的御苑——橫斷山七脈珍藏的花草

在全球植物多樣性的研究，橫斷山曾一度不為人所知。長達一個世紀的時光，**安地斯山**與**喜馬拉雅山**一直是世人最為推崇的植物多樣性天堂，也是研究熱點。但近年來，橫斷山卻以北半球植物多樣性中心的姿態，一舉躍上世界的舞臺。它究竟是怎樣的一個地方？為什麼我們日常生活中都不曾聽聞過？其實，橫斷山不是一座山，而是一片山域的總稱。它的主體，由七座方向大致南北走向的雄偉山脈所構成。由東至西，分別是岷山山脈、邛崍山脈、大雪山脈、沙魯里山脈、芒康山脈（南部山區又稱雲嶺）、他念他翁山脈（南部山區又稱怒山）和伯舒拉嶺（南部山區稱高黎貢山）。對臺灣人來說，橫斷山或許並不陌生，著名的蜀山之王貢嘎山即為其最高峰，位在大雪山脈上。而邛崍山脈的四姑娘山，主峰么妹峰更是喜愛技術攀登之人心中的傳奇山峰。另外，在雲嶺、怒山與高黎貢山並列之處，三條東亞大河，怒江（薩爾溫江上游）、瀾滄江（湄公河上游）和金沙江（長江上游）縱切高山，平行而下，形成地理課本中的地形奇觀「三江並流大峽谷」。

然而，「橫斷山」之名究竟源起何時，又由何人而起，文史考察未有確論。辭典裡「橫斷」一詞之釋義乃**橫向截擊**，**斷其後援**。因此**橫斷山**一詞照字面上來看，應是指一座東西向之**橫山**，**斷絕**了或南或北山之行。但根據清末文獻，**橫斷山**似乎專指四川盆地西部廣泛而巍峨的大片雪山地帶，「橫斷」二字意味因此山域的存在，兩側的**橫向交流受到阻斷**。在國際學術界，「Hengduan Mts.（或 Shan）」（橫斷山）也是一個相對年輕的詞彙，最早僅能追溯到一九七五年，遠遠晚於「Himalaya」（喜馬拉雅）和「Tibet」（西藏）開始被使用的年代。因為命名淵源不明，導致指稱的地區不明，關於「橫斷山」的生物地理學研究，亦從內涵上產生了問題。

精確的術語是不同科學領域進行交流和比較的基礎，而地名不僅是地理學的基礎，也是生物地理學研究中的重要元素。但眾所皆知，地理區域的名稱和邊界卻經常帶有爭議，一地多名的情況十分普遍。對於山地生物的研究來說，每座山脈從地質和地形的角度，都有特定的範圍、地貌特色和地質歷史。如果不能精確地指稱山脈，即有可能做出不明確的生物地理推論，影響後續的研究工作。這種情況恰好就展現在「橫斷山—臺灣間斷分布」的主題上。

過去半個世紀以來，許多國家基於物種多樣性的特色，將橫斷山針葉林帶以上的區域稱為「中國西南山地」(Mountains of Southwest China)，與「喜馬拉雅山」並列於世界銀行列舉的全球三十六個生物多樣性熱點名單上，「橫斷山－臺灣間斷分布」也因此經常以「中國西南山地－臺灣間斷分布」的形式呈現於各式文獻中。另一方面，臺灣本地或許是受日本時代文獻的影響，研究人員極少提到橫斷山。但其實遍覽日治時期以來，坊間或學術著作所提及的「喜馬拉雅」、「東喜馬拉雅」、「青藏高原東部」、「中國西部」或「中國西南山地」等地名，其實即是指橫斷山或橫斷山部分地區。這種地名指稱重疊、異名的情況，不僅長期掩蓋臺灣與橫斷山之間的連結，也成為臺灣山地生物自然歷史中一個失落的環節。

近二十年來，透過地理資訊系統，基於生態類型、最新的地貌和地質學證據，植物學者對於「橫斷山」的地理範圍有了更細緻的劃分。目前，它的西界即是喜馬拉雅山的東界，可以由嘉黎(Jiali)斷裂帶與布曲(Puqu)斷層劃出，地貌上則可以對應到易貢藏布、帕隆藏布、貢日嘎布曲和邁立開江(Mali river)。而橫斷山的東界，則大致劃分在岷山與四川盆地西緣、西南緣(地質上對應的是龍門山斷裂帶、鮮水河－小江斷裂帶的所在)。山域總面積大約為五十八萬七千平方公里，平均海拔三千七百三十公尺，和南湖大山主峰的海拔(三七四二公尺)相當。如今，**橫斷山**與鄰近的**青藏高原**、**喜馬拉雅**和**中亞山系**更被視為共同構成「**泛青藏高地**」(Pan-Tibetan Highland)。這是世界上現存面積最大、平均海拔最高的一片土地，亞洲十條主要大河由此發源，滋育下

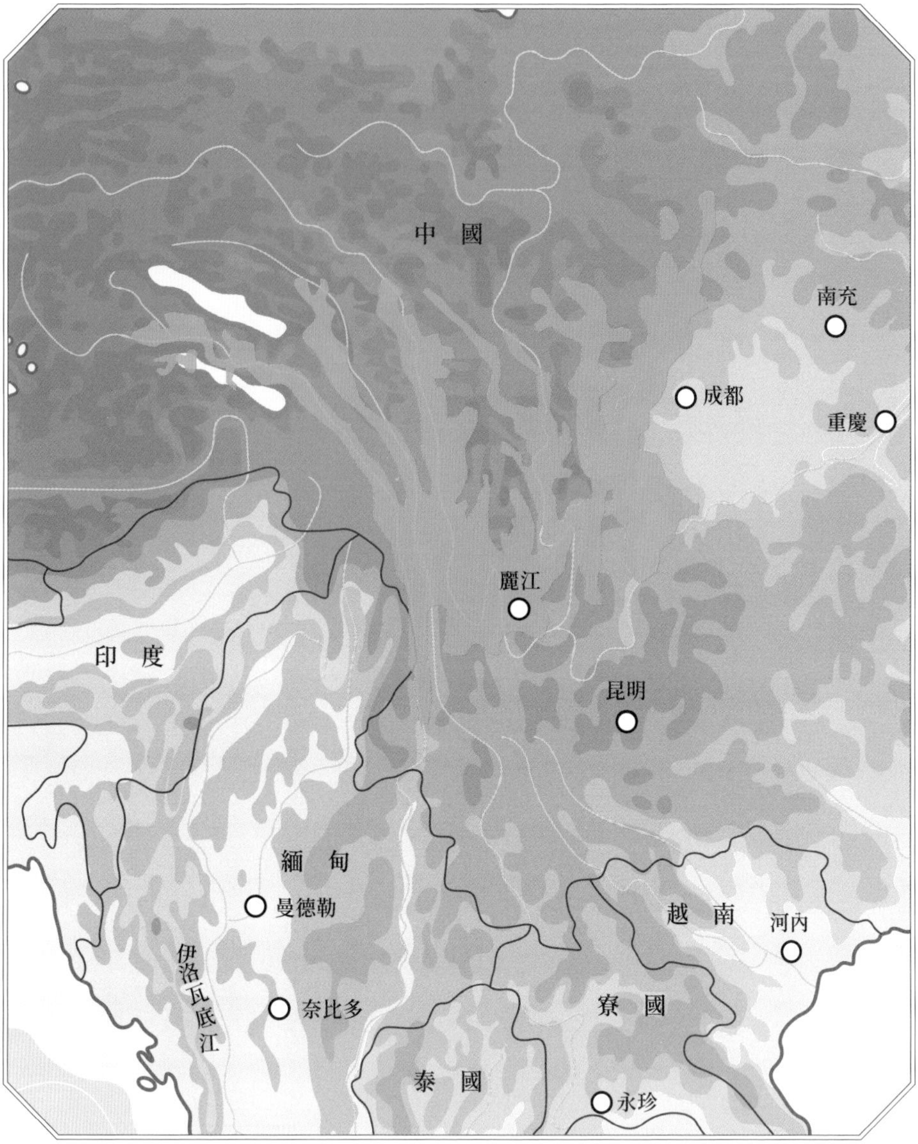

橫斷山是世界銀行列舉的三十六個全球生物多樣性熱點地區之一。它主要包括了中國大陸四川西部、雲南和西藏東南部地區，以針葉林分布為範疇的中、高海拔所在。

丸同連合重繪，來源：Wikimedia Commons

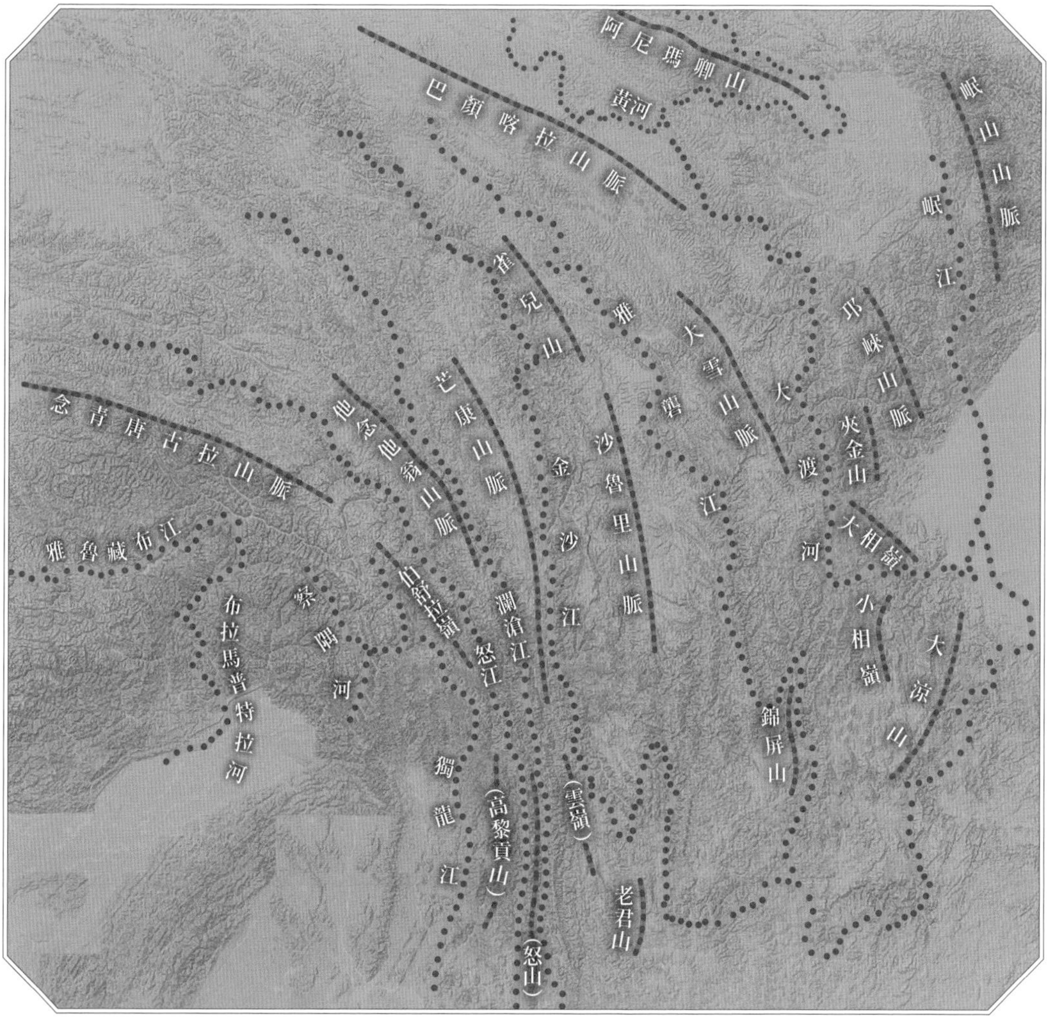

橫斷山區域的七大山脈，皆為南北向縱走，也是許多大江的起源地。（郭仲耘、楊雅婷繪）

表一　青藏高原、喜馬拉雅山、橫斷山的位置與地貌特徵

地區	面積（平方公里）	平均海拔（公尺）	經度範圍	緯度範圍	最高峰（公尺）
青藏高原	1,820,000	4465 (1206-7126)	(77.50-104.09)	(28.99-40.02)	念青唐古拉山 7162
喜馬拉雅山	662,000	3326 (88-8848)	(72.00-97.05)	(26.66-35.85)	聖母峰 8848
橫斷山	587,000	3730 (140-7556)	(92.54-105.67)	(24.61-34.65)	貢嘎山 7556

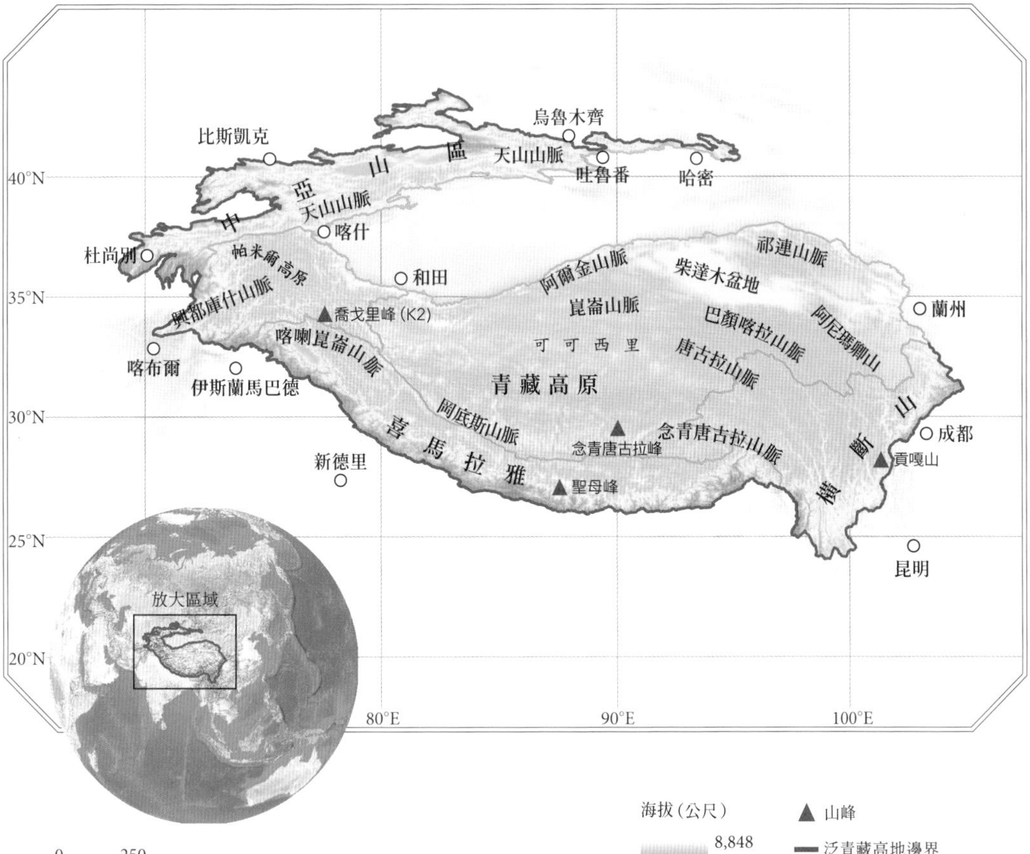

郭仲耘重繪，來源：Name and scale matter: Clarifying the geography of Tibetan Plateau and adjacent mountain regions. *Global and Planetary Change* 215: No. 103893 (2022).

游的芸芸眾生。泛青藏高地既是世界屋脊，也是十四座八千公尺巨峰的所在，橫斷山在其中，不以海拔相爭，而以蓬勃的生物多樣性為美。據植物學者統計，目前橫斷山約有一萬二千八百種維管束植物，至少三千三百種特有種、八十九個特有屬，地區山地植物特有種的數量高居北半球之首。對我來說，倘若貢嘎山真是神話中的群山之王，那麼開滿奇珍異草的橫斷山，就是這位山之主最美麗的大內御苑。

鏡中的山脈——兩相輝映的自然

「不論我這一生將有多長，**橫斷山在我心中始終都將占據一個特別的位子。它讓我相信，原來世界上真的存在著像大海一般遼闊，無邊無際的山。**」

記得大學時剛開始爬山，社團大多帶我在中級山的密林中活動，那時常常覺得，臺灣的山為什麼那麼深，看起來短短的距離，在裡頭行走卻總有怎樣都繞不完的感覺。之後，當我爬了高山，首次站上玉山頂，卻又突然發覺，臺灣怎麼這麼小。向北遠眺，就可以看見雪山和中央尖山；往南一看，像是兩座金字塔的關山與北大武山彷佛就在不遠處。站在玉山頂俯視臺灣島，彷佛一眼就能看出它的輪廓。但橫斷山不一樣，但憑你隨意站上一個高山的埡口，極目所見，都是一層又一層的山巒。它們就像湧向地平線的凝固浪潮，浪尖上是一座座尖凸的雪峰，在藍天中閃閃發亮。橫斷山是一個真正的山之王國，只要置身其中，山似乎就是你的命運，你的主宰。然而奇怪的是，面對這樣一座巨大、充滿山的陌生國度，我卻不會感到緊張與害怕。通過山上的植物、森林，橫斷山反而不時讓我有種回到家鄉山林的感覺。

二〇一九年，我第一次來到橫斷山。當時，在邛崍山脈的夾金山，我興奮地呼喊著山坡上一棵棵的高山櫟，在半山腰用力地以雙眼留下玉山箭竹翠綠的竹影。在岷江上游支流的河谷裡，我看到沿路開得美麗的小白頭翁，河岸邊的樹林，長著模樣讓我無比熟悉的常綠性小檗——這類小檗在臺灣分化出十二個物種，但在橫斷山可能超過八十餘種。在離臺灣如此遙遠的深山中，與這些植物的相遇有如他鄉遇故知，令人心中特別感動。然而感動之餘，橫斷山也著實為我帶來

白馬雪山。橫斷山的國度，連綿的山如凝固的海浪，雪峰在藍天下發亮。（游旨价攝）

許多新知。特有在橫斷山的高山植物類群，塔黃、雪蓮花、雪兔子和雪靈芝，用獨特的形態拓展了我的世界觀。山野中開得繽紛繚亂的報春花，和美豔高貴的喜馬拉雅杜鵑花，更是讓人依戀沉迷。我天馬行空地想著，橫斷山真像是放大了數千倍的中央山脈，不僅山更高、谷更深，植物種類也更多更新奇。如果有天臺灣從島嶼變成一片大陸，那麼中央山脈的模樣，應該就和眼前的橫斷山一樣吧！

這些年，我在橫斷山的植物採集旅程中漸漸領悟，作為東亞山彙的盟主，橫斷山不僅僅只是我幻想中放大了數百倍的中央山脈，它更像地球母親為山岳自然所寫的一本百科全書。尤其，在生物地理學的連結下，橫斷山能為臺灣山地所揭示的，遠遠超過植物種類間的相似性。我所嚮往的高山生物演化之謎的答案，臺灣山地植物的原鄉，或許都能在這裡找到。有關臺灣高山特有種的種化機制，自日治時期以來，便因研究動能不足一直是未解之謎。這個科學問題涉及了高山環境如何產生新物種的機制，不僅研究臺灣生物的人好奇，也是全球許多植物學者探究的尖端領域。橫斷山作為全球高山生物研究的重鎮，各地學者已關注過各式各樣的主題，嘗試過許許多多的研究方法。雖然臺灣的高山存在年代比橫斷山年輕許多，兩者乍看之下沒有可比性。但是學者們已然發現，臺灣與橫斷山多數新物種的起源時間或許都落在過去二百萬至一百萬年內，明顯地皆與冰河期有關，且兩地海拔相近、緯度相近，又有生物地理起源的關聯。如果關注的是年輕特有種的演化歷史，來自橫斷山的研究成果都能成為臺灣重要的參考文獻。

近期，東亞植物學者更歸納出橫斷山年輕特有種種化的三大驅動因素，對臺灣高山植物的研究尤具啟示意義。這三大因素，第一是地質、氣候方面的驅動因素，強調造山運動、複雜生態棲位的演化、天空島（sky island）效應[2]等外在環境對種化的影響。第二，則是遺傳方面的驅動因素，包含雜交、多倍體化等彰顯於生殖細胞內的微觀變化。最後，是生態性的驅動因素，像是物種之間各種利用關係的演化，這與新物種誕生後的存續甚有關聯。這些因素彼此在臺灣高山特有種的演化歷史中扮演了怎樣的角色？我們已知的太少太少。

我與橫斷山的相識只有短短數年，但過程總讓我感覺與臺灣之山的相識十分相似。從一開始滿懷熱情、沒有目的，到開始思考山的意義，進而通過學術濾鏡，首次看見山裡的無形地景─物種之間交織的演化時空。在橫斷山，我也從一座座雪山、一個個埡口認起，轉而思考橫斷山形而上的定義，最終，在研究思路裡看見交織於橫斷山的生命之網。然而，令我意外、我不曾預期到的是，會在橫斷山見到山的另一層無形地景——博物學者留在山林中的時空遺緒。那是我追尋小檗的過程中，臺灣山林曾教導我觀看的視野。

我曾為尋找長葉小檗，跟隨森丑之助的旅札上山。為了尋找神武小檗，攀上標本記述的倫原山，那是呂勝由老師在島嶼之南的採集點。我在東京大學標本館裡，見到

2　天空島是指被非山地環境所包圍、在生態上孤立的高山地帶。這原本指的是位於亞利桑那州和新墨西哥州南邊邊境附近的地區，但現在也被擴大應用於類似的孤立高地或高山。受到地理隔絕與生態特殊性的影響，天空島的特有物種比例往往很高。

川上瀧彌講述玉山小檗的筆跡，也在早田氏小檗的模式標本上學習辨識清水水島的簽名。還有早田文藏發表臺灣杉的歷史，日籍登山家生駒高常、古平勝三在大霸尖山的攀登中第一次帶回的南湖蒿草的記事，臺灣的山林中，充滿著學者跨越時空留存的情感與回憶。而在橫斷山，我也同樣在追尋小檗的路上，不期然地與上個世紀的歐美博物學者產生了交集。我在不知不覺中，將威爾森（Ernest H. Wilson）來到松潘尋找美麗百合與蘭花的故事牢記於心，對虎克（Joseph Hooker）與佛雷斯特（George Forrest）為喜馬拉雅杜鵑花的癡迷感同身受。我站在瀾滄江與金沙江的分水嶺（雲嶺），想像金敦—渥德（Frank Kington-Ward）在三江峽谷的驚險冒險，也在蒼山上眺望洱海，幻想賴神甫（Père Jean Marie Delavay）辛勤採集植物的身影。每每經過玉龍雪山，我總會想起納西族植物嚮導「老趙」（趙成章）的家族，以及長居在此記錄東巴文化的洛克（Joseph Rock）。橫斷山上，不僅有植物的繽紛身影，也滿溢著博物學者的遺緒。

四年前，當自己毅然決定前往陌生的橫斷山，不免隱隱有著悲傷與徬徨，總暗自以為離開家鄉的島與山會是人生錯誤的選擇。但是結果表明，離開得愈遠，或許才能靠得愈近。經過橫斷山這片大山的洗禮，我感受到人生始終圍繞著山的離去與歸來，更有感於山的外型地貌只是祂最容易接近的一面。因為，橫斷山真正讓我感到巨大的，並非實際的山巒，而是山上植物千萬年來的演化，以及幾代人們逐夢的遺緒。這些跨越時空存在的無形之物，可以跨越國界，超過物種的藩籬，讓山真正在意義上如海洋一般遼闊。有人曾對我說，居住在臺灣這座島嶼，不時會有一種被世界遺棄的感覺。是的，這座孤懸海中的島嶼，的確也曾令我感到孤單。但我藉由山地植物的生命，理解到島嶼並不孤獨，它不是生物演化的死胡同，當然也不會是旅程的終點。由植物作證，臺灣的高山上有著大量來自遠古的山脈與大陸的新生與傳承。從高山峽谷、山地森林再到特有物種演化的機制，橫斷山與臺灣高山就像鏡中彼此的倒影，映照著共有的自然歷史，也銘記著彼此的生物回憶。

面對鏡中的兩座山脈，我知道，每當我向橫斷山走近一步，我也就朝心中的臺灣山林愈靠近了一步。

全書章節導讀

本書的目的旨在幫助讀者認識臺灣生物（尤其是植物）與泛青藏高地生物相之間的關聯。這個問題雖然在臺灣學術界已經有一百年以上的探索歷史，卻鮮少為一般人所知。通過山地植物的時空旅史，臺灣的高山不只是一處生物傳播的驛站，也是某種特定生命演化模式的發生場域。

全書前四章分別透過杜鵑花屬常綠杜鵑亞屬的物種、麻櫟屬的高山櫟支序與小檗屬物種，向讀者說明臺灣與喜馬拉雅山、青藏高原和橫斷山之間直接或間接的生物連結。藉由這三類植物，讀者不僅能更深入這些代表臺灣山地的植物類群，也能獲得過去二百年來，全球與這些植物有關的各地文化。在第五章與第六章，我將運用前面四章傳達的知識，對「橫斷山—臺灣」間斷分布，以及對臺灣山地植物起源亦有重要性的「環東海分布」做全面且廣泛的討論。最後兩章不僅列舉大量植物案例，探討它們的起源，也會簡要著墨一個假說：橫斷山東遷的不只是一個個物種，也可能是包含動物、植物或微生物的異質群落。內容有些龐雜，但初衷是為了讓讀者接收到比較新的資訊。

後記〈橫斷之花〉以實際的山岳與植物影像呈現「橫斷山—臺灣間斷分布」，期待能加深讀者對橫斷山的自然與地貌的印象。東亞著名的植物獵人威爾森，藉由書寫與出版，在橫斷山留下許多關於植物的歷史遺緒。至今每年總有那麼些人，被威爾森的故事吸引，義無反顧地來到橫斷山，踏上他曾經走過的尋花之路。有朝一日，我也願讀者能有機會親自踏上橫斷山，到這個許多臺灣山地生物的原鄉一探究竟。

臺灣島中央山脈北段山區的山彙盟主——南湖大山主峰，素有帝王之山的美譽。（林隽攝）

PART I

植物的鏡像世界

黃瀚嶢繪

第一章

傾靡歐美的
喜馬拉雅杜鵑花

楔

如果你問我，臺灣的高山是什麼顏色？我的直覺首先會告訴我——綠色。不論身在何處，每當我想起山，腦海裡最先浮現的就是中央山脈上柔美的箭竹綠地。但若你問，難道山上就沒有其他明豔一點的色彩嗎？有的，我馬上想到的是山地杜鵑花，想到它們在山脊線上大規模綻放著或粉或白的花朵，如此令人心醉。如同平地，山地杜鵑花的花期也在春季，但通常是在比平地杜鵑花晚一些的梅雨季。彼時，當山下眾人深陷於細雨醞釀的春睏，準備上山的人卻精神奕奕。他們無懼陰雨，帶著企盼的眼神，走進高山，迎接愛山人專屬的視覺饗宴。

綿延的臺灣山地之上，由分類學者界定的原生杜鵑花已有十七種。它們形態多變，姿態與花色並不遜於園藝品種，在觀賞上饒富趣味。這之中，一群被稱為**喜馬拉雅杜鵑花**的山地杜鵑花最引人注目。這個譜系雖然在臺灣只有五種，但自日治時期起，多少博物學者、登山者與研究人員都鍾情於它。每年春天在合歡山締造賞花人潮的玉山杜鵑，正是一種喜馬拉雅杜鵑花。這些山地杜鵑花為何以喜馬拉雅為名？它們是否和遠方的喜馬拉雅山有關聯？深入這些問題，你將不期然地揭開臺灣與世界最高山脈之間的獨特連結，以及一段與杜鵑花有關的國際交流祕史。過去一百多年來，冠以喜馬拉雅之名的山地杜鵑花對人類的誘惑超越了國界與文化藩籬，在園藝史上締造一股歷久彌新的風潮。

之一 橫斷山的寶石之花

我和一般人一樣，對喜馬拉雅山有著強烈的憧憬，期待著將來有一天能夠前往那裡踏查，……那裡有著高逾一萬三千尺的山綿延，有豐富的生物也有多采多姿的蕃人生活點綴其間，從熱帶低地通過溼潤的原生林，爬到寬闊的針葉林帶，再到光是山地杜鵑花就有數十種，種類居世界之冠的灌木帶，然後進入草原帶，綜覽各種山地寒生植物盛開的迷人世界，其有冰河高懸於岩雪峰之下，映照出崇高的銀色光輝。

鹿野忠雄，〈玉山雜記——玉山地方山與住民的關係〉，一九四一年

活躍於日治時代的鹿野忠雄，是我心目中臺灣登山能力最卓越的博物學者。基於對熱帶高山的迷戀，他在年少時離開了北國的家鄉，[1]來到臺灣。戀臺十五年間，他來回在島嶼高處的山脊，探索生物、地質與原住民文化。儘管將畢生最好的時光全獻給臺灣群山，鹿野忠雄的心中似乎一直有個遺憾，那就是未能到

1 鹿野忠雄生於一九〇六年（明治三十九年）十月二十四日東京市淀橋區（今東京新宿區），從小喜歡昆蟲，因為嚮往臺灣神祕的山林與多樣性，一九二五年來臺就讀臺灣總督府高等學校，也展開他在臺灣的登山與各種博物學探索，一九四一年還以〈次高山的動物地理學研究〉取得京都帝大理學博士。鹿野忠雄在二戰末期受日本軍方指派前往印尼北婆羅洲從事民族調查，不久便失蹤，被稱為「忘記回來的博物學者」。本書關於鹿野忠雄的引文為本書作者根據楊南郡在《山、雲與蕃人》的翻譯改寫。

東亞深處的喜馬拉雅山進行博物學考察。少時，我因為景仰鹿野忠雄，對他掛念的了喜歡看他寫臺灣的山，除喜馬拉雅山也感到著迷。念研究所之後，開始研究臺灣山地植物，我留意到他曾在著作中提到一個有趣的生物地理假說。他在〈玉山雜記〉一文寫道：「……臺灣高山特異的地質構造與地形，以及森林帶的垂直配置、山地杜鵑花，以及其他的高山野花、鳥類和蝶類，都令人想起喜馬拉雅山系的地質、地形與生物相，覺得彼此有共同的性質與屬種，並非偶然。看到臺灣林鳥的飛翔和蝴蝶閃亮的羽色，喚起我對喜馬拉雅山的幻想。廣義地說，喜馬拉雅山的褶皺特性也支配著臺灣島的高山。此外，臺灣高山頂的

鹿野忠雄（中排右三露出雙臂之人），一九二九年四月攝於紅頭社駐在所（今蘭嶼），鹿野氏二十三歲，當時為東京帝國大學理科部地理科學生。

來源：Wikimedia Commons

生物，是曾經於某一個地質年代從喜馬拉雅山區移入的。……」

臺灣高山上的生物可能起源於喜馬拉雅山——或說在鹿野忠雄那個年代，係指包含青藏高原東部以及橫斷山的泛喜馬拉雅山區[2]——這種說法對我來說真是匪夷所思。我不曾想過，平常登山時所見的花花草草有可能和遙遠的世界最高山脈系出同源，擁有近緣的血脈。我曾懷疑這會不會是鹿野忠雄私心且刻意安排的一種說法？畢竟這兩處天地都是他一生心念之所在。但也或許他的確在臺灣的高山上找到什麼證據，讓他對這個假說深信不疑。自那時起，關於臺灣與喜馬拉雅山生物之間的種種疑問，像是寄宿在我腦海的幽靈，隱隱徘徊不去。取得博士學位後，我渴望前往喜馬拉雅山區進行研究，並在友人的牽線下落腳橫斷山。在穿梭於橫斷山的日子裡，我常感到鹿野忠雄就在身邊。彷彿他寫下了一段遺囑，讓我來這裡追尋他所掛念之物。這樣奇妙的體驗，不只體現在遠方雄偉雪山的山影，更在山間一棵棵山地杜鵑樹的花開中得到印證。

大雪山埡口

二〇二〇年四月初，春分剛過不久，我猜想山上時序已然進入春天，便急忙給平常合作上山採植物的張師傅打了電話，慫恿他暫時放下照顧孫女的職責，與我一同前

2 泛喜馬拉雅是一個地理泛稱，包含了喜馬拉雅山、青藏高原東部與橫斷山等山域。

往香格里拉的大雪山埡口[3]找小檗。張師傅是典型的雲南人，不僅喜愛大山大水更愛四處浪遊。經過一個冬天的蟄伏，他早已在家悶得慌，我沒花太多口舌便說服了他。於是，一老一少約好在昆明集合，展開今年第一趟山行。記得剛來雲南不久，我就常四處打聽大家都去哪裡找高山植物，大雪山埡口是他們常提到的目的地之一。據說當地著名的植物採集者都曾在那裡駐足，並採集到不少珍貴植物。我的同事告訴我：「那裡的海拔很高，有四千二百公尺，是少數車子可以到達的橫斷山深處。」而當老闆知道我一直想看大塔黃和雪兔子時，他也說：「去大雪山啊，在埡口旁的流石灘上找找，多得很。」此外，我的英國老友朱利安先生曾在二〇一九年探訪過大雪山埡口，並在那裡發現了三個新

3　大雪山埡口位於四川和雲南交界處，海拔四千二百多公尺，緊鄰白馬雪山自然保護區，公路可達，是觀察高山植物的絕佳之地。

種小檗。所有這些都讓我對大雪山產生了濃厚的興趣。我心中隱隱有種預感，那裡肯定有令人興奮的植物在等著我。

還記得，上山那天天氣十分晴朗，車行至大雪山一帶時，時間已近中午。窗外，高海拔的陽光十分刺眼，藍天像是被水洗過一般，透明清澈。然而通往埡口的鄉道仍積著雪，有些山坳處的路面還結著冰。我想起早晨出發前張師傅對我說：「去大雪山的路爛得很，能不能到，全看游博你的運氣啦。」午後，繞完了盤山路上數不清的之字形彎後，張師傅的越野車終於開上大雪山埡口。張師傅把車停在公路旁的廢棄哨站，深深地吐出一口氣，隨即滿面笑容對我說：「今天太幸運啦！我也已經兩、三年沒來過這了。」我們倆興奮地跳下車，奔到埡口邊。此時，一片廣

自阿屘那來山眺望中央山脈層巒似海的景色（游旨价攝）

闊的藍綠色山嶺浮現在我們眼前，像是無數山峰構成的海洋。我不禁想起一個世紀前的歐美植物學家，他們曾這樣描述橫斷山：亙古戍衛在中國西南邊境的不是軍人，而是一片藍幽幽，像海遼闊一般的山。我看著遠方的山峰層巒疊翠，宛如凝結的波浪，不知為何也想起了家鄉，想起曾經去過的某次山旅。自己站在中央山脈東隅的阿屘那來山山頂，往西北眺望更遠處的島嶼山景。那裡是登山者口中的祕境，也是一個群山翻騰如海的山之國度。

儘管平安抵達目的地，但我和張師傅很快就發現我們誤判了山上的季節。大雪山埡口儘管風和日麗，空氣卻十分乾燥冷冽，這種狀態清楚地說明整個山區還在冬季中沉睡。我環顧四周，不僅沒有看到代表春天的報春花，亦無聽得一聲山鳥鳴叫，心裡沮喪地想著：看來這次上山遇不到什麼讓人興奮的植物了吧……。頂著冷冷的山風，我沿著雪水的逕流走上一個小山坡。那裡，幾株受到雪水誘惑，可能是綠絨蒿屬植物的嫩苗從凍土裡探出頭來。平常，這類罌粟科的植物素以美豔的花朵迷倒眾生，此時卻毫無生氣地貼伏在地面，像團被隨手扔置的廢棄物。我帶著失望，繞到了埡口另一頭，沿著公路往鄉城[4]方向繼續前行。

遠方的雪山閃閃發亮，山谷間除了風聲，萬物俱寂。突然，我感覺眼角裡似乎閃見一絲綠意。轉頭仔細一看，竟是一片長在山坡背風處的樹林。它們由一棵棵兩至三公尺高的小樹組成，樹幹看起來有些纖弱柔軟，外頭則包著斑駁的樹皮。和周圍蕭

4　今屬四川省甘孜藏族自治州。鄉城（藏語意為佛珠），海拔二八三六公尺，東鄰亞丁自然保護區，南與香格里拉接壤，有「康巴江南」之稱。

瑟的風景不搭配的，這些小樹的枝條頂端長滿濃濃綠葉，葉子表面似乎覆有蠟質，此刻在正午日光的照射下熠熠生輝。在來橫斷山之前，我登山經歷裡的最高海拔便是三千九百多公尺的玉山頂，那裡絕巖峭壁，未見有什麼森林。因此，看見這裡長在海拔四千二百多公尺的小樹林時，我竟一時呆了。這是什麼植物？

正當我準備趨前觀察這些植物，張師傅突然從我後頭冒了出來。他走到樹林旁，抓起一根樹枝，對我說道：「呦，游博你看，杜鵑樹要開花了呢。」我頓時恍然大悟，原來這片林子是山地杜鵑花啊！我對山地杜鵑花自是極其熟悉的，臺灣高山上也有不少杜鵑花種類。春天開花時，山友和花友們總喜歡上山賞花，就像是跟山神約好的一樣。「**在我們這兒，杜鵑花就是高**

大雪山埡口背風處的山地杜鵑林（游旨价攝）

山上最美麗的寶石。臺灣的山上應該沒有杜鵑花吧？」張師傅向我詢問。我馬上不服氣地說：「**當然有啊！我們那也有高山，山上也有寶石一樣的杜鵑花！**」那是我第一次聽到有人把山地杜鵑樹的花形容成山裡的寶石，心裡覺得特別浪漫。即使一開始沒有認出這些小樹的身分，而且還被張師傅洩漏答案，我仍然非常好奇這些山地杜鵑花的詳細模樣。畢竟，我從沒在這麼高的山上看過杜鵑花的林子。此時在我心裡也隱約想到，鹿野忠雄口中關於臺灣高山與喜馬拉雅山之間的生物性連結。眼前的山地杜鵑花跟臺灣有何異同？彼此之間是否有親緣關係？想著想著，我全身不由自主地熱血沸騰起來。

說來，大雪山埡口的山地杜鵑花，葉片厚實，邊緣反捲，葉表像是上了一層薄薄的透明漆（實則是植物葉表之上的蠟質角質層），而葉背則布滿灰色的絨毛，種種形態都讓我聯想到臺灣高山上的山地杜鵑花。沒想到當我還在思索之際，張師傅似乎真的不信我看過高山上的杜鵑花，竟一個箭步踏上雪坡，折下一小根枝條，拿到我面前說：「游博，你看這個被鱗片層層保護的杜鵑花花苞，它們之後就會開出又白又粉紅的花，像是上了粉彩的雪。」老師傅的可愛舉動令我莞爾，在臺灣的高山上，玉山杜鵑或其他山地杜鵑的花芽在綻放之前也是這般被密實的鱗片覆蓋。唯有如此才能保護嬌嫩的花芽免受春寒傷害，我相信眼前這種山地杜鵑花亦然。可惜，我雖看過玉山杜鵑浪漫的粉色花朵，此趟應該無緣見到這無名杜鵑花樹在白雪融盡之後的花開。

鹿野忠雄的博物之眼

……剝開森林的外衣，你將看到玉山的魅力在於沉積岩之美。日本內地的赤石山脈也比不上這裡的豪邁。這裡群山怒濤般競峙，每一座高峰向高空劃出粗獷的輪廓，粗獷中帶有愉快的韻律感與抑揚頓挫……。

鹿野忠雄，〈玉山雜記——玉山地方山與住民的關係〉，一九四一年

出生在熱帶島嶼的人，是否就真的沒有機會認識高山植物？至少在臺灣，這個答案是否定的。看著大雪山埡口這一大片山地杜鵑花林子，我突然想起一段在臺灣與山地杜鵑花的有趣往事，便興高采烈地和身旁的張師傅說起來。

那是在碩士班二年級的元旦，當時我組了一支隊伍去爬聖稜線。出發前幾天據說因為北方水氣來襲，高山上已經降了不少雪，但我們不以為意，仍然備好了雪地裝備如期上山。沒想到，雪量比預期的大，行程進度因此落後不少，最後我們只好在稜線上迫降。是夜，大家窩在露宿袋裡瑟瑟發抖，無法入眠。約莫是半夜，我因為蜷縮著身子腿麻得難受，便拉直了腿想伸展腿部肌肉，沒想到竟因此將雙腳插入一叢玉山杜

粉色的南湖杜鵑在山巔盛開的景色，背景是聖稜線。（郭英豪攝）

鵑裡。奇怪的是，不知是否是錯覺，塞在灌叢的腳掌竟漸漸感到一絲溫暖。事後，回想起那晚的奇妙經驗，我猜想應該是因為樹叢阻擋了稜線上的冷風，所以我的雙腳才會感到一絲溫暖吧。[5]

不過，張師傅聽完我的經歷，仍然一臉狐疑。他似乎不大相信臺灣有會下雪的山。早前，他雖然曾跟著旅行團來過臺灣，但只對臺灣的好吃水果和新鮮海鮮留下印象。甚而，即使他真的看到臺灣的雪山，在他眼中，可能只會覺得那是座積雪的小山丘罷了。與雲南的橫斷山相比，臺灣高山在規模上的差異顯而易見。當我親身來到這裡開展野外工作後，感覺整個橫斷山就像一個放大數十倍、百倍的

5 在高山地帶，長成灌木可為樹種獲得一些生存好處。因為緊密的灌叢能降低空氣流動，減緩地表熱量的喪失，使土壤表層和樹冠下的溫度維持在比周遭環境高的狀態，就像製造出一個小小的溫室。

中央山脈。我在臺灣所體驗到的一切，在橫斷山這裡都能感受到，但後者顯然孕育更多樣的變化。就像此地，海拔突破玉山主峰的山嶺上竟生長著綿延數公里、茂密翠綠的山地杜鵑花林，那是我在臺灣不曾幻想過的，山地杜鵑花能有的姿態。

另一方面，眼前的視覺衝擊，也令我想到鹿野忠雄經常以自身在日本內地登山的經驗來比較臺日兩地高山的景色。彼時，有日本登山者指出臺灣高山上的植物群落，視覺上比不上日本的豪華多樣。為此，鹿野忠雄替臺灣高山植物提出反駁：「……事實上，在臺灣高山我們常在岩角或是崖錐看到多樣性極高的高山野花一同綻放的景觀，例如高山翻白草、高山毛莨、兒玉菊、玉山蒿草、玉山龍膽、阿里山龍膽、玉山沙參等群芳爭豔，其間還有玉山薄雪草那狀似綿毛的玲瓏白花，驚嘆阿爾卑斯山上的名花edelweiss的親戚出現於臺灣高山……。」對他而言，位於低緯度的臺灣，高海拔地區的總面積難以和位於溫帶且島嶼面積更大的日本列島相比，想在臺灣看到日本高山上遼闊的花海無異是強人所難。然而，這並不代表臺灣的高山植物群落就缺乏亮點。鹿野忠雄指出，臺灣高山植物的獨特之處在於其來源的多樣性，彷彿在一小個山頭之上集合了北半球許多高山花草譜系，展現出讓人意外的物種組合。

於是，儘管有些欣羡橫斷山美麗的山地杜鵑林，我也明白，與其在意誰比誰更美更豪華，不如從橫斷山與臺灣的差異來進一步探究兩地高山植物群落的特色。一如臺日對比，臺灣的高山面積遠比不上橫斷山，山地杜鵑花也因為地貌過於破碎而無法在山巔形成大面積的林子，但在陡峭的臺灣山脊線上，山地杜鵑花和翠綠的玉山圓柏伴生，兩者交織、攀附在山峰上與圈谷中。臺灣特有花草的鮮豔色彩點綴其間，有來自橫斷山區的金黃色（玉山金梅）、日本列島的紫藍色（玉山山蘿蔔），從顏色到生物地理歷史都如此繽紛的高山植物群落，是專屬於臺灣高山的美麗。

雪山圈谷裡與玉山圓柏伴生，呈現匍匐灌木姿態的玉山杜鵑。（游旨价攝）

杜鵑花類菌根菌與高山林木線的守衛者

經過了山地杜鵑花林子，我和張師傅繼續沿著公路尋找其他植物。隨著海拔緩緩下降，河谷兩側的山坡也愈來愈多綠意。沿途，我不時瞇起雙眼，注視著溪谷另一側的森林。這個舉動引來張師傅的好奇，他問我是不是在欣賞大雪山雄偉的巖塔群？我這才意識到，原來自己犯了在臺灣登山時養成的毛病。我向他解釋，我在看的是對岸的森林，但目的並非是植物學的觀察，而是在判斷森林的種類。在臺灣，森林的類別往往是決定登山行程的重要因子。有些林子，像是山地杜鵑林因爲非常難以穿越，是登山者的夢魘，因此提早判斷森林的構成有助於隊員在心理上做好準備，調整行進的步調。沒想到聽完我的解釋，張師傅竟故意指著大雪山巖塔下頭一片草綠色的矮林說：「那些也都是杜鵑林子喔！游博要不要去體驗一下。」令我忍不住又好氣又好笑。

也許因為是向陽面，溪谷那頭的山坡，山地杜鵑花林看起來比我們身後的那片更加濃密，就像一道綠色的長城，蜿蜒在大雪山巖塔的底部。在其下方，緊貼著墨綠色的冷杉林，兩種林子色澤各異，呈現出明顯的森林分界線。在我眼裡，這條邊界既是一條優美的風景線，也是條殘酷的生存線。此線之上，唯有緊密團結、身形狀如侏儒的山地杜鵑花方能庇護幼苗茁壯成長；而長勢英俊挺拔的冷杉一旦超越此線，其脆弱的枝幹難以抵擋山峰的狂風，最終只能被無情地放倒。事實上，在東亞的高山上，山

植被層次分明的大雪山一角。近景是山地杜鵑花的灌叢植被，而墨綠色的是雲杉或冷杉為主的針葉林，介於針葉林與巖塔之間橄欖綠色的植被則仍是山地杜鵑花的灌叢。（黃健攝）

地杜鵑花可能是少數能與耐寒的裸子植物一較高下，競相守衛林木線[6]的被子植物。透過測量一種叫作「比葉面積」的性狀[7]，及其與不同環境因子間的關聯，研究人員發現，山地杜鵑花堅韌、厚實且帶有常綠性質的葉片原來對於高海拔的生存十分有利。比葉面積是研究人員用來評估葉片堅韌度的一種方式，實際上是指植物在每單位葉片面積上所投資的生物量。一般而言，葉片堅韌的植物會有較小的比葉面積，而輕薄、柔軟的葉片則相反。許多研究顯示，比葉面積較小的植物通常能更有效地減少水分蒸散和葉片過度失水，因此更能適應乾旱、寒冷的高山環境。研究人員還發現，山地杜鵑花不僅比葉面積小，壽命也

6 林木線（tree line或timberline），簡稱為林線，為一生態學概念。在該線以內，植物可如常生長成樹；然而一旦逾越該線，大部分植物均會因風力、水源、土壤或其他氣候原因而無法生長成喬木、樹型狀態。

7 在生物學中，性狀（phenotypic trait, or character）又稱特徵、特性或形質，是指生物體顯現在形態、結構或生理生化的單一特徵或總稱。

較長。這表明，山地杜鵑花毋須經常將能量消耗於新葉片的製造，從而在土壤營養較低的高山環境中獲得優勢。

然而，在另一種生態觀點裡，山地杜鵑花在高山環境的巨大成功，可能更應歸功於身邊一群「看不見」的好朋友——杜鵑花類菌根菌。菌根菌係指土壤中一群對植物有益的真菌，能與大部分維管束植物的根系共生，形成稱為「菌根」的共生體。菌根可以協助宿主植物吸收水分和養分，早在十九世紀末，便已被德國科學家發現對植物的生長和發育有極大的幫助。在土壤中，不同維管束植物可能會和特定的菌根菌類群形成共生關係，從而創造多樣的菌根種類，也因此，所謂的杜鵑花類菌根正是由一群特別喜歡與杜鵑花科植物共生的菌根菌所產生的共生體。

杜鵑花類菌根菌能夠促進杜鵑花科植物分解土壤有機質、循環碳元素和養分的能力，從而提升杜鵑花科植物的逆境抵抗力。特別是在一般維管束植物難以生存，土壤酸性且有效養分極低的環境裡，杜鵑花科植物靠著杜鵑花類菌根的協助成為一支獨秀的存在。在許多歐美國家，山地杜鵑花驚人的生存能力卻也帶來意料之外的問題。譬如來自中亞的山地杜鵑花在愛爾蘭成為了強勢入侵物種，對當地的原生植物群落造成嚴重的干擾。一如達拉[8]在《一位年輕博物學家的日記》中的控訴：「杜鵑花的壓倒性存在，使得報春花和銀蓮花失去了生存空間，被迫處於休眠狀態。銀蓮花像阿多尼斯的血一樣，曾在愛爾蘭的森林中繁茂，如今卻只剩下殘片和線索，揭示了一場古

8 達拉・麥克阿納蒂（Dara McAnulty, 2004-）是來自北愛爾蘭的博物學家、生態保育者與環境運動者，經營部落格「博物學家達拉」（Naturalist Dara），著有《一位年輕博物學家的日記》（*Dairy of a Young Naturalist*）。

老的謀殺，證明我們失去了曾經遍布愛爾蘭的森林和沼澤。」

望著遠處大雪山下連綿的山地杜鵑花林，我不禁想起自己在日本登山時所見到的高山林木線，那裡的植物以一種名為偃松的針葉樹種為主。雖然偃松像山地杜鵑一樣覆蓋地表，但它們卻是裸子植物。實際上，在世界各地，以裸子植物作為林木線的守衛者的情況比比皆是。在我有限的經驗中，似乎只有在臺灣和橫斷山見過由山地杜鵑林構成林木線的情況。或許，這也是為什麼鹿野忠雄常常在他的作品中提到玉山杜鵑的原因吧。試想當你冒險犯難地爬上山脊，在那兒敞開樹椏迎接你的是盛開的山地杜鵑花而不是單調的綠色偃松，那畫面肯定更加浪漫吧。

此刻，我與張師傅和對岸的山地杜鵑林被一條深深的寬闊河谷所分開，從地圖上看，它的名字叫碩曲河，發源自橫斷山七脈之一的沙魯里山，著名的巴塘高原的所在。春天時這條河的水量並不大，仍透著清澈。但等到夏天來臨，持續的暴雨降在了東北方的巴塘高原，一股巨大的棕色洪流將滾滾而至，填平兩岸之間寬闊的河道，將碰到的一切席捲一空。之後，隨著秋季晴朗天氣的到來，霜凍再次把山上的激流禁錮起來，碩曲河的水位逐漸下降，並且愈來愈清，愈來愈藍。此刻，雖然大雪山的生靈仍在冬眠，但通過觀察山地杜鵑花和借鑑鹿野忠雄的比較方法，我似乎看見了臺灣、日本列島和橫斷山在植物群落上相似和不同之處。儘管身處陌生的異地，一切卻都如此熟悉而有意思。

之二 杜鵑花盛開的島嶼

我感覺到，在秋意未盡之前，冬天隨著冷溼的空氣就要來臨。我試著幻想天地萬物一片雪白的高山冬景，也幻想眼前這一叢叢的玉山杜鵑，忽然接到春天的訊息，一時恣意怒放的盛況……現在，回頭來冷靜地想想自己：我每年都遠涉重洋來到臺灣的高山地帶，燃燒青春的熱情……到底是怎樣的因緣，將臺灣山岳和我緊密地結合在一起？

鹿野忠雄，〈玉山東峰之攀登〉，
一九三二年

在鹿野忠雄心中，玉山杜鵑想必如同原住民夥伴，被視為在臺冒險時不離不棄的友人。但在他生活的二十世紀上半葉，全世界許多貴族、知識分子以及園藝愛好者不將山地杜鵑花當作友人，而是戀人，他們不僅在自家庭院栽培山地杜鵑花，也熱中於探索這些山地杜鵑花的原生地。他們之中最狂熱的人都知道，山地杜鵑花的王國在喜馬拉雅山，一生所願，便是到喜馬拉雅山看杜鵑花。一九四五年，鹿野忠雄神祕失蹤於南洋，終生未有機會踏足喜馬拉雅山區。此刻，先哲已逝，但玉山杜鵑每年仍在春天綻放。這些年來，像鹿野忠雄一樣眷戀山地杜鵑花的人因為登山活動的盛行而有所增加。每到四、五月的杜鵑花季，合歡山上車水馬龍，前來賞花的人絡繹不絕。但其中有多少人，除了認識「玉山杜鵑」這個植物名之外，還會特別去瞭解它的生態和習性？甚而，人們是否知道臺灣還有玉山杜鵑之外的原生杜鵑花？

臺灣的原生杜鵑花

在進入大學之前，我對臺灣原生的杜鵑花物種瞭解甚少。小時候，我曾認為所有的杜鵑花都是同一種植物，只是天生具有各種花色。甚而，由於經常出現在校園或私人花園裡，我也一度以為杜鵑花必須和人類在一起才能存活。一直要到我開始登山，接觸了山岳文學，才從鹿野忠雄的著作中認識到臺灣原生的玉山杜鵑，並發現它原來與日常生活中的杜鵑花大不相同。後者大多是園藝栽培而出的品種，較能忍受夏季平地的高溫。此後，在植物學課程中，我進一步瞭解到臺灣除了玉山杜鵑，還有至少十六種本土杜鵑花。它們大多是山地物種，從烏來的丘陵到太魯閣的石灰岩峰，從大武地壘的密林到雲海之上的玉山之巔，只要走上山，你基本上都能遇到臺灣原生杜鵑花。而我從童年開始對杜鵑花的錯誤印象，純粹只是因為我不會爬山，沒有能力到山裡和杜鵑花相遇。

對喜愛植物和山林的人來說，春天是一年一度，他們和山地杜鵑花說好相見的時刻。每當第一道花訊從山巔傳來，他們便紛紛趕赴山林，無視親友的不解，無畏春雨及山上的詭譎天氣。遼闊的中央山脈就是他們的私人多寶格，收藏著十七種姿色各異的原生杜鵑花，每年都要在此時仔細審視一次才能舒心。相對的，我雖然也喜歡山地杜鵑花，但並非將它們視為一套植物珍玩。我喜歡，是因為它們經常在山上撫慰我的疲憊心靈，更是建構臺灣高山植被裡的重要植物。十七種原生杜鵑花各自獨具特色，從形態到自然史，揭示了島嶼與特有種演化的奧祕。

慚愧的是，雖然至今山齡將滿二十年，我卻仍未見過臺灣全部的原生杜鵑花。臺灣看似狹小，但山就像巨大的迷宮，充斥著未被踏過的角落。玉山杜鵑雖然是我知曉的第一種臺灣原生杜鵑，但我跟它充其量只能算在書裡神交過，我真正親眼見到的第一種原生杜鵑花並不在山裡，而是在臺大的校園。它叫烏來杜鵑，[9]曾經在臺北盆地郊山生長，如今已在野外滅絕。因其美麗脫俗的粉色花朵，深受人們喜愛，在經過保育單位復育後，現已廣泛種植於各地。不開花的烏來杜鵑乍看之下並不好認，它就是一般常見，外觀纖弱的某種小灌木。我是在樹木學助教的指導下才知道它的特徵——柳葉狀且密生紅棕色剛毛的葉片。然而助教卻沒說，為什麼烏來杜鵑會有這種形態的葉片，因此我也一直無法將這個特徵認真刻在腦海裡。

9　烏來杜鵑是臺灣特有種，種小名以日本植物學者金平亮三的姓氏Kanehira拉丁化而來，其原生於北勢溪河谷，因翡翠水庫的建設而在原生育地滅絕，並輾轉在校園中被保存和復育。

美麗的烏來杜鵑雖目前多種植於校園，但身上的特徵可能暗示了它原生的生育地樣貌。(王錦堯繪)

二〇一五年，我獲得日本交流協會的資助前往日本擔任訪問學生。在關西地區進行野外植物採集時，有植物小百科稱號的友人伊東拓朗向我介紹了一種在河谷中生長的杜鵑花，名為皋月杜鵑。他告訴我，皋月杜鵑是一種溪流植物（riparian plant）[10]，擁有隨河流環境演化而來的獨特形態，例如，它具有披針狀且厚實的葉片。這類葉片因呈流線形，能減少植物在水流中所受的阻力，當植物因河水暴漲而被淹沒時，便可於激流存活。聽完伊東君的介紹，我突然想到烏來杜鵑。它那狀似柳葉的葉片、細小但柔韌的枝條，是否也與它的生存息息相關呢？從過去的採集紀錄得知，烏來杜鵑喜歡生長在河岸邊，甚至似乎只分布在北勢溪的上游。烏來杜鵑柳葉狀的葉片看似十分流線，與皋月杜鵑一樣，有可能是幫助它應付臺灣北部夏季溪谷洪水的適應性特徵。此外，雖然未能在過往研究報告中找到剛毛與河谷生育地間的關聯，但另一方面，說不定柔韌的枝條在洪流中也較不易被沖斷。事隔多年，我這才順利地把當年助教描述的東西牢牢記住。

喬木型杜鵑花

有趣的是，我認識的第二種本土杜鵑花——臺灣杜鵑，展現出與烏來杜鵑完全不同的風采。它是名符其實的大樹，也是我所見過的第一種喬木型杜鵑花。據《臺灣植

10 所謂溪流植物，係指生長於河谷的植物，且具有能適應河谷獨特環境的一系列特徵。在過去許多研究，河岸環境被證實對植物來說是很獨特的生育地，生長在河岸的植物經常受到間歇式洪水的干擾，當植株有時因水位暴漲而陷入洪流之中，便得承受強大水流的衝擊，如何應對，便成為生存的必要考驗。

杜鵑花屬物種與臺灣的原生杜鵑花

臺灣儘管擁有眾多原生杜鵑花物種，但在全球尺度上，這樣的物種多樣性是否真的非常突出呢？全球到底有多少杜鵑花屬的物種，答案或許會讓人有點驚訝。分類學家目前已從世界各地報導了超過九百種杜鵑花。[11]因此，從比例上來看，臺灣所擁有的杜鵑花物種數其實在全球占不到總數的百分之二。

不過，全球占比低又如何？臺灣是一座占世界總面積不到千分之一的小島，原生的杜鵑花種類比較少似乎也不奇怪。而且，雖然物種數量在討論生物多樣性時確實有意義（物種數是衡量一特定生物群落內生物多樣性的一種指標），但如果不管物種數，轉而關注每種原生杜鵑花或其祖先來到臺灣的歷史，以此將臺灣稱為一座杜鵑花之島，其實一點也不為過，這點我們可以從臺灣原生杜鵑花的親緣關係樹上得到驗證。綜合文獻所述，臺灣原生的杜鵑花可以歸類到三個東亞的杜鵑花譜系——北方溫帶譜系、泛青藏高地譜系和熱帶譜系。從字面上來看，有些人可能會以為來自北方溫帶的種類生長在臺灣北部，而起源於熱帶地區的杜鵑花則生長在臺灣南部。但事實上，三大杜鵑花譜系在臺灣全島均有分布，只是多集中於中高海拔山區。這種分布特色與整個杜鵑花屬的溫帶習性相關。對大多數種類而言，臺灣平地的夏季過於悶熱，因此在淺山的溪谷或森林中尋找像烏來杜鵑這樣相對耐熱的種類，僅限於整體環境偏涼的地區，例如中北部等地區。目前最新的杜鵑花屬分子親

11 開花植物是目前地表最成功的也多樣化的植物類群，在開花植物裡，若一個屬的物種數量超過五百種，就可被稱為大屬（big genera），其中物種數最多的屬是豆科的紫雲英屬，有超過三千二百種，而杜鵑花屬則排名十七。

緣關係樹其內可分成五大支序（亞屬），除了羊躑躅亞屬（*Pentanthera*）和雲間杜鵑亞屬（*Therothodion*）在臺灣並未分布（它們都屬於歐亞地區罕見的杜鵑花譜系），其餘三大支序在臺灣，由映山紅亞屬（*Tsutsusi*）物種為代表的北方溫帶譜系的物種數量最多，其次是常綠杜鵑亞屬（*Hymenanthes*）代表的泛青藏高地譜系。相比之下，杜鵑花亞屬（*Rhodonendron*）的物種數量最少，只有一種被認為起源於熱帶亞洲，有臺灣最奇特杜鵑花之稱的著生杜鵑。

依生長型態，杜鵑花屬可粗略分成地生型和著生型兩類。後者大多特產於熱帶亞洲雲霧林，以杜鵑花亞屬中的越橘杜鵑分支（*Vireya clade*）為代表。過往，臺灣產的著生杜鵑由於形態上很明顯可以劃入越橘杜鵑分支，許多人因此推論它應該起源於熱帶亞洲。坊間不乏類似的描述：「世界植物地理上，著生杜鵑被視為熱帶亞洲著生型杜鵑分

附生於鹿林神木上的著生杜鵑（楊智凱攝）

布的北界……」事實上，在最新的分類研究裡，越橘杜鵑分支底下可以進一步再細分為七個譜系。其中一個譜系被稱為類著生杜鵑（*Rhododendron* sect. *Pseudovireya*），只有七個物種，僅分布在東亞大陸而非熱帶亞洲。之中的六種分布於橫斷山和喜馬拉雅山東緣的山地雲霧林，而第七種正是臺灣的著生杜鵑。從杜鵑花亞屬的親緣關係來看，雖然類著生杜鵑整個譜系的祖先可能的確起源於熱帶亞洲，但若單論著生杜鵑，它則更有可能來自於橫斷山，而非靠近赤道的熱帶亞洲。

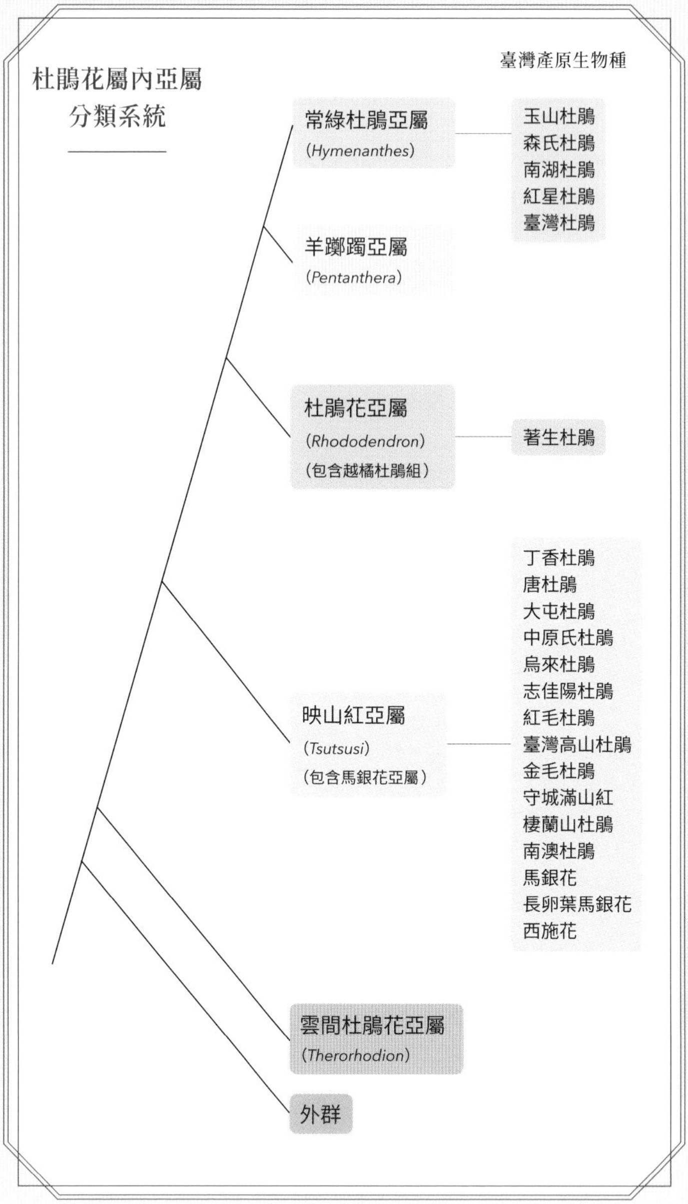

游旨价製表

物誌》記載，臺灣杜鵑可長至十公尺，相當於三層樓的高度。基於它高大的樹形，我曾天真地以為，哪天只要在山裡遇到，就一定能輕易認出它。但事實證明，喬木型杜鵑花並不好認，因為它們長得很高，你常常看不見它們的花和葉子。甚至，當我回想起自己和臺灣杜鵑的第一次邂逅，它並沒有以大樹的姿態出現，而是以另一種令人難忘的方式……

那是二〇〇五年春天，趁著清明假期，我隨登山社的學長姐來到屏東來義，打算步行四日翻越中央山脈前往臺東金崙，並藉此一窺南臺灣神祕的原始森林與人文史蹟。在二〇〇九年莫拉克颱風重創南臺灣以前，中央山脈來義與金崙山區是一片相對完整的亞熱帶山地森林。自北大武山以降，中央山脈迤邐至此，平均海拔高度已不足二千公尺。雖然缺少冬季下雪的高山景色，但由於緯度低

在中央山脈、雪山山脈水氣豐沛的中級山常會遇到成片生長的臺灣杜鵑林，這些大樹披覆厚重的綠苔，厚實的枝條彼此交纏，創造出一個神祕又魔幻的綠色空間。(崔祖錫攝)

且鄰近海洋，這裡氣候溫暖潮溼，極其適合各種生物繁衍。據說，這裡曾是臺灣雲豹最後的棲息地之一。但我在這片山裡沒見到雲豹，卻意外遇到了臺灣杜鵑。

記得那時從剛入山便下起小雨，我們緩步穿越茂密的森林，沿路的溼氣讓人感到十分不適。在此之前，我從未嘗試背負超過二十公斤的背包進行長途跋涉，走沒多久即感到全身疲憊，難以保持專注。然而，這片神祕的南臺灣森林，我至今記憶猶新。每當我不慎被排列成行的黃藤倒刺鉤到時，那痛楚著實刻骨銘心。事實上，這也是我第一次走進長滿黃藤的森林。臺灣南部的原始林不若熱帶雨林，結構相對單調，但在幽暗的林下，像黃藤這類的木質藤本植物種類繁多。它們雖然對登山者是阻礙，但對鳥類和小型哺乳動物而言，卻是重要的食物來源。

當時，作為學習開路的登山社學員，我必須無懼黃藤並且努力跟上前方學長行軍般的步伐。如此埋頭前行整個上午，直到背後突然傳來一陣涼意，這才意識到周遭環境已發生變化。我們似乎到達某個相對空曠的地方，也似乎有一段時間沒遇到黃藤。我心想，或許我們終於攀上中央山脈主稜了。我向學長詢問，他給了我肯定的答覆。據他所述，我們所處之地海拔已過一千八百公尺，非常接近主稜線的高度。此處不若低海拔的密林嵐煙，只有透空的山脊和布滿綠苔的大石與匍匐矮林。冷風中，學長突然停下腳步。在他面前，一片茂密的灌木叢擋住我們的去路。這些小樹約二公尺高，樹枝彼此糾纏。他轉過頭來，瀏海溼淋淋地貼在額頭上，眼神透出一絲調皮，笑著對我說：

「學弟，歡迎來到杜鵑地獄。」[12]

「杜鵑地獄？」

仔細注視前方的山脊，一側是濃霧瀰漫的懸崖，而另一側則長滿那不知名的樹叢。但這一次，我留意到樹叢中綻放著熟悉的花朵。

原來是杜鵑花啊！

時值花季，盛開的杜鵑花或白或粉，一團團聚生在樹枝頂端，宛如稜線上的雪花般美麗動人。然而，當我和學長踏入這些杜鵑花叢時，我很快就明白為什麼這裡被稱為地獄。杜鵑花極為軟韌又堅實的枝條彼此糾纏，構成一種神奇的立體網狀結構。你只能從中勉強找到一個空隙，奮力鑽入。然而，伴隨鑽行而至的是飛舞的杜鵑花枝條，有如鞭刑，一下甩在我的額頭，一下打在我的臉頰，有時甚至驚險地戳到眼皮，躲也躲不掉。

「這到底是什麼杜鵑花？」

趁著休息的空檔，我忍著疼痛問在林試所上班的學長。

12 有山友也會稱杜鵑地獄為十八銅人陣。

「**應該都是臺灣杜鵑吧**。」學長淡淡地說。

後來我從許多登山者口中聽到，臺灣杜鵑林是許多走探勘路線的人最不想碰到的山林夢魘。即便是經驗豐富的山友，手握山刀，也未必能在其中闢出一條康莊大道。然而，隨著我在山中遇到更多次臺灣杜鵑，我對於和它相處也逐漸變得像學長一樣沉著冷靜。我清楚知道，臺灣杜鵑在中海拔特定的生育地裡是山林之王，它的純林覆蓋山脊，所有生物都得與之共存，就連人類也必須尊重它。既然無法避開，只能轉換自己的心態，試著從欣賞它的角度出發。例如，學著欣賞它蓬勃的生命力以及在山林中創造的魔幻景觀。

臺灣杜鵑的成王之道

和臺灣杜鵑的初遇至今仍像一場震撼教育，也成為我對杜鵑花認識的重要轉捩點。這段經驗不僅徹底改變了我童年時對杜鵑花的想像——它不再是嬌滴滴的園藝植物，也引發我進入更深刻的思考。譬如，為什麼臺灣杜鵑在中海拔可以如此茂盛，並在某些地區成為森林裡最優勢的植物（一如在來義所見）。有意思的是，登山者並非唯一注意到臺灣杜鵑在中高海拔山林廣泛分布的人，植物學家也對此深感興趣。一些學者透過實驗發現，臺灣杜鵑的落葉富含高濃度的酯類和酚類物質，且不易分解。當落葉長期覆蓋地表，這些化學物質會進入土壤，對杜鵑花之外的植物造成不良影響。另一方面，臺灣杜鵑本身則因根系與杜鵑花類菌根菌共生，能夠降解生育地土壤中高濃度的酚類物質，轉化成可利用的養分。透過這種獨特的生存策略，臺灣杜鵑在山區逐漸建立了自己的王國，排擠其他植物的生長。

另一方面，針對同樣的問題，有一群學者從植物病理學的角度切入，他們認為臺灣杜鵑之所以能在某些中海拔山區特別繁盛，可能涉及了抗病性[13]的演化。在臺灣，中海拔山區棲息著各式各樣的昆蟲和病原體，植物病蟲害的問題十分嚴重。臺灣杜鵑是如何應對猖獗的病蟲害？探索這個問題，或許也是解開臺灣杜鵑在中海拔稱王的一個線索。

研究人員在一項遺傳分子研究裡，對來自臺灣北至南的十個臺灣杜鵑族群進行取樣，並分析了名為NBS的植物抗病性基因家族。他們發現，所有取樣的臺灣杜鵑族群都擁有特定且相似的遺傳變異，暗示臺灣杜鵑對分布於臺灣中海拔山區的某種未知病原可能具有抗病性。我們可以將這種抗病性視為臺灣杜鵑對抗某類病原的遺傳印記。雖然只是初步結果，但從植物病蟲害的角度來解釋臺灣杜鵑的分布，對我來說格外有趣。作為山林裡獨一無二的存在，臺灣原生杜鵑存有許多科學問題值得深入探索。臺灣杜鵑之後，我人生認識的第三種山地杜鵑花，終於輪到了玉山杜鵑。如前所

13 植物的抗病性是植物為了抵抗病原物的危害，通過抗病性基因的表達和調控，產生足以對抗病原的形態或生理反應。植物抗病性的強弱決定了抗病基因的表達強度和突變速率。

述，因為閱讀鹿野忠雄的著作，我早早便結識玉山杜鵑。然而，親眼見到它的時刻仍比烏來杜鵑、臺灣杜鵑晚。

那是去完來義隔年的冬天，我參加了社團在雪山舉辦的雪訓，登頂主峰那時，山上正飄著細雪。我在圈谷裡驚訝地發現陡峭的山壁上生長著許多低矮的灌木或小樹。撥開樹叢上的冰雪，裡頭竟長著綠色的枝椏。我趕緊問學長姐這是什麼植物，他們說，那就是玉山杜鵑啊，語氣冷冰冰的跟雪花一樣，彷彿在這裡遇到杜鵑花是很正常的事。但杜鵑花怎麼會長在冰雪中呢？對我來說，眼前的畫面如此震撼，就像是發現新大陸一般，心裡莫名激動起來。以往，一般人提到在高山頂上生長的樹木時，通常會想到像是擁有古老神祕力量的針葉樹。[14]但玉山杜鵑出人意料，竟然也能在高寒地帶成長茁壯。敬佩之餘，我卻也產生許多好奇：為什麼其他山地杜鵑不能登上高海拔山區？例如，在中海拔占地為王的臺灣杜鵑為什麼就上不了高山？我也不免想到，烏來杜鵑、臺灣杜鵑、玉山杜鵑等我頭幾個認識的物種，似乎剛好各自分布在中央山脈的不同海拔段。它們的分布是否受到某種規律影響？

對於這一系列的問題，一種可能的解釋是溫度在不同的海拔段上的變化。早在二十世紀初，臺灣植物分類學奠基者早田文藏就已經發現，臺灣山地植物相的分布取決於不同海拔的溫度。在現代生態學中，山地的「溫度」更可進一步分為「土壤表層溫度」、「空氣溫度」、「日溫差」和「年溫差」。每一個溫度細項對於山地植物的分布都

14 在植物演化史上裸子植物出現的時間遠早於被子植物。

有影響。而活躍年代晚於早田文藏的鹿野忠雄，對於山地生物在不同海拔分布的規律性更為敏銳。他的觀察橫跨不同生物類群，並不僅限於植物。他指出，一座高山根據海拔高度可以劃分成不同的區段，其中分別棲息著不同種類的生物，由山腳往山頂，生物逐漸由適應溫暖的類群過渡到適應寒冷的類群。在玉山和雪山，他分別劃分出了不同的生物海拔分布帶，並以分布帶內主要的森林類型為其命名。

研究臺灣山地杜鵑花的學者曾做過一種假設，臺灣山地杜鵑花種類間的生育地偏好可能與植物體內某種精巧的生理機制有關——植物耐熱蛋白（Heat shock protein, HSP）。簡單來說，多數植物的基因體上都具有一組名為熱休克的基因家族。研究指出，這些基因在植物面對高溫時會被啟動，產生大量熱休克蛋白以免組織受到破壞，[15]有時甚至能幫助細胞回復正常生理功能。在臺灣杜鵑身上，研究人員發現葉綠體小分子熱休克蛋白（chloroplast small heat shock protein, CPsHSP）[16]基因，在C端的DNA序列上和玉山杜鵑具有顯著差異，暗示兩者可能對喜愛的溫度範圍有所不同。利用類似的方法，研究人員從更多的臺灣山地杜鵑花物種身上發現，葉綠體小分子熱休克蛋白在不同物種之間確實存在一個可變的構造區，並可能與該蛋白質的功能可塑性有關。這層關聯或許影響了山地杜鵑花物種對溫度的適應能力，造成烏來杜鵑、臺灣杜鵑和玉山杜鵑在不同海拔分布有差別的原因。

這樣的推測若告知鹿野忠雄，他或許不會感到驚訝。在他劃分的六個不同海

15 以杜鵑這類溫帶植物為例，校園裡在平地生長的杜鵑，便是能夠特別適應夏季高溫的園藝品種，其主要關鍵亦在於熱休克蛋白的表現。

16 小分子熱休克蛋白是一種真核生物與原核生物皆會產生的蛋白。一般來說，小分子熱休克蛋白在環境適宜的情況下不會被偵測到，但在高溫環境下，生物體則會產生此類蛋白以啟動自體保護的機制。

拔生物分帶中，他早已記錄下山地杜鵑花在不同海拔高度上的分布情況。從低海拔到高海拔，他依次記錄了金毛杜鵑、森氏杜鵑和玉山杜鵑的分布。儘管海拔高度與物種分布之間的關係並非由鹿野忠雄首次發現，但在臺灣，他是靠著自己的雙腳，走遍山林，探索出這種現象。讀萬卷書、行萬里路，藉由生物分布開展出有趣的生物學議題，鹿野忠雄這樣的學思歷程，在他之前的學者間也屬少數，難怪有人說鹿野忠雄是臺灣生物地理學的先行者、實踐者。

之三　跨越國界的杜鵑花信仰

虎克的喜馬拉雅杜鵑花

> 二十年來這個國家（英國）在杜鵑花上花費的金錢，幾乎足夠用來支付國債。
>
> 希伯德（James Shirley Hibberd），一八七一年[17]

八十年前，迷戀高山的鹿野忠雄與臺灣山地杜鵑花結下深刻的友誼，並認為它們可能源於東亞深處的泛喜馬拉雅山區。也許因為英年早逝，來不及深究，鹿野忠雄生前從未明言，究竟是哪些種類源於遙遠的世界最高山。回顧鹿野忠雄活躍的年代，早田文藏已完成其植物學鉅作《臺灣植物圖譜》十卷（一九一一至一九二一年，幾乎每年出版一本）。對於臺灣島究竟有幾種原生杜鵑花，鹿野忠雄想必多有瞭解。在他的作品裡可以發現，反覆提到的山地杜鵑花總是玉山杜鵑或紀念森丑之助的森氏杜鵑，較少說到其他物種。這些物種都是分布在較高海拔，形態上與低海拔杜鵑不太一樣的物種。因而，它們或許最有可能是鹿野忠雄認為和喜馬拉雅山杜鵑花系出同源的種類吧。事實上，玉山杜鵑和森氏杜鵑都可以被歸類為一群暱稱為「**虎克的喜馬拉雅杜鵑花**」的物種。此處的虎克，指的正是在十九世紀引發世界級杜鵑花狂熱的著名植物獵人，虎克爵士（Joseph D. Hooker）。

曾經，英格蘭人對喜馬拉雅山地杜鵑花的迷戀，是我心中最難解的一段人與植物的情緣。園藝史清楚地記載，這段人花之戀始於二百多年前的大不列顛群島，並隨大英帝國擴張版圖流行到其他地方。一八五〇年代，喜馬拉雅杜鵑花的栽植浪潮席捲歐美。當時，西方園藝界普遍認為除了玫瑰之外，花園中再無其他園藝花卉能與喜馬拉雅的杜鵑花媲美。有趣的是，引發歐美杜鵑花狂熱的大不列顛島，其實從未擁有過任何原生的杜鵑花（至少古植物學並未發現相關證據），而英格蘭人也

17 希伯德（James Shirley Hibberd, 1825-1890）是英國維多利亞時代最受歡迎且最成功的園藝作家之一。他是三本園藝雜誌的編輯，其中包括《業餘園藝》（*Amateur Gardening*），這是現今唯一仍在出版的十九世紀園藝雜誌。他寫了十多本關於園藝的書，還有幾本關於自然歷史和相關主題的書，對提倡業餘園藝不遺餘力。

並非天生就迷戀這類植物。四百多年前，第一種杜鵑花屬物種（見頁一二六）從阿爾卑斯山被嘗試移栽至島上，但當時英格蘭人對它缺乏興致。往後一百多年，更多種類的杜鵑花屬物種被引進，例如來自北美洲和西亞的杜鵑花類杜鵑花，以及來自伊比利半島的石楠類杜鵑花（見頁一二六），卻始終未能引起種植的熱潮。十九世紀下半葉，一個關鍵的轉捩點突然出現。早前大英帝國從錫金王國引進的山地杜鵑花，在大不列顛島首次綻放。一團團色澤妍麗夾帶著異國氣息的杜鵑花球，令許多英國的貴族仕紳莫名陷入瘋狂迷戀。這些產自喜馬拉雅山的杜鵑花，許多正是當年由虎克所採集的種子萌發而生。

一八四一至一八四七年間，年輕的虎克博士展開聞名於世的喜馬拉雅山植物採集之旅。當時，他的重點採集區域之一便是神祕的錫金王國（今印度錫金邦）。彼時，儘管大英帝國在印度次大陸的勢力漸長，但錫金王國對於外

虎克爵士（Joseph D. Hooker, 1817-1911），為歐洲以及世界帶來杜鵑花狂熱的植物學者。儘管在植物與園藝界裡，虎克是無人不知，無人不曉的終極植物獵人，但在一般人的視角裡，他只是一位無名英雄。他與達爾文生活在同一時代，彼此互為密友，但並不如達爾文富有。為了探索和記錄鮮為人知的土地上的植物生命，他得四處積極尋找贊助。

來源：Wikimedia Commons

來者的入境管制依然相當嚴格。想要採集生物標本，更別說還要將其運出去送回大不列顛島可說是天方夜譚。[18]但虎克靠著過人的執念與活力，成功地成為第一個在錫金王國進行採集的歐洲人。據說他在那裡蒐集了數千種植物，其中最寶貴的收穫之一是四十三種山地杜鵑花的種子。[19]隨著這些美麗植物在倫敦開花盛放，它們被暱稱為「虎克或喜馬拉雅的錫金杜鵑花」，[20]成為十九世紀英國園藝界最昂貴的植物之一。爾後二十世紀初，喜馬拉雅杜鵑花隨著大英帝國的版圖拓張，來到其他國度，受到各地人民的喜愛，尤其在歐洲和北美洲造成大流行。這些杜鵑花被當作常人無法理解的財富積累在私人花園裡，頂尖的園藝工作者則為了繁殖或雜交出新的園藝品種，不惜獻出人生的黃金時光。直到現在，你仍可以在歐美的各大公立或私人花園中輕易找到虎克的錫金杜鵑花。每年英國各大花展上，喜馬拉雅杜鵑花一直是廣受讚譽的佼佼者。但不知為什麼，我也常常想，這股席捲世界的杜鵑花熱，真的是因為這些杜鵑花具有普世皆認可的美麗？還是說，這只是大英帝國瓦解後所留下的一種審美遺緒？

18 在錫金的荒野中蒐集與保存種子並不是一件容易的事，種子通常是由當地人蒐集的，他們必須先接受虎克本人的專門培訓。然後，這些種子必須被清洗、分類、貼上標籤和包裝，為從加爾各答到英國的漫長船程做好準備。

19 一直要到一八五五年，基於他在喜馬拉雅山工作的成果，虎克才在英國皇家邱園開始了他漫長的職業生涯，十年後被任命為園長。在他的監督下，邱園作為一個世界知名的科學機構繼續蓬勃發展，植物學在英國也逐漸從一種消遣變成了一門科學學科。

20 今天在英國仍然可以看到虎克當年採集的杜鵑花，它們是英國最古老的杜鵑花，是百餘年前從印度寄來的小種子發芽出來的。而英國皇家邱園的杜鵑花園是維多利亞時期倫敦最受歡迎的景點之一，虎克的杜鵑花最初就是在這裡被栽植與培養的。

難解的人花之戀

我帶著天然的驕傲，沒有辦法接受低海拔山林裡喧譁的小杜鵑。如果你和我一樣，在高山上凝視過高山杜鵑這樣莊嚴深沉的花朵，必定同我一般看法。

喬陽，《在雪山和雪山之間》，二〇二〇年

為什麼虎克的錫金杜鵑花能在歐美創造百年風潮，喜歡園藝史的人總是興致盎然。他們似乎都假定，世人對山地杜鵑花的喜愛是種理所當然。的確，在維多利亞時代的工業鉅子眼中，喜馬拉雅的山地杜鵑花迷人之處可不少。首先，它們高昂的價格、獨特的異國情調和雪山意象，能夠完美體現個人的身分和品味。簇生的花朵不僅飽滿，顏色也很鮮豔。即使花期短暫，但葉片四季可觀，色澤也是當時流行典雅的黛綠色。不過，作為植物研究人員，我認為喜馬拉雅杜鵑花的魅力不只在外表，更展現在其他面向。譬如，我對考證虎克的錫金杜鵑花在分類學中的地位便頗感興趣。拜杜鵑花盛名所致，全世界從事杜鵑花屬分類研究的人並不少。多年來，從DNA分子到形態、物候和生態等不同領域的證據都表明，杜鵑花屬可以分為五個大群（亞屬[21]，

21 亞屬是屬以下的一個次級分類單元。

subgenus，見頁九二）。由於常綠杜鵑亞屬在泛青藏高地物種數量特別多，我思忖著，如果各種虎克的錫金杜鵑花彼此在形態和親緣關係上非常相似，能夠形成一個自然分類單元，那麼在分類學上最有可能歸入的就是這個亞屬了。

為了認識常綠杜鵑亞屬，我開始從不同文獻裡學習如何辨識它的形態特徵。讓我有些意外的是，它雖以常綠為名，裡頭卻存在少許落葉物種。這些物種主要分布在亞洲大陸的高緯度地區（像是西伯利亞和朝鮮半島），遠遠離開其他物種生長的泛青藏高地。此外，我也發現常綠杜鵑亞屬的杜鵑花通常會在枝條的頂端簇生成一個由鐘狀花朵拼成的花球。這種鐘狀花形我非常熟悉，就跟玉山杜鵑的花朵十分相似。也因此，當我後來看見玉山杜鵑、臺灣杜鵑，連同虎克的錫金杜鵑花一同被歸類在常綠杜鵑亞屬裡時，不禁興奮起來，因為這不就意味著鹿野忠雄的推論很可能是正確的，兩地的高山杜鵑花具有親緣關係。

如今，鐘形花冠的喜馬拉雅山地杜鵑花據稱已有超過二百五十種，多樣性遠遠高於虎克當年採樣的數量，如果虎克還活著，我想他肯定會對這個消息感到非常高興。因為這些新發現的物種，無庸置疑地讓泛喜馬拉雅山地區成為了真正意義上的山地杜鵑花王國，而不是因為受到虎克盛名影響才被硬冠上的一個稱號。

上　虎克《錫金－喜馬拉雅山杜鵑》中猩紅杜鵑的圖板
下　虎克《錫金－喜馬拉雅山杜鵑》中的長藥杜鵑與雪山
來源：Biodiversity Heritage Library

臺灣常綠杜鵑亞屬的分類

威爾森曾在一九二五年的一篇論文裡指出，[22]臺灣的山地從中海拔到高海拔，分別能見到臺灣杜鵑、森氏杜鵑、玉山杜鵑與南湖杜鵑等四種喜馬拉雅杜鵑花，它們彼此各有獨特的形態可供辨別。然而半個世紀過去，臺灣的常綠杜鵑亞屬的分類學仍未徹底定案，反而隨著愈來愈多的臺灣學者進入山裡做調查，最終演變成一個跨越世代的謎團。

在許多植物愛好者眼裡，中、高海拔山地杜鵑花物種的形態經常讓人感到困惑。如表一所示，這些愛好者的觀察其實沒有違反分類學的事實。臺灣四個常綠杜鵑亞屬物種在形態和海拔分布上的確有許多重疊之處。在過去二十年，許多臺灣的植物學者和學生以此為研究主題。為了排除形態的可塑性對研究結果的影響，他們主要使用DNA分子技術進行研究。他們的結果表明，除了臺灣杜鵑之外，另外三個物種（玉山杜鵑、森氏杜鵑和南湖杜鵑）的親緣關係非常接近，以至於很難劃分出物種間的界線。有些學者乾脆將森氏杜鵑和南湖杜鵑視為玉山杜鵑的變種（variety）[23]，或將這三個物種描述為以玉山杜鵑為主的物種複合群（species complex）[24]。

不過，有些人並不太同意這種分類處理，因為複合群中的南湖杜鵑被公認為是一種相

22 The Rhododendrons of Eastern China, the Bonin and Liukiu Islands and of Formosa. *Journal of the Arnold Arboretum* 6(3): 156-186 (1925).

23 所謂的變種是一種分類學位階。當分類學者發現一個物種裡包含了一些彼此具有些微形態差異的族群，為了想表達它們之間特別近的親緣關係，又同時彰顯它們的形態差異，就會把某些族群命名為某個物種的變種。

24 複合群，係生物學與分類學專有名詞，指若干個近緣物種由於形態相仿或遺傳關係錯綜複雜，導致難以確定物種之間的界線，乾脆暫時全部被歸於一個物種名下，等待後續深入研究。

較特殊的物種，其新葉上通常帶有獨特的橘褐色絨毛，從遠處看比花還要美麗。他們認為如果把它歸類為玉山杜鵑在某個地區的變種，並不合理。然而，從核基因體DNA片段的數據來看，南湖杜鵑的確很可能只是在特定環境下發生的玉山杜鵑變種。考慮到玉山杜鵑在臺灣山地的分布相對廣泛，且可能還有很多地方的族群尚未被探索，未來，只要有更多的植物學者進行登山調查，或許就有機會在臺灣的深山中發現具有與南湖杜鵑相同形態的玉山杜鵑族群。

另一方面，DNA分析也為臺灣植物界帶來額外的驚奇，一種神祕的常綠杜鵑亞屬物種的身分終於被確認，它的中文俗名是「紅星杜鵑」。這種山地杜鵑花大多分布在臺北盆地近郊的大屯山區，可說是一種大隱隱於市的喜馬拉雅杜鵑花。DNA親緣關係分析指出，雖然紅星杜鵑在形態上和玉山杜鵑很像(見表一)，但彼此之間的遺傳關係明顯

表一　臺灣常綠杜鵑亞屬的形態差異

	臺灣杜鵑	森氏杜鵑	玉山杜鵑	南湖杜鵑	紅星杜鵑
海拔(公尺)	1000-2500	1500-3500	2500-3950	3500-3700	600-1200
葉背絨毛	灰白色貼伏狀	幼葉棕色絨毛，成熟後脫落	幼葉有白色至淺棕色絨毛，成熟後脫落	黃褐色絨毛	幼葉白色絨毛，成熟後脫落
葉緣形態	平展或捲曲	較為平展	捲曲	較為平展	捲曲
花色	白、粉紅	白、粉紅	白、粉紅	白、粉紅	白、(粉)紅
分布	全島	全島	全島	北部	北部

較為疏遠，反而比南湖杜鵑更有可能成為獨立的物種。有趣的是，當研究人員進一步將紅星杜鵑的遺傳資料和幾個溫度相關的數據進行分析後，他們發現紅星杜鵑的遺傳特徵與溫度之間存在著明顯且不見於其他物種之間的關聯。簡單來說，這意味著紅星杜鵑能夠適應低海拔山區夏季較為炎熱的環境，而其他玉山杜鵑複合群的物種則無法適應。

上　南湖杜鵑美麗又獨特的新葉，其上被有橘褐色絨毛。（游旨价攝）
中　燦光寮山的紅星杜鵑（謝牡丹攝）
下　森氏杜鵑（謝佳倫攝）

臺灣給世界的禮物

偉大的植物探險家及作家金敦—渥德[25]曾經寫道，杜鵑花的美麗是一種普世皆然的標準。而在這個充滿高貴物種的類群裡，我們應該都能同意，來自臺灣的三種杜鵑花在其中名列前茅！

道根（Dave Dougan），美國杜鵑花協會資深園藝家，一九九二年

喜馬拉雅的山地杜鵑花因虎克和大英帝國風靡全球，狂熱的人們百年來在世界各地蒐羅各種山地杜鵑花的種子。在他們眼裡，臺灣的高山一如喜馬拉雅山，珍藏著美麗的杜鵑花寶石。還記得自己當時偶然找到美國杜鵑花協會的網站，隨意瀏覽之際，不期然地被一篇名為〈臺灣的寶藏〉（Taiwanese Treasures）的文章勾起好奇心。在這篇文章裡道根介紹了一種在二十世紀初被引入美國的山地杜鵑花——屋久島杜鵑。這個物種的引進為西方園藝家帶來意料之外的好處。由於具有良好的雜交潛力，屋久島杜鵑被當作園藝品種實驗的親本。一直要到二十世紀中期，屋久島杜鵑才擺脫了雜交試驗材料的身分，用本身的美麗獲得廣泛的認可和推廣。儘管看文章的當下我並不認識屋

25 金敦－渥德（Frank Kington-Ward, 1885-1958），英國植物學家、探險家，一九一一年前往雲南採集植物標本後，將近五十年間在西藏、中國西北部與緬甸等地進行二十五次的探險之行。金敦－渥德為英國引進上百種杜鵑，也在雅魯藏布大峽谷發現虹霞瀑布，並將金沙江、瀾滄江與怒江的三江並流稱為地理奇觀。

久島杜鵑，對它的外觀形態亦所知甚稀。但我卻對道根這篇文章中的某段文字留下深刻的印象：「我們有時會想，我們這些園藝家是不是忽略了一些(跟屋久島杜鵑)同樣出色的杜鵑花。比如說，來自臺灣的三種杜鵑花：玉山杜鵑、森氏杜鵑和臺灣杜鵑。對我們來說，它們同樣耐寒，葉子同樣漂亮，花朵在杜鵑花中也是名列前茅。」看到道根如此描述臺灣的山地杜鵑花，我在心裡感到有些驚訝。一直以來，我似乎從未以園藝家的視角來看待過它們——更別提說想到臺灣杜鵑，我只會想到杜鵑地獄。身為臺灣人，我們不會去栽種山地杜鵑花，除了爬山時的印象，大多數人對於如何去欣賞山地杜鵑花其實也不得要領。道根的評論或許多少也是一種提醒，原來我們對於自己家鄉的植物是如此陌生。

從形態多樣性來看，臺灣無疑是杜鵑花愛好者的天堂，山地杜鵑花更是他們眼中，臺灣送給世界的一份珍貴禮物。然而，擁有這些美麗的物種固然令人幸福，但作為高山植物研究者，我更在意這些植物體內可能蘊藏的知識。臺灣的高山為什麼會出現山地杜鵑花，它們是如何來到臺灣並且演化出不同的物種？種種關於臺灣山地杜鵑花的生物地理起源與傳播歷史，自早田文藏和鹿野忠雄以降鮮有討論。甚而，坊間還流傳著錯誤的資訊。舉例來說，少數文章會宣稱臺灣是山地杜鵑花分布的東界，但這並非事實。

二〇一四年，我和登山社的夥伴一同前往屋久島登山。出發前，早從日本友人處得知，這座位於臺灣東北方的高山島中央，生長著一種神祕的杜鵑花。每年日本南方進入梅雨季，也是那種杜鵑花盛開的時節。在雨水的滋潤下，高地上的杜鵑花盛開，在山巔幻化為一條花之長城。那次屋久島山旅中，我們在往宮之浦岳的路上幸運地見到了傳說中的花之長城。當下，我便覺得那種杜鵑花跟臺灣的山地杜鵑花十分相像，不僅有著厚實被毛的常綠葉片，還有那令人熟悉、一團團簇生在樹尖的鐘狀花朵。種種特徵都在暗示它肯定是一種喜馬拉雅的山地杜鵑花！後來我才知道，這神祕的杜鵑花就是道根文章裡的屋久島杜鵑。原來，臺灣的山地杜鵑花既不是喜馬拉雅杜鵑花的東界，更不是太平洋上的孤兒。

屋久島杜鵑在西方園藝界負有盛名且被廣泛使用於園藝品種的雜交實驗。圖片中的野生屋久島杜鵑攝於屋久島最高峰宮之浦岳，海拔一千九百公尺處。（游旨价攝）

和屋久島杜鵑的邂逅令我好奇，究竟喜馬拉雅的山地杜鵑花還能分布到何處？我於是整理出一份常綠杜鵑亞屬的分布圖，發現除了泛青藏高地外，它們也分布在地中海東岸、朝鮮半島、西伯利亞。有趣的是，這些地區的物種多樣性都遠遠不及泛青藏高地。這讓我不禁懷疑，會不會喜馬拉雅杜鵑花就是起源於泛青藏高地，然後向周圍擴散的呢？在生物地理學裡，有些人曾主張生物的地理起源應當位於物種多樣性最高的地方。因為起源地意味著最古老的居所，生物在此演化的時間最長，物種積累也愈多。然而，這種方法並不適用於所有生物類群，因為在許多情況下，生物的演化往往會受到滅絕事件的影響，又或者，有時候後來才遷居的地方，反而是一個嶄新的生態環境，在沒有同類競爭的情況下，更能促進新物種的誕生。

不過，猜測終歸猜測，鹿野忠雄也曾做過類似的猜測，卻因為缺乏具體事證而無法成為傳世的學說。對我來說，尋找臺灣山地杜鵑花的起源地需要細心考證。不論是用何種方法，箇中關鍵都在於必須先採集到臺灣鄰近所有常綠杜鵑亞屬現存的物種。[26]這項工作在一般人看來可能很容易，但對研究人員來說卻是一項不可能的任務。因為僅僅在泛青藏高地就存在著超過二百多個常綠杜鵑亞屬物種，而在這片山區進行植物採集又非常困難。張師傅和我只是想去開車可以抵達的大雪山埡口，就必須提心吊膽，仰賴山神的眷顧，研究杜鵑花的人又需要付出多少人力、時間和運氣，才能找出與臺灣有地緣關係的常綠杜鵑亞屬物種？此外，如果想要更準確地推斷起源地，化石證據非

26 知道近緣物種彼此的分布區，對於起源地的推論至關重要，因為研究人員可以憑藉著親緣關係，以及物種分化的地理因素回推出這些分布區的變化歷程。

常關鍵，但相關的化石研究文獻多不勝數，有些化石紀錄甚至還被埋藏在各地的圖書館、研究室，無人問津。要全力調查清楚化石訊息，也是巨大的工程。

儘管如此，研究人員在過去二十年間，仍累積一些關於臺灣山地杜鵑花起源地的間接證據。比如以玉山杜鵑為例，不論物種的取樣是否完備，其和橫斷山、雲貴高原的常綠杜鵑亞屬植物的分子親緣關係總是較為接近。在形態特徵上，玉山杜鵑和分布於這些地區的雲錦杜鵑尤為相似。這些線索都令我始終相信，鹿野忠雄在玉山杜鵑身上所看見的植物連結有天必會得到證實。

糾纏的山體、雜交的演化

儘管臺灣關於常綠杜鵑亞屬的研究相較不足，但來自全球的研究者早已針對泛青藏高地的常綠杜鵑亞屬物種進行大量生態和演化生物學研究，這些研究成果對揭示臺灣山地杜鵑花的演化歷史具有重要的啟示。例如，二〇二二年一篇發表在《國家科學評論》[27]的論文使用新穎的全基因體重定序（re-sequencing）技術，完整揭露出常綠杜鵑亞屬物種在橫斷山令人印象深刻且獨特的演化歷史。長久以來，學者一直在常綠杜鵑亞屬的研究上面臨一個難題。這個亞屬的物種之間，在形態、生態或生理方面通常沒有太大差異（如花形、傳粉者種類和生態棲位偏好）。此外，在野外觀察時，常常可以

27 《國家科學評論》是由中國科學院主辦、牛津大學出版社出版的一個開放科學刊物。

發現一些同時具有兩個物種形態的中間個體（們）。由於這個亞屬內所有物種的繁殖系統都是異交的，[28]因此一些學者提出了一種解釋：常綠杜鵑亞屬內可能經常發生物種間的雜交現象。

在生物學中，「雜交」意味著兩個不同物種之間存在繁殖上的交流。[29]在自然界中，雜交其實並不常見。尤其在動物界，學者們發現，許多物種間的雜交後代往往會喪失繁殖能力或具有遺傳缺陷，對於生存十分不利。然而，在植物界，雜交現象相對頻繁且奇妙。這可能是因為植物擁有多樣的繁殖方式，許多植物類群可以通過無性繁殖進行繁衍，因此雜交對後代的衍生影響並不像在動物界那樣嚴重。有時候，雜交甚至能夠產生同時繼承雙親優點的優秀後代，因此在園藝或農藝領域，人工雜交技術被廣泛應用於新品種的培育。事實上，雜交在植物學者眼裡，並不像在動物研究裡那般可怕，反而是新物種演化的一種可能方式。譬如，研究人員通過檢測泛青藏高地產常綠杜鵑亞屬物種間的雜交現象，意外揭示出一個山地生態系物種多樣化的獨特模式。在DNA分析中，他們發現許多物種體內都混雜了一些（或多或少）不屬於自己，而是其他物種的遺傳成分。這明顯暗示常綠杜鵑亞屬的物種之間存在廣泛的雜交現象。研究人員進一步推估這些雜交的發生時間，發現有兩個時段特別重要：一是晚漸新世至中新世之時，另一個則是上新世至更新世之時。前者恰好是泛青藏高地地質和氣候發生一系列重大變化的時代，而後者則是著名

28 異交是指用於產生子代的配子來自不同的親本。其後代的遺傳多樣性通常會大幅提高，也更利於適應各種環境，增加生存和演化的可能性。

29 有時，同一物種下的不同亞種（subspecies）或同一物種內不同遺傳分化族群（population）之間的繁殖交流也可以被納入雜交的範疇。

的冰河循環時代，對山地生物的演化與分布範圍產生了很大的影響。

研究人員推測，在晚漸新世至中新世時，東亞內陸經歷了氣候季節性差異增強、年均溫逐漸降低和高海拔地區擴張的情況。這些巨大的環境改變成為一種天然篩檢機制，對當時居住在該地區的各種生物進行存活和淘汰的篩選。對於植物來說，一旦沒有通過突變和遺傳多樣性所帶來的可變性，演化出新的內部或外部性狀，以通過天擇的考驗，只能在原地滅絕。

正如前面所述，在長達數百萬年的生存挑戰中，一些有助於植物適應新環境的創新性狀可能是通過雜交產生的。這樣的歷史保存在常綠杜鵑亞屬植物的DNA多樣性中，被現代研究人員在實驗中揭示出來。另一方面，特別是在過去五百萬年的冰河循環週期中，冰河期和間冰期交替頻繁。在溫暖的間冰期中，適應寒冷環境的山地生物被隔離在高海拔山區，物種或族群之間的基因交流[30]受到阻礙。而在冰河期的寒冷時代，之前被隔離的物種隨著低溫地區的擴大而向中低海拔地區遷移，彼此有機會相遇，從而有機會發生雜交，為物種的多樣化創造了機會。[31]當下一個間冰期再次到來時，無論是由雜交產生的新物種還是它們的親本物種，都必須再次向高山遷徙。這種上下山的遷徙過程不斷重複，常綠杜鵑亞屬就像獲得了一個「新物種幫浦」。物種多樣性在幫浦的擠壓下不斷積累，最終達到現在的規模。

30 基因交流（gene flow）是指在生殖隔離形成之前，遺傳分化的族群之間的雜交現象。基因交流可以加速物種形成，尤其是在沒有完全生殖隔離的情況下，已經有基因分化的物種之間的雜交現象也同樣可以促進物種多樣性的積累。

31 常綠杜鵑亞屬物種的種子很小很輕，能通過風或動物傳播到他處。因此，即使不同物種沒有長在附近，種間仍有機會發生基因交流，產生雜交現象。

橫斷山常綠杜鵑亞屬物種多樣性形成歷史的簡化示意圖

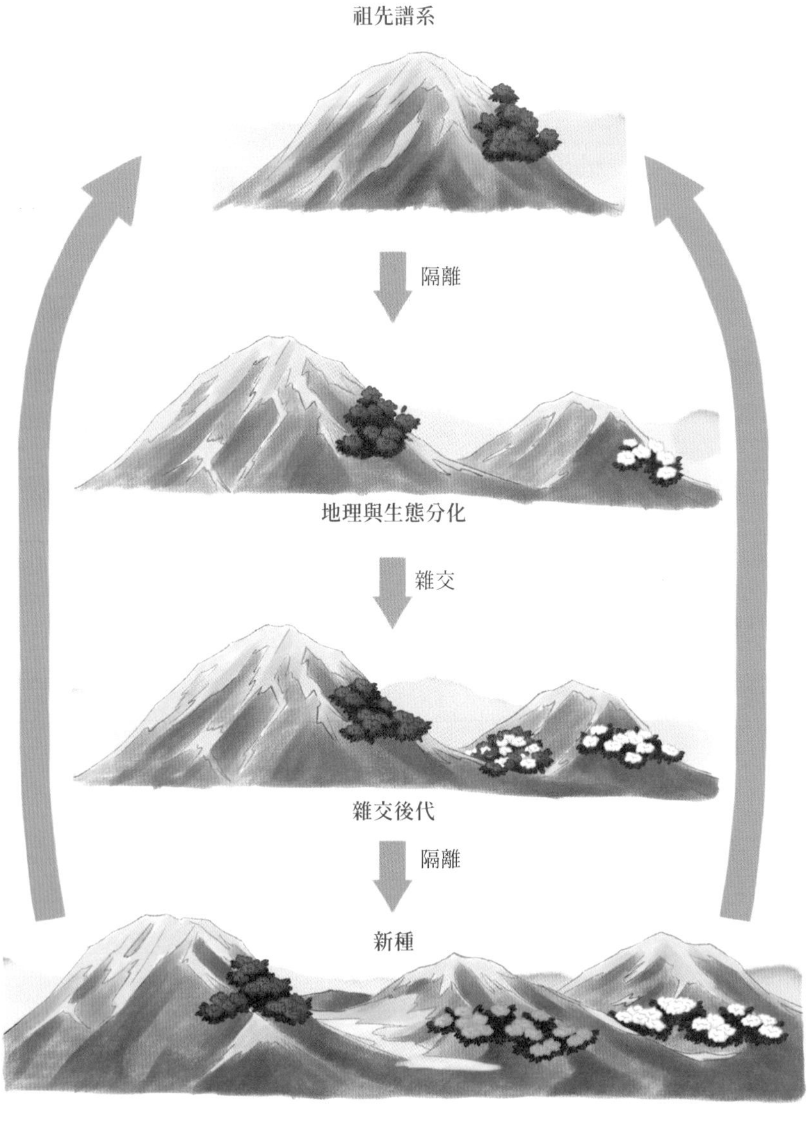

王錦堯繪

通過雜交現象產生的新物種，在形態上可能介於親本物種之間，若僅憑外觀形態進行親緣鑒定而不依賴ＤＮＡ，相當困難。一直以來，臺灣的常綠杜鵑亞屬物種都是分類學者關注的焦點和難題，有關玉山杜鵑、森氏杜鵑以及紅星杜鵑或南湖杜鵑的區別問題，迄今爭論不休。在野外，人們不斷報告觀察到介於不同物種之間的中間形態個體，而科學家在分子實驗中反覆發現，某些外觀被鑑定為玉山杜鵑的個體，總有部分樣本分別混入其他四種常綠杜鵑亞屬物種。意即，有些玉山杜鵑的植株體內可能滲入森氏杜鵑的遺傳成分，有些則混了南湖杜鵑或紅星杜鵑的遺傳成分。這些樣本由於同時擁有兩個物種的遺傳成分，很可能曾發生種間雜交。遺憾的是，過去二十年來，受限於技術問題，臺灣常綠杜鵑亞屬物種是否有部分是透過雜交產生一直無法得到充分討論。正因如此，橫斷山的常綠杜鵑亞屬研究明顯可以成為我們做研究的參考案例。

考慮到臺灣是個高山島嶼，且目前的島嶼地貌形成應該不早於五百萬至六百萬年前，臺灣常綠杜鵑亞屬物種的多樣性時期可能落在上新世至更新世的冰河循環時期。加上，山林中的常綠杜鵑亞屬物種間形態界線模糊，種種線索似乎暗示著，臺灣的常綠杜鵑亞屬可能也發生了雜交現象和新物種幫浦的演化機制。而這種將不同山脈拿來一起比較的方式，不禁讓我想到鹿野忠雄的博物之法。他藉由比較日本高山植物植被的樣貌，凸顯了臺灣高山植被的特色。此刻我也因為橫斷山，打開臺灣山地植物研究的新視角。儘管臺灣的山地杜鵑花起源地仍有爭議，但倘若它們真的來自東亞內陸的高山，除了單純的親緣相繫，這樣的連結更蘊含實質的生物學意義！我多想親自跟鹿野忠雄說，這兩處山地植物的演化，原來不僅可能在某些類群出現時空同調，彼此還具有能互相映照的科學理論。

跨越時空的玉山杜鵑

在我內心深處，玉山杜鵑將與我攀登玉山主峰時所經歷的心靈磨難永遠相繫在一起。我們花了六十個小時，嘗試攀登玉山主峰，總算在狂風暴雨和落石的威脅下，攀登至海拔一萬一千英尺處。隨後，頂著嚴寒的風雨，我們終於登頂了北迴歸線上的玉山絕頂，其高度達到一萬三千零七十二英尺。這座山峰不僅是大日本帝國的最高點，也是我所知位於內華達山和青藏高原東緣雪山之間最崇高的山峰。為了紀念這次挑戰的成功，我在玉山主峰上蒐集了杜鵑花屬植物的種子（當然我也可以在海拔較低的地方採集）。這些種子將被寄送到美國的阿諾德樹木園，然後再分送到其他地方。

威爾森，〈中國華東地區、小笠原群島、沖繩群島以及臺灣島的杜鵑花屬植物〉，一九二五年一九一八年秋，著名的植物獵人威爾森從朝鮮半島輾轉來臺，雖然這已是他當年第二度訪臺，但針對這次旅行，威爾森自言有一個很明確的目標，那就是要去爬玉山主峰。彼時，攀登玉山並非易事，在威爾森之前，聽說也僅有六名外地人踏上過這座不凡山峰。

威爾森素來熱中於蒐集櫻花、杜鵑花等具有園藝價值的物種。在鹿野忠雄來臺之前，他在玉山與玉山杜鵑首次邂逅。由於曾在東亞大陸進行多次植物採集的遠征，威爾森很快就察覺到玉山杜鵑與泛喜馬拉雅山區的物種很有可能存有親緣關係。隨後，他蒐集了這種山地杜鵑花的種子並寄回美國，這可能也是道根之所以在美國看到玉山杜鵑的機緣。七年後，年輕的鹿野忠雄也登上玉山，見到了玉山杜鵑。雲海之上，玉山主峰的山頂在他眼裡似乎不屬於臺灣島，生長著彷彿來自異國的高山植物們，並在那裡激發了對喜馬拉雅山萬物的憧憬。威爾森與鹿野忠雄兩人應該從未見過彼此，亦無文獻載明他們有所交流，但通過玉山杜鵑，兩個陌生人都在臺灣見到千里之外的雄偉高山。

此刻，臺灣許多人也著迷於玉山杜鵑。但似乎多數人無法辨別它與山下園藝杜鵑花的不同之處，也不瞭解它為何可以生長在高山上。人們最在意的，往往是每年花季它開得好不好。但與多數人不同，玉山杜鵑對我的意義遠大於花朵的美麗，它見證了我登山生涯的點點滴滴：當學長姐們在三角點旁開心吃登頂罐頭時，一旁有玉山杜

玉山杜鵑

讓人迷戀的玉山杜鵑，祖先可能來自於泛喜馬拉雅山區。(王錦堯繪)

鵑。當夏天午後雷雨過後，高山上出現了美麗的晚霞，一旁也有玉山杜鵑。甚至是那個迫降雪山聖稜線的寒冷夜晚，我的身旁仍是玉山杜鵑。我也一直記得，在攀爬陡壁時曾緊緊抓住它堅韌的枝條，將繩索綁在它強壯的枝幹上。曾幾何時，我對杜鵑花這類植物的理解早已隨著玉山杜鵑的存在而改變。它們從花園中的園藝植物，轉變成風雪中生機盎然的高山植物。我開始懷抱起一個願望，希望有天能親自踏訪玉山杜鵑先祖的故鄉。那不是它的誕生地臺灣，而是孕育著它與生俱來高山風骨的原鄉。自二〇二〇年起，我在橫斷山終於實現了這個夢想。

在我看來，橫斷山就是天神賜給喜馬拉雅杜鵑花（常綠杜鵑亞屬）的樂園。這裡不只是有鹿野忠雄描述的幾十個物種，而是上百種！它們在河谷和雪山之間，從亞熱帶到溫帶，自由自在地生長，構建出一個廣闊的花之王國。曾經，我有些不

合歡山石門山北峰拍的玉山杜鵑，如寶石鑲嵌在山野之中。（郭英豪攝）

解虎克的喜馬拉雅杜鵑花何以傾靡歐美，但如今我已完全明白，也和虎克一樣臣服在它的風采之下。這些高山上的寶石之花，為我打開一扇通往杜鵑花信仰的大門，裡頭是由杜鵑花愛好者所創建的植物文化圈。他們來自不同世代，跨越不同地域，在網絡上和自家花園中讚賞喜馬拉雅杜鵑花的美麗。在他們眼中，如今身在橫斷山的我，何其幸運，能夠在山林中實踐他們許多人一生的心願——以相機與雙眼為山地杜鵑花留下在野外最自然的身影。

上 橫斷山的杜鵑葉子背後的絨毛（游旨价攝） 下 橫斷山的櫻草杜鵑（游旨价攝）

上 橫斷山的黃杯杜鵑（游旨价攝） 下 橫斷山的馬纓杜鵑（游旨价攝）

川西的喜馬拉雅杜鵑花花容
（張一攝）

什麼是石楠類和杜鵑類杜鵑花

在臺灣，有些介紹杜鵑花屬的文章會將其區分為石楠類與杜鵑類兩大群。前者通常指具有常綠性革質葉片，可以長成小喬木或大喬木的中高海拔物種，例如臺灣杜鵑、玉山杜鵑複合群等；而後者則泛指葉片較薄，只能長成小灌木、小喬木的類群，例如烏來杜鵑、南澳杜鵑、丁香杜鵑。然而，這樣的分類方式並不完全符合現代植物分類學的原則，可能是承襲自西方或日本園藝界的用法，尤其是後者，在其植物的和名系統中，杜鵑類杜鵑花（ツツジ）和石楠類杜鵑花（シャクナゲ）的用法十分常見。

在西方或日本園藝界的界定裡，東亞的**杜鵑類杜鵑花**（Azaleas）可能有二百多種，主要是由映山紅亞屬的物種組成。它們在不同國家都富有重要的傳統文化意涵。在有些地區，杜鵑類杜鵑花也可能被用來指稱羊躑躅亞屬的物種，但總體來說，被叫作杜鵑類杜鵑花的植物大抵仍可以和現代杜鵑花屬分類學相扣在一起。相反的，石楠類杜鵑花（Rhododendrons）的使用就顯得很複雜，且和現代杜鵑花屬分類學對不太上。在園藝界裡，被稱為石楠類杜鵑花的物種通常指常綠杜鵑亞屬的物種，也就是喜馬拉雅的山地杜鵑花。為什麼會用石楠一詞來形容喜馬拉雅杜鵑花，或許與中國植物學名詞中石楠一詞的使用方式有關。在中國傳統文化裡，「石楠」常用來指薔薇科石楠屬的植物。據李時珍在《本草綱目》的描述，石楠屬的物種生長在向陽的石頭之間，因此被稱為石南。其中，「南」和「楠」音相同，石南也可以寫作石楠。後來在這個名稱加入了「木」字旁，可能是為了強調這些薔薇科灌木或小喬木的木質質地堅硬，因為楠木是古人認為最好的木材之一。至於石楠一詞為何進一步又被用在杜鵑花屬裡，原因可能得追溯到古代中國對「杜鵑花」的認識。在過去，古人口中所稱的「杜鵑花」泛指生長在中國大陸華中、華東地區的杜鵑類杜鵑花（Azaleas）。對於生長在橫斷山區的常綠杜鵑亞屬物種，由於其外觀形態與杜鵑類杜鵑花差異甚大，可能被視為另一類植物，而不以「杜鵑花」相稱。

南非的歐石楠屬植物（伊東拓朗攝）

基於其多為喬木且木材堅實的特性，當地人可能因此就以「石楠」來命名常綠杜鵑亞屬的物種。在現代，有些人仍經常以喬木或非喬木來區分石楠類杜鵑花或杜鵑類杜鵑花。但事實上，杜鵑類杜鵑花中有些物種也能長成小喬木，譬如映山紅亞屬的西施花、丁香杜鵑。因此，假若石楠類杜鵑花真的被用來專指喬木型的杜鵑花，那它的定義顯然並不嚴謹，除非使用時上下文脈絡清楚，否則並不推薦使用。

更複雜的是，石楠這個中文詞彙還可用來指稱杜鵑花科其他屬，例如歐石楠屬和帚石楠屬的物種。這些植物原生於歐洲、北美洲和非洲，與我們印象中的杜鵑花有很大差異。它們通常是小灌木，帶有狹長的針狀葉子。由於這兩個屬的灌木常大面積分布，因此在生態學或西方文學裡常用「石楠」（heather, briar）和「石楠（平）原」（heather land）等詞彙來描述由它們組成的植被景觀。

後記 喜馬拉雅杜鵑花軼聞二三事

食用杜鵑花

草坡上有一些銀蓮花正在開花，它們在飛雪中看起來非常淒涼，此外，森林的邊緣還有數不清的杜鵑花。我還高興地記得，在每朵杜鵑花的花冠基部都有一大滴花蜜。不過雖然我吸了許多的花朵，卻沒吃到什麼食物。於是，我開始把整朵花都吃了下去。儘管它黏糊糊並且索然無味，但也並不完全難吃。

金敦—渥德，《神祕的滇藏河流》，一九二三年

傳奇的橫斷山探險家金敦—渥德因為在山裡迷路，走投無路之下以杜鵑花充饑。透過他的紀錄，我第一次知道原來杜鵑花是可以吃的。只是遺憾的是，在他吃下杜鵑花不久後，便出現食物中毒的症狀。他留下這樣的敘述：「杜鵑花的花冠讓我的胃產

生了劇烈的疼痛……。」所以，才剛知道杜鵑花可以吃之後，我旋即知道了原來杜鵑花有毒不能吃。事實上，在橫斷山區，少數民族早就熟知杜鵑花有毒。在香格里拉高原上，有個名叫碧塔海的高山湖泊，該地素以「杜鵑醉魚」的景致為人所知。而這個奇景發生在每年五、六月的高山春季，彼時因為湖邊的山地杜鵑花盛開，時有花瓣落水，引來湖中魚隻前來食花。然而，杜鵑花裡的神經毒素會讓魚中毒，紛紛浮在水面上，宛如喝醉一般，因而被當地人稱為「杜鵑醉魚」。

二〇一九年，我曾和幾位日本與臺灣的植物愛好者組了一次橫斷山的賞花之旅，途經雲南大理時，一位臺灣的同伴在餐廳菜單發現一道以杜鵑花為名的白族[32]特色湯品，因為覺得非常新奇，便點了一鍋來嘗鮮。事情傳到我跟同行的日本友人耳裡，我們都大吃一驚，趕緊告訴他，杜鵑花有毒啊！怎能拿來吃？只見那個同伴一臉委屈，說從未在臺灣聽過什麼杜鵑花有毒的八卦啊（有傳言同是杜鵑花科的馬醉木亦有毒性，據聞水鹿吃了會中毒暈倒）。日本友人一臉憂心地對他說：「在日本，有種黃色的杜鵑花[33]是有名的毒花，用那種杜鵑花做的蜂蜜聽說也有毒性，不小心誤吃的話，會對神經造成很大的損害。」這番話頓時把那位夥伴嚇著了，不知道該怎麼處理即將端上桌的那鍋湯。

好不容易，裝湯的白瓷大盆終於端來，我們幾個賞花團員立刻站起來直直盯著裡頭瞧，一個日本人鼓起勇氣拿著湯瓢在湯水中緩慢攪拌，細心檢視。從外觀來看，

32 橫斷山洱海四周的一個少數民族，史書上稱為「白蠻」、「白人」。

33 羊躑躅是著名的毒杜鵑，全株皆不可食用。陶弘景《本草經集注》如此解釋：「羊躑躅，羊食其葉，躑躅而死，故名。」其在日本有一亞種——日本羊躑躅，即為筆者友人所提之杜鵑花。

這鍋杜鵑花湯極其普通，色澤偏白的湯水，漂著幾把綠菜和蠶豆米。嘗起來，口味清淡，並無怪味，但令人困惑的是，我們在湯裡竟找不到任何像植物花瓣的食材。問了老闆娘，她才說，因為杜鵑花瓣有毒（其實嚴格來說是花蕊），所以只能用毒性較輕的花萼來煮湯。我們這才恍然大悟，原來杜鵑花可以吃，只是得經過特殊處理。之後，當我們每人都喝了一輪湯，身體也都沒有出現異常，我和日本友人對此食用杜鵑花也產生了好奇。

首先，我們查到這種被白族食用的杜鵑花，名喚大白杜鵑，[34]其並非人為栽培的物種，而是山上的野物。在分類學上，此杜鵑花屬於常綠杜鵑亞屬，主要分布地在橫斷山的大理、麗江一帶。而雲南的少數民族，其實不只白族，彝族、納西族也都會食用杜鵑花。在他們的傳統菜譜裡，包含大白杜鵑等多達二十餘種的山地杜鵑花的花瓣或花萼經過處理後都可以食用。大理白族的杜鵑花食譜已經流傳幾百年，是真正的特色佳餚。大白杜鵑不僅是我們一行人在橫斷山認識的第一種喜

大白杜鵑（黃健攝）

34 大理民間有諺語「春吃一頓大白花，一年四季藥不抓」，其中的大白花就是指大白杜鵑。該諺語說明雖大白杜鵑全株有毒，但取其毒性較弱的花萼、花瓣部分食用反而有藥性。此外，大白杜鵑、亮葉杜鵑、貢嘎山杜鵑和疣梗杜鵑間親緣關係複雜，有分類學者傾向稱其為「大白－亮葉杜鵑複合種群」。

馬拉雅山地杜鵑花，也讓我們首次瞭解到在家鄉未曾接觸過的杜鵑花知識。

佛雷斯特的杜鵑花之夢

隨著在橫斷山逐步開展一趟趟植物採集之旅，我認識的喜馬拉雅山地杜鵑花也愈來愈多，但在山區數百種山地杜鵑花之中，我最想見卻始終無緣邂逅的夢幻物種便是大樹杜鵑。大樹杜鵑在我心裡像是生長在傳說中，是喜馬拉雅山地杜鵑花裡的巨人，目前只被發現生長在橫斷山西部的高黎貢山區。紀錄中，最大一棵大樹杜鵑的樹徑有三公尺，樹高則有三十多公尺，多麼令人難以想像！

因為佛雷斯特（George Forrest）的故事，我對大樹杜鵑一直充滿憧憬。佛雷斯特是一位英國植物學者和探險家，他可能是最早被橫斷山的山地杜鵑花徹底迷惑的人。據聞，二十世紀初他在橫斷山區採集了超過三百多個物種，甚至在某次旅程裡，採集了五千三百七十五株山地杜鵑花，被當地人稱為來自英國的杜鵑花之王。在他去世前，他亦向母國引進了三百多個杜鵑花物種，這些採集品最終成了蘇格蘭愛丁堡皇家植物園最引以為傲的杜鵑園收藏，也讓該園成為今日世界杜鵑花研究的重鎮。然而佛雷斯特的事蹟在中國大陸植物學者眼裡，評價好壞參半。有些人認為他是傑出的冒險者與植物獵人，能夠聰明地和當地人合作，進而深入到最深的荒野，蒐集了那麼多的杜鵑花物種。但也有一些人認為，他就是一個竊取杜鵑花資源的採花賊，把三百多種杜鵑花送去西方給有錢人當作茶餘飯後的生活消遣。不過，通過文獻瞭解，佛雷斯特無疑十分喜愛和敬重雲南當地少數民族，這點從他自掏腰包為許多當地人接種天花疫苗便可得知。

一九三〇年，佛雷斯特再次從英國啟航，展開他最後一次橫斷山遠征。他計劃退休後在愛丁堡定居並撰寫回憶錄，並將未來的採集任務都交給他的首席助手——綽號「老趙」的納西族人趙成章。他們的合作關係始於一九〇六年，在二十五年的合作裡，佛雷斯特訓練老趙辨認植物、製作標本和採集植物的技巧。當佛雷斯特回國時，老趙便會組織一群訓練有素的植物獵人團隊，到各地去搜尋植物，完成佛雷斯特的指示。然而，這群對橫斷山植物採集歷史貢獻巨大的人們，他們的名字卻從來沒有出現在任何新物種的名字裡。直到二〇二〇年，這群無名英雄的工作終於受到重視，一種產自玉龍雪山山區的新種小檗，被英國小檗專家朱利安先生命名為「趙氏小檗」，用以紀念趙成章。

在佛雷斯特的杜鵑花之戀裡，他和「巨大」的山地杜鵑花物種似乎特別有緣。凸尖杜鵑是第一種讓佛雷斯特在母國聲名大噪的喜馬拉雅山地杜鵑。這個物種相當壯觀，葉子可以長達一公尺，葉背則如皮革般柔軟，極具觀賞價值。但他最被許多人記得的，還是發現大樹杜鵑的過程。據說當佛雷斯特第一次見到大樹杜鵑時，整個人被它的外型給震懾住，他在一九三一年寫給愛丁堡皇家植物園欽定管理人的信上說：「我們發現大樹杜鵑時，它正處於花期的最佳狀態，整棵樹幾乎開滿了花，數以千計的巨大花朵綻放在樹梢，顏色從玫瑰粉到近乎艷麗的猩紅都有，而每棵樹下的地面都堆積了有幾英寸深的花朵。」

佛雷斯特的這段文字總是令我特別有感。因為我也會想起自己第一次見到臺灣杜鵑時的驚詫心情。甚而，我也常常想，或許臺灣也有能跟大樹杜鵑媲美的杜鵑花王。畢竟，自己曾在健康的臺灣杜鵑林中見過讓人驚訝的杜鵑大樹，儘管沒有如傳說中的大樹杜鵑那麼巨大，但臺灣的深山還有那麼多無人探查過的地方。或許，有我們無法想像的臺灣杜鵑就靜靜地生長在某個山谷裡。啊！真想知道它是不是能跟大樹杜鵑一較高低？

怒山孔雀山埡口的凸尖杜鵑（游旨价攝）

喬治・佛雷斯特、納西人與杜鵑花

佛雷斯特（George Forrest, 1873-1932）一生二十八年的植物採集生涯中，曾七次來到雲南，為西方園藝和植物研究機構採集並引種了大量的動植物物種，在他所採集的杜鵑花標本中，曾被有關研究者作為新種描述的名稱多達四百多個，至今仍有一百五十多種為眾多研究者所接受。佛雷斯特的採集是杜鵑花屬分類研究中非常重要的材料。

佛雷斯特在雲南騰衝縣的石城

來源：Royal Botanical Garden Edinburgh

一九一三年左右，佛雷斯特在麗江附近雪山上的村子所住的閣樓。
來源：Royal Botanical Garden Edinburgh

佛雷斯特與趙成章
來源：Royal Botanical Garden Edinburgh

一九一四年左右，納西人與他們採集的標本合影，後面持來福槍的是趙成章。
來源：Royal Botanical Garden Edinburgh

一九〇六年，在玉龍雪山的營地，海拔超過三千三百公尺。
來源：Royal Botanical Garden Edinburgh

一九三一年，佛雷斯特的助手們在砍伐大樹杜鵑。
來源：Royal Botanical Garden Edinburgh

佛雷斯特一九三一年寄回愛丁堡皇家植物園收藏的大樹杜鵑橫切面，上面寫著他的名字縮寫，且說明這棵大樹杜鵑超過九十英尺高（二十七公尺）。
來源：Lynsey Wilson, Royal Botanical Garden Edinburgh

參考文獻

吳永華，《臺灣森林探險——日治時期西方人在臺灣採集植物的故事》。臺中市：晨星出版，二〇〇三。

黃啟俊，〈臺灣產玉山杜鵑複合群之親緣地理學研究〉。國立成功大學生命科學系碩士論文，二〇〇六。

黃群智，〈臺灣杜鵑 TIR-NBS-LRR 族群遺傳與分子演化〉。中國文化大學生物科技研究所碩士論文，二〇〇八。

曹佳佳，〈臺灣特有常綠杜鵑亞屬物種的適應分歧〉。臺灣大學生命科學系碩士論文，二〇一一。

梁博凱，〈玉山杜鵑複合群物種於更新世冰期過後之族群退縮與物種分歧〉。臺灣師範大學生命科學研究所碩士論文，二〇一一。

The Rhododendrons of Eastern China, the Bonin and Liukiu Islands and of Formosa. *Journal of the Arnold Arboretum* 6(3): 156-186 (1925).

Phylogeny and biogeography of *Rhododendron* subsection *Pontica*, a group with a tertiary relict distribution. *Molecular Phylogenetics and Evolution* 33: 389–401 (2004).

The molecular systematics of *Rhododendron* (Ericaceae): A phylogeny based upon RPB2 gene sequences. *Systematic Botany* 30(3): 616-626 (2005).

Duplication of the class I cytosolic small heat shock protein gene and potential functional divergence revealed by sequence variations flanking the a-crystallin domain in the genus *Rhododendron* (Ericaceae). *Annals of Botany* 105: 57-69 (2010).

Phylogeny of *Rhododendron* subgenus *Hymenanthes* based on chloroplast DNA markers: between-lineage hybridisation during adaptive radiation? *Plant Systematics and Evolution* 285: 233-244 (2010).

Genetic population structure of the alpine species *Rhododendron pseudochrysanthum* sensu lato (Ericaceae) inferred from chloroplast and nuclear DNA. *BMC Evolutionary Biology* 11: No. 108 (2011).

Demography of the upward-shifting temperate woody species of the *Rhododendron* pseudochrysanthum complex and ecologically relevant

adaptive divergence in its trailing edge populations. *Tree Genetics & Genomes* 10: 111–126 (2014).

As old as the mountains: the radiations of the Ericaceae. *New Phytologist* 207(2): 355-367 (2015).

Global patterns of *Rhododendron* diversity: The role of evolutionary time and diversification rates. *Global Ecology and Biogeography* 27: 913-924 (2018).

Ericoid mycorrhizal symbiosis: theoretical background and methods for its comprehensive investigation. *Mycorrhiza* 30(6): 671–695 (2020).

Ancient orogenic and monsoon-driven assembly of the world's richest temperate alpine flora. *Science* 369: No. 6503 (2020).

Resolution, conflict and rate shifts: insights from a densely sampled plastome phylogeny for *Rhododendron* (Ericaceae). *Annals of Botany* 130(5): 687-701 (2022).

Spatiotemporal evolution of the global species diversity of *Rhododendron*. *Molecular Biology and Evolution* 39(1): msba314 (2022).

The symmetry spectrum in a hybridising, tropical group of rhododendron. *New Phytologist* 234(4): 1491-1506 (2022).

Pervasive hybridization during evolutionary radiation of *Rhododendron* subgenus *Hymenanthes* in mountains of southwest China. *National Science Review* 9(12): nwac276 (2022).

To what degree does hybridization facilitate evolutionary radiations in mountain areas? *National Science Review* 9(12): nwac288 (2022).

黃瀚嶢繪

第二章

山地樟櫟林與遠方的青藏高原

（上）

森林與風之篇

楔

北半球亞熱帶是全球著名的乾旱帶之一，在這片環繞星球的黃色大地上，殼斗科和樟科的森林構成了名副其實的綠洲，護育著芸芸眾生。這兩個植物家族擁有眾多物種，對北半球的生態和文明都產生深遠的影響，臺灣也不例外。在島上這樣的森林被稱為樟殼林或樟櫟林。十八世紀以來，來自歐美和日本的博物學家、植物獵人都曾對臺灣的樟櫟林留下深刻的印象。然而，雖然是組成臺灣山林的重要成員，大多數臺灣人對樟櫟林的自然史卻很陌生。似乎很少人想過，臺灣山地為什麼曾經長滿樟樹？結著精美橡實的櫟樹又為何能形成林帶？甚至，鄰近的島嶼是否也跟臺灣一樣覆蓋著樟櫟林？

從全球範圍來看，東亞（包含臺灣在內）的樟櫟林是一種獨特的森林類型。千萬年來，這類森林在亞洲的誕生與擴張，使得東亞與西亞、中亞的區別非常明顯，前者充滿了翠綠的生機而後者則塵土飛揚。令人驚奇的是，常綠闊葉林在東亞的擴張並非偶然，其極有可能與青藏高原的隆起有關。過去二十年來，來自不同學科的學者持續合作，試圖追溯新生代以來青藏高原與亞熱帶常綠闊葉林之間的關聯。其中，一些學者發現，臺灣山地的麻櫟屬物種竟也參與其中。這些樹木的譜系不僅與青藏高原地質史緊密相關，其遷徙臺灣的過程也間接地將臺灣與青藏高原的自然史連結一起。然而，臺灣除了登山客、殼斗科植物愛好者和植物學者之外，似乎很少有人知道它們的存在。作為臺灣山地代表性林型之一，瞭解樟櫟林理應是認識島嶼自然史的一個基礎。

之一　走進山中的樟櫟林

豐美的櫟林

宙斯的聖寓位於深邃的橡樹林中，傳說中祂經常在多多納（Dodona）的一棵橡樹下聆聽人們許願。每當橡樹葉颯颯作響，人們都說那是祂的回應。

古希臘神話

對許多人來說，樟櫟林或許是個陌生的名詞。但其實大家在日常生活中早已認識不少「樟櫟林」的樹種：除了各地常見的「樟」樹，「櫟」其實指的就是殼斗科的植物，[1]它們素以可愛的種實（俗稱橡實）備受人們喜愛。全球野生的殼斗科物種多達一千種，依據葉片性質可以先粗略地分為落葉類與常綠類。在北半球溫帶地區，落葉性殼斗科物種堪稱森林生態系的支柱，像是橡樹（oak）、栗樹（chestnut）和山毛櫸（beech）等眾所周知的樹種，在廣闊的溫帶大陸上形成大面積的純林，成為西方歷史文化裡重要的植物元素。特別是橡樹，不僅是歐洲許多國家的國樹，也是神話和木材工業的主角。在北美洲，年老的橡樹被印地安人視為大地的神聖之物，能夠治療疾病，戰勝災厄。不過，很少人留意過，「橡樹」其實是一個物種集合名詞。它主要包含了麻櫟屬裡的某些溫帶落葉性樹種，例如夏櫟[2]、白橡和栗橡等。亞熱帶的臺灣，氣候和歐美大不相同，理論上不該出現「橡樹」類的樹種，但島嶼的山地卻不知在何時接納了一小群落葉性的溫帶橡樹，令不少研究東亞植物的學者大感驚訝。

在臺灣為數不多的橡樹類樹種裡，槲樹大概是最符合一般人對橡樹想像的物種。它有著寬大帶有波浪緣的葉子和經典的橡實，主要分布在東亞大陸黃河以北、朝鮮半島和日本列島。在臺灣，槲樹相當稀少（或說本就不應存在），日本時代以來一直只有在中部淺山地區（新社、東勢）有過紀錄，野生個體甚至一度被懷疑已經滅絕。二十世紀末，研究人員在南臺灣山區驚奇地發現一片槲樹純林，這個生長在北迴歸線以南的族群很快就被確認是全球槲樹分布的南限，並成為人們口中的生態奇蹟。不若在臺灣的稀奇，槲樹在東亞溫帶地區是十分常見且與人類文化交融的橡樹種類。譬如日

1　「殼斗」，是指包覆在這類植物種實外頭，由總苞片特化而來的杯狀構造。

2　夏櫟可能是英國最重要的一種橡樹，它曾經支持了大英帝國的海軍事業。在十八世紀，夏櫟因為優良的木材性質與單寧成分，曾在英格蘭島被大規模種植，用來建造大量船艦。

本傳統文化裡，部分地區的居民會使用槲樹的葉子來盛放獻給神明的神饌，或用作烹飪與盛裝食物的「炊葉」。[3]此外，由於槲樹在春天抽新芽時，舊葉並不會完全落盡，越冬常青的習性也被大和民族視為「代代傳承沒有斷絕」的象徵，許多家紋或神紋（神社或神官的家紋）會使用槲樹之葉作為設計元素。不過，對臺灣的槲樹來說，所謂奇蹟，或許只是人類的一廂情願，它們在臺灣的生存十分艱辛。由於槲樹的種子並不耐旱，但其橡實結成的秋季，卻是臺灣中南部降水稀少的乾季。彼時，淺山地區土壤相對乾燥，並不利於槲樹種子之發芽。研究人員發現，這群子遺的槲樹目前天然更新的情況很差，且大多是靠著萌芽條的無性繁殖來維續族群。然而，儘管生長在這樣一個惡劣的環境，臺灣的槲樹

右　被視為神聖之物的槲樹，常被當作家紋樣式的設計元素，稱為三柏紋，此樣式為「圓裡的三葉」。
來源：Kashiwamon／Wikimedia Commons

左　柏餅，流行於日本關東地區，以橡樹葉片包裹年糕或麻糬的甜點。據傳，其起源於十八世紀幕府時代，一開始使用的是槲樹的葉片，但因為並非各地都生有槲樹，目前會從韓國或中國進口相關物種的葉片來替代。
來源：katorisi／Wikimedia Commons

3　槲樹的和名「カシワ」（柏，kashiwa），有一說法指其為「炊葉」。

似乎仍牢牢記著北方故鄉的歲時四季，秋天變色，爾後落葉。或許在臺灣，我們不該稱槲樹為大自然的奇蹟，因為它們實則正在惡地背水一戰，隨時可能覆滅。它們所彰顯的，更像其在北方原鄉的意象——代代傳承沒有斷絕，在我心裡，它們在亞熱帶努力生存，或許冀盼著有朝一日橡實能夠再次歸返北方。

和槲樹相比，臺灣另一種落葉殼斗科植物——臺灣山毛櫸顯然名氣更為煊赫。雖然有些人可能對於它是殼斗科植物感到訝異，畢竟它的橡實和一般殼斗頗為不同，[4]但從親緣關係研究的結果來看，它的的確確隸屬於殼斗科大家族。臺灣山毛櫸是近年來被產官學界大力宣傳的「冰河孑遺生物」。每到秋季，翠峰湖附近及北插天山的臺灣山毛櫸變色，黃葉燦燦的美景，

屏東霧台的槲樹林（楊智凱攝）

吸引許多人前往朝聖。

有趣的是，臺灣山毛櫸跟榔樹在臺灣的分布剛好相反，僅生長在北部的幾條山脊上。但跟榔樹一樣，它不是臺灣特有種，其在臺灣的族群都是自身的分布南限。許多人並不知道臺灣山毛櫸也是東亞大陸的冰河孑遺植物，它在東亞也零星分布在武陵山脈和天目山。[5]一般來說，冰河孑遺生物的遺傳多樣性無論是在族群內或族群間，應該都非常低，因為它們曾經歷過族群大滅絕的慘劇。但近期研究卻指出，臺灣山毛櫸雖然各地族群內遺傳多樣性不高（符合孑遺生物的預期），但族群之間的遺傳多樣性差異卻比預期的大。從每個孑遺族群裡，研究人員都能或多或少找到一些專屬各族群的遺傳標記（molecular marker）。

這種獨特的遺傳多樣性分布形式，令學者們猜測，臺灣山毛櫸每個孑遺族群專屬的遺傳特徵有可能是繼承自它們各自的祖先族群（假如不是通過族群間交流而產生新的基因型）。這暗示著，在**大滅絕之前**臺灣山毛櫸可能是一個遺傳多樣性整體比較高的物種，由一個規模比較大的關聯族群（meta-population）所構成。其中，每個小族群可能都因為適地演化，擁有一些特有的基因型。這個假說對研究臺灣山毛櫸臺灣族群的學者特別有啟發，因為這可以幫助解釋為什麼臺灣是這個物種的分布南限。倘若在冰河期前，臺灣山毛櫸是一個遺傳多樣性高的物種，那麼它的形態和適應環境的變化幅度就比遺傳多樣性較低的其他山毛櫸屬物種更大。因此，在眾多族群中，有些族群可

4 臺灣山毛櫸的殼斗有三到四個瓣裂，小苞片則成細線、彎鉤狀，與殼斗外壁一樣都被覆微柔毛。

5 在最新的分子定年分析裡，臺灣山毛櫸大概是在七百八十萬年至六百九十萬年前開始走上自己的物種形成之路。

能具有較好的耐熱性，因而有機會傳播到亞熱帶的臺灣山地，最後得以從冰河期中倖存下來。不過，雖然熬過冰河期的摧殘，但臺灣山毛櫸的未來似乎比過去更艱難。因為研究人員進一步對臺灣山毛櫸未來五十年的分布範圍進行預測，發現它的分布範圍將大幅縮減。甚至，如果將人為干擾也考慮進去，極有可能會就地滅絕。在我們有生之年，南臺灣的槲樹、北臺灣的臺灣山毛櫸或許都將從臺灣島消失，而它們體內所攜帶，關於臺灣大自然的種種記憶也將被抹除。

槲樹和臺灣山毛櫸，讓我理解到在臺灣原來落葉類殼斗科植物很少見，就算有高山的存在，在亞熱帶它們仍然只能是稀有物種。這不禁讓我益發好奇，如果不是像麻櫟屬的溫帶落葉性樹種的「橡樹們」，臺灣山上的櫟林究竟又是由哪些殼斗科物種組成

稜線上的臺灣山毛櫸黃葉（崔祖錫攝）

的？小時候因為只知道橡樹，加上旅居歐美的親戚經常送我們橡實做成的紀念品，我總以為殼斗科是特產於溫帶國家而臺灣沒有的東西。直到進入森林系，開始有系統地學習臺灣原生的各種樹木，這才理解，原來臺灣森林中的殼斗科物種大多是**常綠殼斗科**，有些物種甚至是構成山地樟櫟林的重要物種。而**落葉殼斗科**在臺灣，不僅是稀有物種，其出現更是因臺灣在冰河期時作為東亞植物避難所的機緣使然。

透過歐美文化，許多人應該跟我一樣，對殼斗科的第一印象都是橡樹這類的落葉樹種。但這個植物大家族的成員，絕大多數其實都不是落葉樹而是**常綠樹**。殼斗科物種的多樣性中心更不在溫帶歐美，而在我們所處的熱帶、亞熱帶亞洲。臺灣自然也是一處盛產常綠殼斗科物種的豐饒之地。許多麻櫟屬、石櫟屬和苦櫧屬的常綠樹種和臺灣本地文化自然地交融，發展出獨特的民族生活樣貌。在布農族傳統文化中，族人會刻意種植青剛櫟來吸引獵物，因為他們知道青剛櫟的橡實是野生動物的最愛。

記得以前在中南部登山時經常會遇到多種常綠類殼斗科物種混合的森林，有時是在陽光普照的山嶺，有時在濃密的溪谷邊坡。但無論在哪裡，大家遇到「橡實森林」時的反應總是相同的：樂不可支。只要時間允許，大多數人都會彎下腰尋找完整的橡實。尚未腐爛的橡實透著溫暖的紅褐色，外層包覆著物種特色鮮明的各式殼斗，就像大自然的藝術品。而對於人們如此熱愛橡實的現象，我的一位植物分類學朋友曾發表過一句評論：**殼斗讓人貪婪**。每當想到這句話，我都會忍不住嘴角上揚。

殼斗科果實

c

b

a

f

e

d

i

h

g

k

j

●山毛櫸屬　a. 臺灣山毛櫸
●石櫟屬　b. 後大埔石櫟　c. 杏葉石櫟
●苦櫧屬　d. 反刺櫧
●麻櫟屬　e.（刺葉）高山櫟　f. 青剛櫟
g. 捲斗櫟　h. 森氏櫟
i. 塔塔加櫟　j. 槲樹
k. 太魯閣櫟

（楊智凱攝）

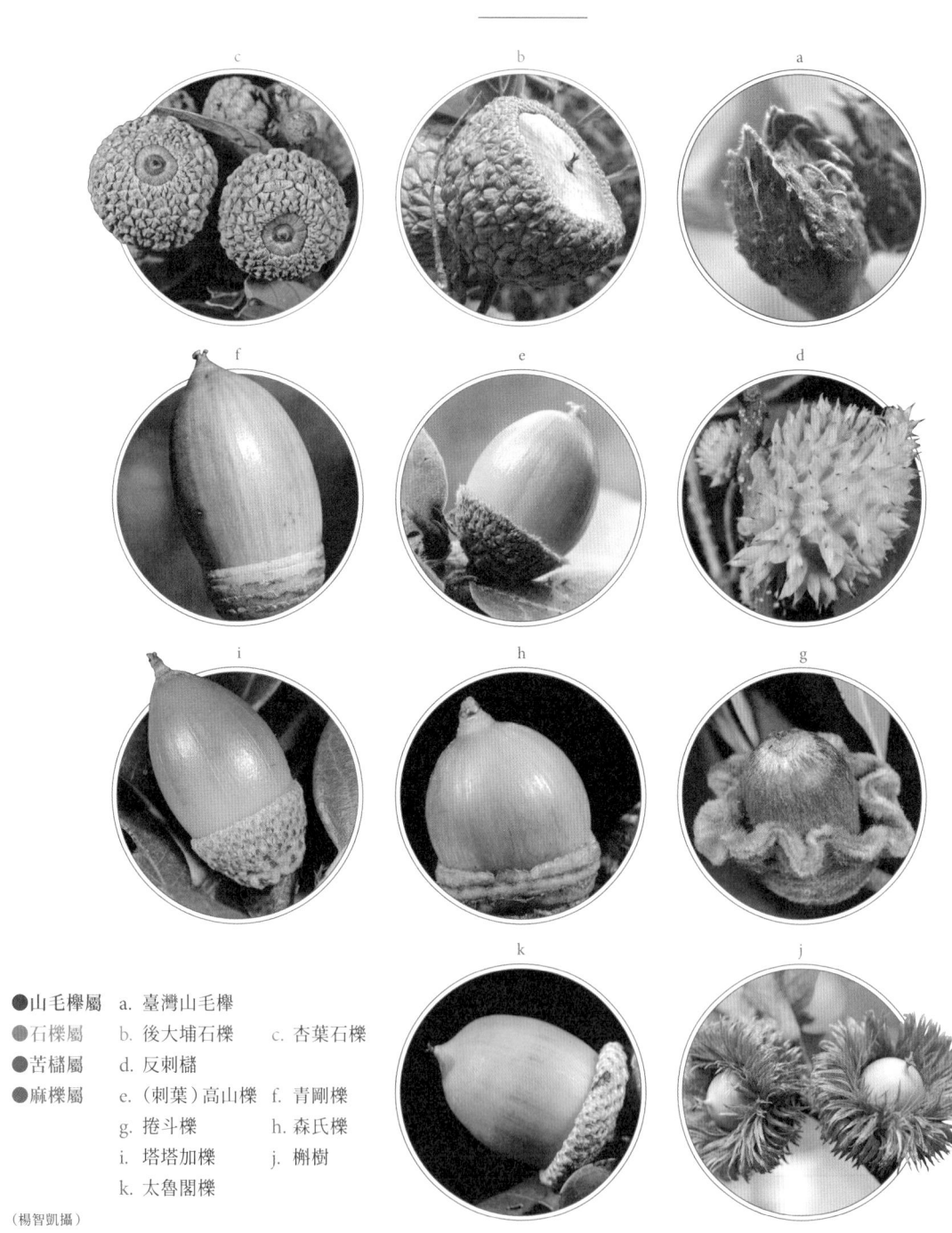

殼斗科樹葉

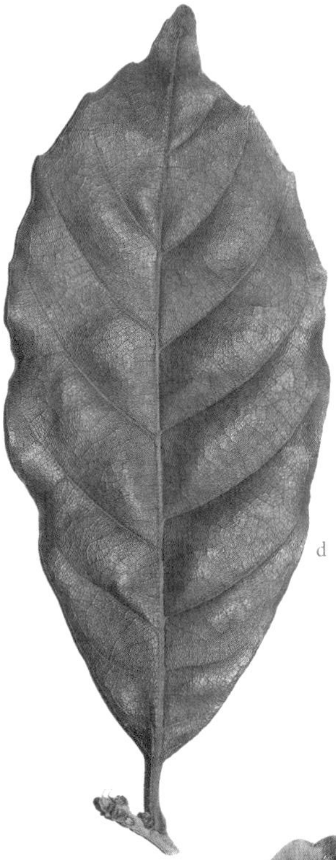

●山毛櫸屬 a. 臺灣山毛櫸
●苦櫧屬 b. 反刺櫧
●石櫟屬 c. 杏葉石櫟 d. 後大埔石櫟
●麻櫟屬 e. 青剛櫟 f. 捲斗櫟 g. 森氏櫟
h. 槲樹 i. 塔塔加櫟 j. 高山櫟 k. 太魯閣櫟

（楊智凱攝）

閃耀的樟林

樟樹林那獨特，明亮又飽滿的綠葉，緊密交織成優雅圓融的色塊，世上再也找不到一座綠色海洋，像此處一般繁茂可愛。

卜萊斯（William Price），

一九一二年，摘錄自《療癒之島》，溫佑君譯

對大部分歐美人士而言，所謂的森林就該是由橡樹、山毛櫸、楓樹（maple）、樺樹（betula）等溫帶落葉樹所組成。當秋天第一場降溫來到，它們的綠葉漸漸轉紅，在山谷和平原渲染上浪漫又華麗的色彩。儘管很快（也許不到兩週），燦爛的秋色就會被冷風洗盡鉛華，徒留遍野禿枝。北方的冬天冰雪交加，生命彷彿不被允許現身，也因此，若有什麼植物能在冬季仍保持翠綠，大抵會被人們視為吉祥或神聖之物。十八世紀，歐洲的博物學家旅行至低緯度地區，在那裡見到了終年常綠青翠的樟櫟林，他們在心中留下了讚美，認為那就是神話裡才會出現的發光森林。

其實嚴格來說，歐洲並非沒有常綠森林，只是那些林子要不是色澤暗沉的針葉

美國新英格蘭地區的溫帶林楓紅（游旨价攝）

樹林（德國俗稱黑森林），要不就是在地中海沿岸，由半乾旱氣候孕育而生的硬葉灌叢。[6]這種矮林裡的植物不僅葉片堅硬還帶刺，一點都不優美。在意象上，歐陸的常綠森林似乎難以與亞熱帶或熱帶樟櫟林匹敵，後者是如此明亮且生機盎然。歷史上歐洲人真正見到實質的神話森林，也許要追溯到大航海時代。當時來自葡萄牙與西班牙的殖民者，在伊比利半島外海和北非沿岸發現了加納利、馬德拉等群島，他們在這些島嶼的山上驚訝地發現亞述爾月桂樹（*Laurus azorica*）的森林。要知道，月桂樹（*Laurus nobilis*，亞述爾月桂的姊妹種）可說是歐洲人最熟悉的一種原生樟科植物，乾燥後的月桂葉帶有

6 歐洲地中海沿岸的硬葉灌叢林，chaparral，原是西班牙文，意思是騎士的綁腿，當騎士經過這種植被，因為遍地都是帶刺矮小的灌叢，十分刮腳，所以得穿上綁腿方便通行。

加納利群島的月桂林（黃建攝）

香氣，是重要的草藥與調味料；在希臘神話裡，月桂樹也代表「阿波羅的榮耀」，運動會或競技賽的優勝者會戴上月桂葉編織而成的環冠。儘管有著重要的經濟文化價值，月桂樹在歐洲卻只零星生長在地中海沿岸，很少形成森林。因此，當歐陸的殖民者在這些島嶼上找到月桂森林時，可以想見該有多麼驚喜（或許就跟日本人在臺灣看到紅檜、扁柏一樣的心情吧）。

在加納利群島的特內里費島（Tenerife），他們發現島上最高峰泰德山（Mt. Teide）上的亞述爾月桂樹長得十分高大，而亞述爾月桂樹生長的山區環境很溼潤，跟地中海沿岸的氣候相當不同。午後，當森林裡雲霧升起，蔓生山壁上的綠蕨，以及大樹幹上的苔蘚與松蘿掛著晶瑩的水珠。歐洲人理解到，原來月桂樹的森林，需要生長在水分與陽光都充足的地方，而這個世界上，也許還有其他地方跟泰德山一樣，生長著美麗又芳香的樟科植物。爾後，他們一如預期在熱帶遇見了更多樟科物種：在熱帶美洲他們帶回了酪梨，並追隨阿拉伯人的商船找到錫蘭肉桂的產地。十八世紀，樟科森林更成為一些博物學者在植物學上的謬思。一七九九年，洪堡與夥伴邦普蘭因緣際會來到大西洋的加納利群島，並攀爬了泰德山。作為南美洲傳奇之旅的前哨，洪堡意外地在這座植被多樣的非凡島嶼上，被美麗的月桂樹森林擄獲，首次體會到生物多樣性的繁複與美麗。洪堡在泰德山頂，透過雲海的間隙眺望泰德山北坡的植被：先是遠方山谷城鎮的橘子莊園與香蕉樹，接著是中海拔青翠的月桂樹林，然後是松林以及高山頂的多肉植物荒原，這種沿著海拔的植被變化激發了他之後對生物分布規律的思考。

離開加納利群島後，洪堡在亞熱帶南美洲見到更大片的樟科森林，裡頭的物種多樣性比歐洲的月桂林更豐富，從海濱蔓延到山地。他滿心喜悅，並給了它一個名字——桂葉之林（the Laurelsilva）。至此，歐洲的博物學者終究在熱帶與亞熱帶瞭解到，千年來他們對樟科植物的認識或許一直被家鄉所誤導，它並不是珍稀少見的類群，而是一個充滿眾多物種，能夠成為森林裡優勢[7]植物的類群。不論是在南美洲還是東南亞，每一種樟科植物也許都是未知的香料、潛在的美味水果或神祕的藥草。

由於氣候合適，臺灣自然也是樟科植物繁盛的島嶼，各屬加起來有將近六十餘

7 所謂的「優勢」，指的是森林分層裡族群個體數量最多，或存活個體總重量加起來最大（亦即生物量高）。

種，擁有豐富的物種多樣性。但除了樟樹、牛樟、山胡椒，一般人並不大認識其他的樟科物種。事實上，中國古代用來建設皇城的楠木（雅楠屬）也是樟科；在美國，做沙士的原料檫樹屬是樟科；更別提帶有濃郁辛辣香氣的肉桂屬植物，以及原住民族重要的調味料木薑子屬與新木薑子屬，它們在臺灣的山上都有許多種類；紅楠、香楠等楨楠屬的物種更是建構臺灣低海拔森林的主要樹種。形形色色的樟科植物為臺灣創造多采多姿的自然景觀與文化風情，很難想像少了樟科植物的臺灣森林，會變成什麼模樣。

可惜的是，雖說不是全然絕跡，但臺灣中低海拔的森林的確已經失去某種樟科植物的身影。就像傳說中紅檜組成的令人不可思議的巨木之森，臺灣的低山地區在文獻中也曾有過巨木林，那是整片由樟樹為主的美麗森林。對於樟樹，現代人熟悉的可能都是它被豢養在城市裡的模樣，[8]卻不曾知曉長壽而健康的樟樹在野外能有多高大，樹冠能有多飽滿。[9]在二百多年前的臺灣，高大的樟樹林曾環繞著中央山地，有著大面積的分布。

早於紅檜，臺灣天然樟樹的砍伐史或可追溯至清末。彼時人們砍樟樹，除了生活之用，主要還是為了煉製樟腦。樟腦在十九世紀是塑化工業以及無煙火藥的重要原料，因此被各國視為重要的經濟來源。日治時期，樟腦亦被視為臺灣島上最重要的經濟商品，日本人設置樟腦專賣局並大量砍伐樟樹。據當時估計，臺灣

8 過去半世紀來，因為具有經濟價值，人造的樟樹林仍散見於臺灣部分地區的淺山裡，加上其果實受鳥類青睞，在半干擾的荒山野地裡，仍可能出現樟樹。但臺灣已幾乎沒有大面積原生的樟樹林，更再也不見有著巨木林立的樟樹林。

9 健康成熟的樟樹很容易就可以超過二十公尺高，神木級的大樹可以達到四十公尺以上，目前世界最大的樟樹也在臺灣，就是南投神木村的樟樹神木，樹高四十六公尺，樹姿優美，可供世人弔想原生樟樹林的模樣。

山區有多達一百八十萬多棵的樟樹。日本人一直砍到終戰，國民政府又接著繼續砍。最終，超過兩個世紀的砍伐，百萬棵樟樹的壽命在這最後一波的伐潮中死盡。而見證過最後的阿里山紅檜林的卜萊斯，也曾為臺灣的樟樹林留下了文字，他說那是一片光輝、翠綠溫暖如海洋的美麗森林。

日本時代，臺灣島天然樟樹可能分布圖

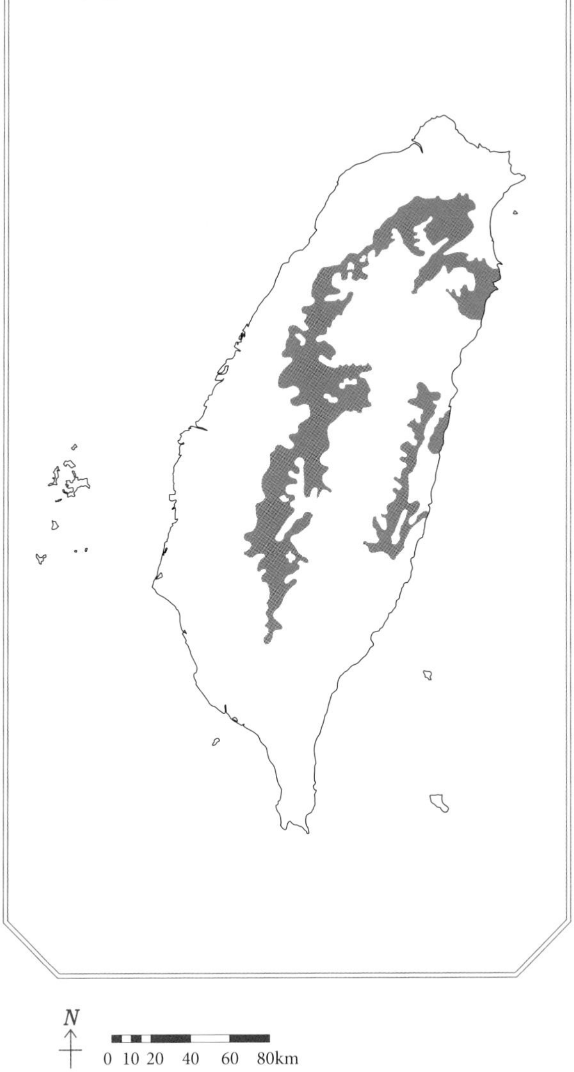

柳志昀重繪，來源：臺灣之樟樹資源現狀與展望，《生物科學》第五十一卷第二期，二〇〇九。

樟樹的學名

記得念森林系時，第一個要背的裸子植物拉丁文學名是臺灣杉，而被子植物則是樟樹：「*Taiwania cryptomerioides*」、「*Cinnamomum camphora*」是我至今不曾或忘的兩個名字。然而二〇二二年十月，樟樹卻換了學名，變成「*Camphora officinarum*」。這個更動，許多人或許會感到意外，但對特別鑽研樟樹的專家來說，這個學名的變更其實在意料之中。

在親緣關係學進入DNA分析的時代之前，樟屬是一個大家族。分類學者依據繁殖器官形態的相似性將樟科中的一大群物種放入樟屬底下。其中可再依據花部構造的細節還有營養器官的差異，最主要分為四大類：甜樟支序、樟支序（分布在亞洲和澳洲）、肉桂支序（分布在亞洲、美洲）和所有特有在美洲的非肉桂支序。千禧年之後的二十多年間，基於樟屬在各地的經濟價值，美洲與亞洲的研究人員相繼分頭對這個大家族進行DNA分子親緣關係的再探究，沒想到結果竟讓人頗感意外。在取樣範疇裡，研究人員發現代表樟支序的物種居然不是和另外兩個樟屬支序親緣關係最近，而是檫樹屬。[10]當二〇一七年歐洲主導的樟科研究團隊率先將樟屬中的美洲支序獨立成杯托樟屬後，樟屬這個大家族開始崩解。二〇二〇年學者將分布在非洲的甜樟支序物種獨立成碗托樟屬，而其他美洲的甜樟支序物種則確認為甜樟屬，是樟屬大家族其他三個分支的姊妹群。

而二〇二二年的樟樹學名變更事件，同

10 檫樹屬的物種不僅是飲料「沙士」的原料之一，也是臺灣寬尾鳳蝶與中華寬尾鳳蝶幼蟲的食草。

樣是在這個脈絡底下發生的。東亞植物學者基於碗托樟屬的分類處理，還有新的DNA分子證據，將樟支序從原本的樟屬大家族中獨立出來。因為包含了樟樹這個明星物種，因此樟支序繼續沿用「樟屬」的中文名；而樟屬大家族裡頭最後一個分支——肉桂支序，也就順勢將中文名改為「肉桂屬」。[11] 儘管學名更動在分類學界是常事，但某些物種或類群的學名，基於經濟價值和歷史人文的重要性，在變動學名之前，通常會盡可能積累各方面的證據，爭取一次到位，避免後續對社會資源的浪費。像是樟樹，不只在臺灣，在日本、南韓、越南和中國大陸南方都是非常重要的園藝和經濟樹種。其學名更動，可以想見會對不同地區的社會帶來影響，不可不慎。

最後，有意思的是，雖然樟樹的拉丁文屬名如今不再是「*Cinnamomum*」而是「*Camphora*」，但事實上後者的詞源本就是「樟腦」，而前者則是肉桂卷的肉桂。因此，以前的樟樹學名「*Cinnamonum camphora*」中文直譯是樟腦肉桂，聽起來就像有樟腦味道的肉桂，有點不倫不類。現在新的學名「*Camphora officinarum*」，種小名「*officinarum*」的詞源在新拉丁語[12]裡是由藥師自營的藥鋪，整體學名中文直譯是藥師的樟腦，似乎更為貼近我們對樟樹的認知呢。

備注：本說明裡的樟分支，可對應於過往分類學裡的樟組（*Cinnamomum* Sect. *Camphora*）成員，然而如今並非所有的樟組物種都被轉入新的樟屬（*Camphora*），像是原本樟組裡的長柄樟（*Cinnamomum longipetiolatum*）、岩樟（*Cinnamomum saxatile*）一開始被分類學者錯放入到樟組裡，現在則發現它們是肉桂組的成員，因此自然也就沒有被搬移到樟屬，而保留在肉桂屬（*Cinnamomum*）。

11 在中國則傾向稱為桂屬。

12 新拉丁語指在文藝復興時期之後，二十世紀前這段時間在學者間與科學文獻上使用的拉丁文。在文藝復興時期拉丁語作家，因不滿中古拉丁語脫離古典拉丁語發展，以古典拉丁文為範式，尊崇古典作家的文法規範，發展出語言上更為「純潔」與「古典」的新拉丁語。

臺灣山地樟櫟林的起源

自海拔三千英尺起，樟屬和石櫟屬的喬木構成了一片豐美森林，林中生長著藤本植物，附生的蕨類、蘭花與苔蘚。而森林底層也生長著美麗的大型樹蕨，優雅的星狀蕨，野生的芭蕉、菖蒲、姑婆芋，它們最終一同組成了一個熱帶植被的光輝典範。

早田文藏，《臺灣高山植物誌》，一九〇八年

記得大學時，校園裡我最喜歡的植物就是樟樹。春日裡，我喜歡騎著腳踏車在椰林大道上看著它們新長的粉綠樹冠，盛夏時分凝望它們在日光照耀下婆娑的樹影。當看過早田文藏、威爾森和卜萊斯的文字，尤其說到高大的樟木，我便忍不住想起南投神木村裡那棵樟樹公神木，祂筆直黝黑的樹幹宛若岩石，樹冠極高，和高大的針葉樹一樣英俊。樹梢上，閃亮輕盈的葉片襯著藍天，畫面如此夢幻、祥和。一個世紀前的植物學者以及植物獵人筆下的樟樹巨木森林，裡頭是不是矗立著千百棵像樟樹公一樣的大樟樹？我在心中不禁嚮往起來。

如今，天然樟樹林已不復見。它們棲息的生育地大多由人為種植的樟樹、油桐、

楓香、相思樹、竹林所占據，偶爾間雜著一些原生的樟科與殼斗科物種。斑駁的次生林接替了樟林成為土地的守護者，也成為我們逐漸熟悉的淺山風景。想到有生之年難以見到天然的樟樹林，心中不僅感嘆，也讓我意識到自己對臺灣自然史的陌生。許多事物還沒有機會接觸，便只能憑弔。

臺灣為何曾有滿山遍野的樟樹？山林裡的殼斗科物種又為什麼多樣性如此高？這些議題其實都引導著我們通往一個核心的叩問：臺灣山林樣貌主體之一的樟櫟林，它是從何處而來，又是如何形成的？

想要回答這個問題並不容易。對於熟悉森林的人來說，森林不僅有地域性，它的建構也和一地的生物相歷史脈絡緊密相繫。森林不是一個恆久不變的個體，而是持續變化中的生物群落。隨著時間推移，森林中的植物種類也在變化，不同的植

南投神木村的樟樹神木（游旨价攝）

物進入森林的時間都不同。尤其，自上新世（二百五十八萬年前）以來全球多數森林反覆受到冰河期的干擾與破壞，導致許多在森林自然史上扮演重要角色的物種都已滅絕。因此，目前想要回溯任何一座森林的過去，其實都非常困難。然而，得天獨厚的，臺灣山地樟櫟林因其所屬的森林類型，使得它在回答自然史問題時又比臺灣其他森林類型更具一些優勢。

在學術上，臺灣的山地樟櫟林可以被歸類到一種名為**亞熱帶常綠闊葉林**的森林類型（除了亞熱帶低海拔地區的森林之外，**此處亦包含了熱帶山地的樟櫟林**）。這類森林如今主要分布於**東亞**（長江以南、日本九州島與琉球群島、臺灣）、**北美洲東南角**和**中美洲**沿海地區，其中又以東亞的面積最大，物種多樣性也最高。在臺灣，亞熱帶常綠闊葉林主要以雨林[13]、季節性森林（seasonal forest）[14]和山地林（montane forest）[15]等三種林型組成。其中，亞熱帶季節性常綠闊葉林、山地常綠闊葉林正是組成臺灣「山地樟櫟林」的主要單元。基於兩者間的從屬關聯，追溯臺灣山地樟櫟林的起源必然得先追溯東亞亞熱帶常綠闊葉林的起源。

與東亞其他森林類型相比，亞熱帶常綠闊葉林的起源研究具有某些優勢。首先，在過去的地質年代裡，亞洲熱帶、亞熱帶地區因為受到冰河期的影響較少，[16]森林裡大多數的優勢物種都從冰河期裡倖存下來（不論

13 也稱亞熱帶雨林，主要分布在臺灣南部低海拔的溝谷中。森林層次較複雜，樹冠也較凹凸不平，林中常有大型木質藤本植物，有些物種會有板根、老莖生花等熱帶植物的特色。優勢樹種主要是榕屬和楨楠屬的物種。

14 亞熱帶季節性常綠闊葉林是低海拔山地樟櫟林的主體，是一種雨量及氣溫均有季節變化的闊葉樹森林，為臺灣亞熱帶地區的地帶性植被。這類森林也出現在武夷山、南嶺、雲貴高原、橫斷山南部與喜馬拉雅山東部。組成這類森林的主要喬木是殼斗科苦櫧屬、樟科楨楠屬的物種。

15 亞熱帶山地常綠闊葉林主要分布在海拔八百至二千三百公尺的山地雲霧帶，全島可見。年降雨量高、溼度高，冬季降雨雖少卻不至於乾旱。森林外貌、組成樹種與東亞大陸的典型常綠闊葉林極為相似，樹冠整齊一致，分層明顯，建構森林的喬木以殼斗科的苦櫧屬、麻櫟屬和石櫟屬物種為主。

倖存的族群數量大小），因此亞洲亞熱帶常綠闊葉林重建出來的自然史會相對完整一些。其次，與熱帶雨林不同，亞熱帶常綠闊葉林中優勢喬木的物種集中在特定分類群中，[17]尤其是在山地常綠闊葉林，其中由特定物種組成純林的情況十分常見（例如泰德山上的月桂林、臺灣曾經有的樟樹森林）。通過追溯優勢樹種的演化和傳播歷史，不僅簡化了探索的範圍，也得以快速勾勒出森林的歷史演變過程。

樟樹不但是臺灣亞熱帶常綠季節性闊葉林的優勢樹種，也廣泛分布在東亞。由於臺灣海峽曾多次成為生物傳播的陸橋，許多人都認為臺灣的樟樹最有可能是源於東亞大陸。這個推論雖然在近期的遺傳研究裡被間接證實，但由於樟樹長期被東亞人民廣泛栽植與利用，原生天然族群不僅稀少更難以判定，因此相關研究在取樣上都可能存有潛在的問題。目前研究人員的權宜之計，也只能在分析時盡量使用野地裡的老樟樹，盡可能排除人為的干擾。

另一方面，經常在山地常綠闊葉林裡成為優勢喬木的石櫟屬物種，除了臺灣特有種之外，從遺傳上來看也大抵最有可能源自東亞大陸（雖然其中也有像杏葉石櫟這樣起源地仍待確認的物種，因為它同時分布在東亞大陸、臺灣和東南亞地區）。近年來，愈來愈多關於臺灣山地樟櫟林和東亞亞熱帶常綠闊葉林間的同源性從DNA資料中得到支持，像是反刺苦櫧、臺灣雅楠、霧社木薑子等樹種，有些研究人員甚至認為它們從亞洲大陸向臺灣傳播的次數可能不只一次。

16　據古氣候模型推估，華南地區在末次冰盛期年均溫大約比現在低攝氏五至九度。

17　以範圍最大的東亞亞熱帶常綠闊葉林來說，樟科、殼斗科、茶科和木蘭科是大宗。而構成熱帶森林的樹種則豐富多樣，全球範圍內，以無患子科、豆科、漆樹科、橄欖科等較為常見。

雖然從地理位置來看，這樣的推論或許並不讓人意外，但臺灣山地樟櫟林有個特色卻可能令人大吃一驚——儘管臺灣山地素以特有生物聞名，但山地樟櫟林裡的優勢喬木卻大多不是特有種，而是與**東亞大陸共有的樹種**。甚至，森林學者更在調查中發現，山地樟櫟林裡的植物其實泰半皆如此。尤其在不遠處的南嶺、武夷山脈等地，那裡的亞熱帶常綠闊葉森林大多由樟科楨楠屬、木薑子屬或殼斗科麻櫟屬、石櫟屬的大樹所組成，與臺灣如出一轍。但有意思的是，這些東亞大陸共有的樹種往往也出現在日本列島的九州島及琉球群島、朝鮮半島、中南半島，分布十分廣泛。除了前面提到的杏葉石櫟，青剛櫟也同時分布在上述所有提及的地區內。雖然亞洲的亞熱帶常綠闊葉林從冰河期中倖存下來，但因為森林裡優勢物種少，物種演化歷史長，各地族群之間的交流十分頻繁，整個亞洲各地的亞熱帶常綠闊葉林不僅組成的科、屬相似，就連同域分布的物種也不少。以上種種情境似乎都在暗示我們，臺灣山地樟櫟林的地理起源地其實可能不只一處。畢竟，樟科、殼斗科植物的種實極具營養，容易被動物取食並傳播，它們往來大陸與島嶼之間的潛力本來就比其他植物類群高了些。有鑑於此，關於臺灣樟櫟林的起源之處，若只將說法局限於東亞大陸，不僅流於武斷，最終或許也無法真正回答我們心中的疑問。

常綠闊葉林在東亞

屋久島（游旨价攝）

上　大雪山林道上的殼斗科花期，花期多集中在二到四月。（楊智凱攝）　下　南嶺常綠闊葉林花期（黃健攝）

上　橫斷山南部哀牢山（游旨价攝）　下　喜馬拉雅東部（墨脫地區）（黃健攝）

日本列島的樟樹

東亞樟樹真正的天然分布，因為人們大量的使用與栽培而無法摸清範圍，尤其是日本列島南部的樟樹。一些日本植物學家認為這個物種是從中國引進的。歷史上，人類從亞洲大陸往日本列島的移民至少有兩次，並在早期和晚期分別產生了繩文文化和彌生文化。繩文人的遷徙可追溯到一萬二千至二萬年前。他們曾被認為是狩獵採集者，但最近的研究表明，他們在村莊附近管理栗子和七葉樹屬等樹種。然而，百分之八十的繩文人居住在日本東北部，自從日本海陸橋在大約一萬二千多年前消失，他們就在日本列島上被隔離了數千年。彌生人的遷移則可追溯到大約四千年前。彌生文化的特點是水稻農業和頻繁與亞洲大陸間的交流。考慮到日本人的起源和他們的文化特徵，如果日本的樟樹真的並非原生的話，從亞洲大陸人為引進樟樹的時間最早可以追溯到大約四千年前（彌生時期的開始），但絕不會超過一萬二千至二萬年前（繩文時期的開始）。在基因體遺傳學的研究裡，日本列島的樟樹族群和東亞大陸／臺灣的分化明顯，且分化時間至少可以追溯到約一萬二千年前，但最可能的估計是五萬至三十五萬年前。由此可以合理地得出結論，樟樹應該是原生於日本列島，由人類引進的可能性較低。

八百萬年來的風——山地樟櫟林的擴張

植物學者／獵人威爾森曾說：「福爾摩沙真是名副其實的東方之珠，她最美麗的，是生機蓬勃的樟櫧森林，以及生長在崎嶇陡峭高山上的巨大檜木與挺拔的臺灣杉。」其中的「櫧」，指的就是殼斗科苦櫧屬物種，而樟櫧森林顯然也是在指稱臺灣的山地樟櫟林。其實不只威爾森，許多博物學者與植物獵人都曾在著作裡提過山地樟櫟林，認為它是東亞十分美麗的一種森林群落。在他們的描述裡，山地樟櫟林樹冠細密相連，遼闊的冠層也沒有太大的起伏；光潔的葉片，映著日光，遠遠看去就像一片閃耀的綠色海洋。在威爾森等一眾博物學者來臺的年代，山地樟櫟林顯然為他們帶來了美的衝擊，但當時他們對於山地樟櫟林的誕生與演化卻所知甚稀。臺灣為什麼能夠得天獨厚地擁有這樣一片美麗的森林？時至今日，我們已經知道這並非上天對我們的島的偏愛，而是地球環境在內外營力驅動之下所衍生的一種結果。

如前所述，臺灣的山地樟櫟林是東亞常綠闊葉林的一種類型。想要追溯它的起源，必得先瞭解東亞常綠闊葉林的時空演化歷史。從地理分布來看，東亞常綠闊葉林的範圍十分遼闊，但主體仍在亞熱帶地區（北緯二四至三二度和東經九九度至一二三度間）。在亞熱帶，這類森林孕育了令人印象深刻的物種多樣性，也庇蔭了許多冰河孑遺的譜系（臺灣山毛櫸，以及著名的鐘萼木、昆欄樹等）。過去半個世紀來，許多學者除了將研究聚焦在這種森林的起源，對於它的擴張與形成歷史很感興趣。一來，因為它分布之處，正是東亞最人口稠密與富庶的地帶；二來，森林裡許多樹種都是優良的經濟林木，極具應用價值。在許多學者眼裡，東亞常綠闊葉林之所以能夠穩定地擴張與繁衍，除了在冰河期時逃過大範圍冰棚覆蓋的威脅外，另外一個決定性的因素是東亞整體溼潤的大環境。森林系的學生都深知，森林是水的故鄉，但水更是森林的母親。夏季，由西太平洋吹往陸地的海洋季風為東亞帶來綿綿不絕的水氣，替植物營造有利於生長的環境。長久以來，學者們不斷想驗證，在宏觀歷史上，東亞季風是否真的與東亞常綠闊葉林的擴張有所關聯，卻始終受限於資料與分析技術，到不久前都還夙願未償。

二〇二二年，研究人員在此問題似乎終

四川盆地東部雅安地區的野生鐘萼木大樹（張一攝）

於有新的突破。通過DNA定序技術，他們從東亞常綠闊葉林裡挑出了二百九十一個優勢分類群（根據粗略的統計，東亞常綠闊葉林裡有大約二千九百個開花植物分類群，分別隸屬於一百四十七個科和七百六十個屬。而此取樣約占所有分類群的百分之十），為它們個別進行親緣關係的重建以及定年分析。然後透過綜合分析（meta-analysis）的方法，統整出了東亞常綠闊葉林發育的時間規律。他們發現，東亞常綠闊葉林裡大部分的優勢木本類群都可能起源於晚漸新世至早中新世之間（例如殼斗科苦櫧屬、茶科木荷屬、樟科楨楠屬），而各優勢類群之中，物種多

東亞常綠闊葉林分布圖

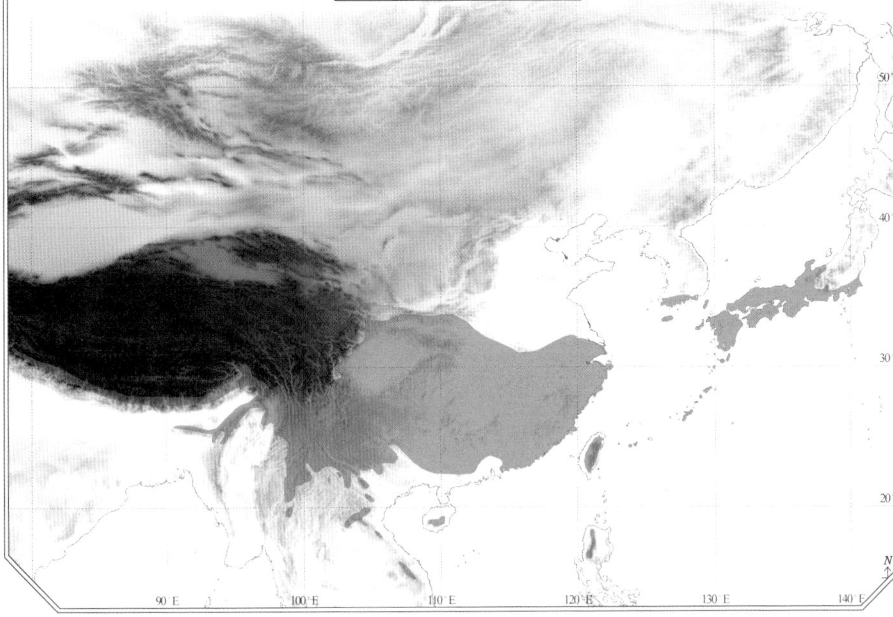

柳志昀重繪，分布區範圍由黃健確定。

樣化的時間則都稍晚一些，落在中新世晚期（大約八百萬年前）。這兩個時間點十分關鍵，因為晚漸新世至早中新世之間正是東亞夏季風可能形成的時代，而中新世晚期則大約是地球科學學者推論的東亞夏季風強度增強的時代。無疑的，時間上的耦合關係間接支持了研究人員的假說，凸顯東亞夏季風對亞熱帶常綠闊葉林的擴張與多樣化的重要影響。不過，儘管這個初步結果令人興奮，但研究人員並不滿足於僅使用優勢類群所取得的結果，他們想用優勢類群之外，更多的類群測試這個時間規律。意即，他們想知道整片森林中，每個植物類群的物種多樣化歷史是否都集體起始於中新世晚期。研究人員的雄心壯志，對我來說或許反映的是東亞生活圈對常綠闊葉林的關注。就像溫帶殼斗科的落葉林對歐美諸國產生的影響，東亞居民的文明與文化數千年來也受到東亞常綠闊葉林的呵護。

八百萬年來東亞季風的吹拂，維持並守護了東亞常綠闊葉林的生長（尤其是在亞熱帶地區），更促生了許多如今組成臺灣山地樟櫟林的優勢類群。但在八百萬年之前至晚漸新世之間，海洋季風尚未深入東亞地區，化石證據告訴我們，東亞許多地區曾盛行著半乾旱的氣候。當時亞熱帶常綠闊葉林仍處於胎兒的階段，而東半球的常綠闊葉林主要分布在熱帶地區。究竟晚漸新世以來，東亞是否發生了什麼重大的環境變遷事件？將本該荒煙蔓草，一如北半球其他亞熱帶地區的東亞，轉化爲至今日萬物向榮的模樣？過去半個世紀，學者們在遼闊的亞洲大陸上小心翼翼地挖掘化石和石頭，試圖向過去尋找線索。他們靠著滅絕生物以及它們與環境之間交互作用遺留下的痕跡，不斷地歸納出一個結論：巨變確實存在。然而，意外的是，這些來自已逝之物的線索也同時指出了引發巨變的源頭。位於東亞內陸，一塊舉世無雙的高原的隆起，扭轉了整個東亞的氣候與生靈的命運。

照葉林與照葉林文化觀

雖然主體是溫帶島嶼，但日本列島南部也是亞熱帶常綠闊葉林的分布地，包括九州島以及琉球群島，其中世界自然遺產屋久島就是日本亞熱帶常綠闊葉林的代表。許多日本林業研究人員喜歡稱其為照葉林(Lorbeerwalder; the laurell forest)。這是一個有趣的專業術語，常見於日本與漢語林學或植被學研究。**照葉**二字係指閃耀著光芒的葉片，在與亞熱帶常綠闊葉林結合後，指的是森林裡優勢的樟科、殼斗科植物葉片表面所具有的光澤。

有趣的是，這份光輝本身凸顯了亞熱帶常綠闊葉林裡植物類群的獨特之處。相較於熱帶地區，亞熱帶的陽光雖然同樣充沛，在降水量上卻不見得跟熱帶一樣充盈，有些時候，為了減少水分蒸散，這些樟科與殼斗科的森林大樹的葉片表面上大多覆有蠟質，而成為葉片反光的原因。這樣的特色事實上在森林中下層也同樣可見，在樟科、殼斗科的大樹下，其他的小型樟科類群像是楨楠屬、木薑子屬的物種，茶科的山茶屬、五列木科的柃木屬、厚皮香屬、紅淡比屬，五味子科的八角屬，木犀科的木犀屬、女貞屬以及冬青科的冬青屬等等，許多物種都具有防止蒸散損失的蠟質葉片，讓整座森林在晴日時分由內而外都閃耀著光芒。

另外，東亞的亞熱帶常綠闊葉林在文化人類學裡，也曾經與當代日本人的尋根事件有所關聯，形成了一個有趣（卻殆有爭議）的假說——照葉林文化論。

現代日本人對於尋找其民族的根源十分熱中。但在深入探討這個議題時，需要注意關於起源二字可能代表著兩層意義。其一，這個起源可能是在探索石器時代便居住在日本列島的古人類及其活動的遺跡；其二，則是去追溯具有當代日本文化特徵的直接祖先，即日本文化的源頭。關於前者，日本學者早自考古學的證據中歸納出日本列島在更新世時期便有舊石器時代人類活動的痕跡，他們具有類似的文化特徵而被統一稱作繩文人。然而繩文人與現代日本人之間的血脈關係一直備受質疑，到近年的古人類ＤＮＡ分析結果出現終有所定論。

遺傳學研究證實，繩文人不僅是多起源，且和現代的日本人在遺傳組成上差異很大，但有趣的是，ＤＮＡ分析也指出現代日本人也非單一種族，是由多個民族融合而成。其中，在現代日本人遺傳組成上占據最大比例的是彌生人的基因。彌生人是西元前十世紀到西元三世紀間從東亞大陸往日本列島遷徙的移民集團，與繩文人無論在文化還是體質上都有明顯區別。彌生人的文

上　日本青森三內丸山遺跡是繩文文化目前發現最大的聚落，距今四千至五千五百年前。（莊瑞琳攝）
下　茨城縣泉坂下遺跡發現的人面壺型土器，屬彌生時代中期，西元前二世紀至西元二世紀。
來源：MChew／Wikimedia Commons

化被認為對日本本土文化的影響甚鉅，也因此彌生人的起源一直是人類學與考古學關注的重點。在諸多假說裡，有少部分學者認為彌生人與東亞大陸亞熱帶地區的許多民族具有文化共性，而這個共性源於他們居住的自然環境——亞熱帶常綠闊葉林（照葉林），一九六六年中尾佐助[18]在闡明栽培植物與農耕起源的書中第一次提出照葉林文化觀，並認為這是一個融合植物生態學、作物學與民族學等跨領域證據來解釋彌生人血脈與文化起源的假說。照葉林文化觀的思想內容，在佐佐木高明[19]的解釋如下：

喜馬拉雅山南坡海拔自一千五百至二千五百公尺一帶分布著和日本非常相似，以常綠闊葉樹為主的森林。這種森林分布於喜馬拉雅

18 中尾佐助（1916-1993），昭和後期至平成時代的栽培植物學者，對亞洲和非洲栽培植物的起源進行廣泛的學術研究，曾指出日本農業文化的起源與南亞照葉樹林文化的關係。他的名言是：「我是亞洲人，所以我被文化之母林所吸引。」

19 佐佐木高明（1929-2013），日本的民族學者，國立民族學博物館名譽教授，照葉樹林文化論的主要提倡者之一。引文出自佐佐木高明所著，汪洋、何薇譯《何謂照葉樹林文化論》（貴州：貴州大學出版社，二〇一七）。

南部、阿薩姆、東南亞北部山地、雲貴高原、長江南側的山地和日本西南部，覆蓋了整個東亞的暖溫帶。構成這片樹林的樹種以櫟樹、柯樹、楠樹和茶樹為主，全是常綠喬木，樹葉表面會像山茶樹那般閃亮，被稱為照葉樹林。很多民族居住於照葉樹林帶，他們的文化中存在著很多共同的要素。

新潟縣信濃川流域出土的火焰型土器，是繩文文化的代表文物之一，約西元前三千多年至二千多年前。來源：開放博物館

後記　山地樟櫟林裡的漂泊之鳥

十九世紀末，德國青年發起漂鳥運動（Wandervogel，Wander是漂泊，Vogel是鳥），學習候鳥精神，在漫遊自然中追尋生活的真理，在自然中歷練生活的能力，創造屬於青年的新文化。……比起德國來，我們有更多的自然環境可供年輕人去

投入、去學習、去體驗，從平易的丘陵小溪地帶到崢嶸的高山深谷，有許多原住民部落間的小徑，或舊時的步道可供選擇，加之氣候溫和，要做一隻「漂鳥」實在太容易了。

楊南郡，〈漂鳥精神〉，一九九三年

剛加入登山社時，我很驚訝社團活動的多元性。社團裡的隊伍分為四大類，有適合大多數人參加的郊遊踏青行程（像是陽明山健行），也有在山野中尋找被遺忘的文明遺跡（如日治時期的古道、伐木工作的遺跡等）的隊伍，有循著溪流溯源而上的溯溪，也有在岩壁上追逐刺激的技術攀登。爾後，閱讀了楊南郡老師所寫的〈漂鳥精神〉一文，我對臺灣登山多元性的本質有更深刻的想像。自大學開始爬山的這十多年來，我幸運地找到自己酷愛的登山方式——探勘山地森林，而亞熱帶常綠闊葉林正是我許多趟探勘的主角。我清楚知道比起在深山裡尋覓文明的殘輝，自己對臺灣山地森林的野性與美麗更為共感。

如今，儘管長時間在外地工作，但腦中仍收藏著幾片關於島上亞熱帶常綠闊葉林的回憶，它們共享著類似的氛圍，諸如交織著代表各個物種多樣綠色的林子，透著潮溼卻不帶霉味的空氣，飄在空中似霧非霧的細緻水珠無聲地將清晨的日光淡化成迷濛的光暈。透過那層光暈，我彷彿看見大學時代在山中踽踽前行的自己。

二〇一〇年的農曆年假，為了訓練社團直屬學妹在野外長程勘查的能力，我與夥伴組了一支七天的登山隊伍，計畫從臺東的比利良入山，沿著肯都爾山的東稜線一路攀登到中央山脈主脊。在那裡我們將探查一個名為紅鬼湖的小型池沼，並順訪小鬼湖（巴油池），然後自加大奈山越過喀特博拉溪，從知本林道下山。準備路線時，記得光是在地圖將路線所經的山峰找出來，就讓我興奮不已。這些宛如咒語的山名，從來不曾出現在我生活的平地世界，也暗示著這片山區少有人煙，可能生長著美麗的原生森林。第一天，當我們翻過標高一九四六公尺的肯都爾山最高峰，低海拔一帶受人為干擾的次生林與人為痕跡便如預期般消失，取而代之的，是由樟、櫟大樹所組成的森林。它們明顯是楨楠屬或麻櫟屬的物種。原本，它們在臺灣淺山是常綠闊葉林裡的優勢類群，如今卻只在深山老林中才能見到大樹。同行的森林系學姐隨手從地上撿起一支尚未腐爛的帶果枝條，端詳了一下說是青剛櫟。我想到以前在電視節目上看過介紹說，青剛櫟是臺灣黑熊的主食之一，頓時心中有些緊張。不過學姐反倒笑起我來，她說山裡的熊看到我們更害怕。

萬物俱寂的深冬，山裡大霧瀰漫，唯有植物透著蓬勃生意，它們的綠葉被東北季風帶來的水氣浸潤，泛著健康明亮的光澤。視野中許多大樹的主幹披著翠綠的苔蘚，高處則攀附著蘭花與蕨類。倏地，學妹驚呼著山坡下的溪谷中有一棵盛開的緋寒櫻，緋紅色的花朵絢爛綻放就像是一朵無聲的煙花。當日，我們睡在那棵櫻花樹下。煮炊晚餐時，頭頂時不時飄下幾片落櫻，如果沒有螞蝗的騷擾，我想應該是無比浪漫的畫面吧。

接下來兩日，我們踏著緩慢的步伐，持續朝中央山脈主脊推進。這之間，東北季風不曾停過，帶來不知盡頭的綿綿細雨。但奇怪的是，儘管天候不佳，我卻不覺得沮喪，因為沿途毫無人為痕跡的森林景致令我沉醉，就連原本第一天入山時，聞起來似乎帶有些腥臭味的潮溼土壤，如今也不再嫌棄。不過，如此環境卻苦了同行的一位日本人，他叫舟橋史晃，是京都大學來臺大的交換學生，這是他第一次的臺灣山行。舟橋出生並成長於日本中部的崎阜，那是一個著名的山岳之鄉。雖然登山經驗不豐富，但由於從小就在野地裡玩耍，這趟旅程他在體能上算是遊刃有餘。然而，他沒料到的是，自己竟會被腳上的鞋子陷害。不像我們穿著橡膠雨鞋，舟橋穿的是一雙硬底登山鞋。一路上，他總受苦於淹沒鞋身的

麻必浩林道的霧社楨楠。楨楠屬是臺灣低海拔森林常見物種，廣泛分布於東亞亞熱帶地區。（謝牡丹攝）

爛泥，還有順著雨褲邊緣滲入鞋中的雨水。每天六小時以上的行走與攀登，他的腳底板終於被磨出了巨大的水泡。

旅程後半段，舟橋舉步維艱，我們在一旁也看得怵目驚心，心疼之餘，卻也愛莫能助，只能每晚在營地幫他清理傷口和上藥。不過愁眉苦臉的舟橋卻在見到一棵大樹後展開笑顏。那是一棵特別粗壯的森氏櫟大樹，它的扇形樹冠鋪天蓋地，枯葉在我們腳下鋪疊厚重柔軟的地毯。舟橋那時是一位研究土壤微生物的博士生，對於腳下的大地比對植物本身要有興趣得多，但那棵不知活了幾百年的參天大樹讓平時總是低頭觀察土壤的他抬起了頭。舟橋說，這棵樹讓他想起家鄉的森林。如今想來，他的家鄉，應該也分布著山地樟櫟林吧。如果是在深山裡，應該也長著跟眼前一樣的殼斗科大樹。

肯都爾山的山旅雖然只是自己巡遊臺灣山地原始林的回憶之一，但自己對這趟登山格外印象深刻的原因，其實是來自於舟橋的話。藉由一位外地人的感受，我才深刻察覺到這片森林所蘊含的，能夠牽連起不同地界的壯闊本質。

參考文獻

Diversity of temperate plants in east Asia. *Nature* 413: 129–130 (2001).

Evolution of Asian monsoons and phased uplift of the Himalaya–Tibetan plateau since Late Miocene times. *Nature* 411: 62–66 (2001).

Late Neogene history of the laurel tree (*Laurus* L., Lauraceae) based on phylogeographical analyses of Mediterranean and Macaronesian populations. *Journal of Biogeography* 36(7): 1270-1281 (2009).

Phylogeography of a widespread Asian subtropical tree: genetic east–west differentiation and climate envelope modeling suggest multiple glacial refugia. *Journal of Biogeography* 41(9): 1710-1720 (2014).

Phylogeography of Quercus glauca (Fagaceae), a dominant tree of East Asian subtropical evergreen forests, based on three chloroplast DNA interspace sequences. *Tree Genetics & Genomes* 11: 805 (2015).

The phylogeography of *Fagus hayatae* (Fagaceae): genetic isolation among populations. *Ecology and Evolution* 6(9): 2805-2816 (2016).

Origins and evolution of cinnamon and camphor: A phylogenetic and historical biogeographical analysis of the *Cinnamomum* group (Lauraceae). *Molecular Phylogenetics and Evolution* 96: 33-44 (2016).

Natural genetic differentiation and human-mediated gene flow: the spatiotemporal tendency observed in a long-lived *Cinnamomum camphora* (Lauraceae) tree. *Tree Genetics & Genomes* 13: 38 (2017).

Nuclear and chloroplast DNA phylogeography suggests an Early Miocene southward expansion of Lithocarpus (Fagaceae) on the Asian continent and islands. *Botanical Studies* 59: 27 (2018).

The relationship between niche breadth and range size of beech (*Fagus*) species worldwide. *Journal of Biogeography* 48(5): 1240-1253 (2021).

Diversification of East Asian subtropical evergreen broadleaved forests over the last 8 million years. *Ecology and Evolution* 12(11): e9451 (2022).

Phylogeny and biogeography of Fagus (Fagaceae) based on 28 nuclear single/low - copy loci. *Journal of Systematics and Evolution* 60(4): 759-772 (2022).

Comparative chloroplast genome analyses of diverse *Phoebe* (Lauraceae) species endemic to China provide insight into their phylogeographical origin. *PeerJ* 11: e14573 (2023).

Phylogeny and taxonomy of *Cinnamomum* (Lauraceae). *Ecology and Evolution* 12(10): e9378 (2023).

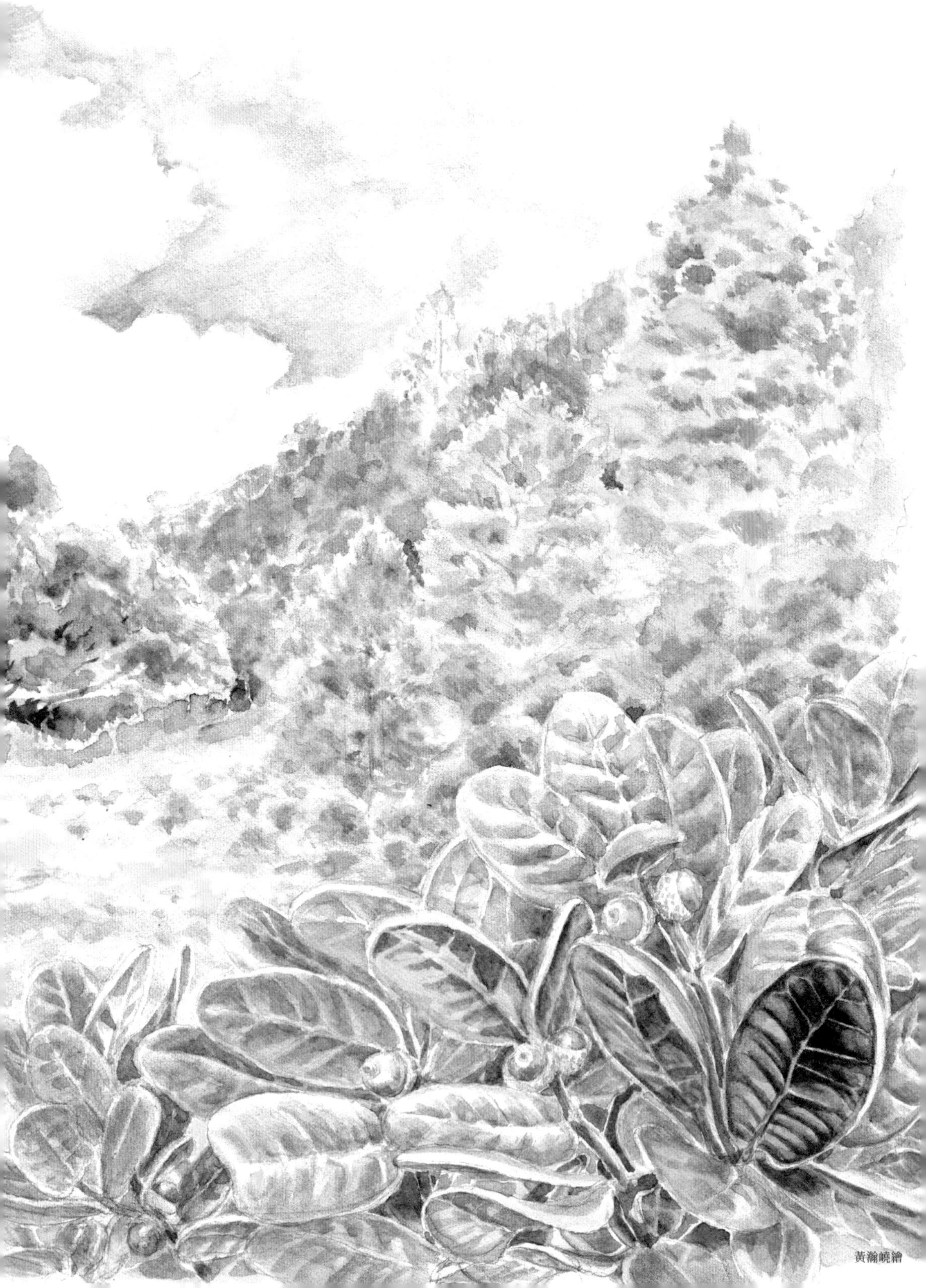
黃瀚嶢繪

第三章

山地樟櫟林與遠方的青藏高原（下）

高原與水之篇

上個世紀的博物學者和植物獵人必然也曾思索過，為何東亞能夠擺脫乾旱，成為北半球亞熱帶的綠洲。只是，或許當時的知識與技術，不允許他們進一步進行實驗、驗證想法。時至今日，關於這個議題，一個有趣的假說逐漸流傳開來，它不僅推翻許多人對東亞亞熱帶常綠闊葉林的想像，也為臺灣山地樟櫟林起源的研究提供了更宏偉的時空視角。過去二十年來，古生物學者與地質學者攜手合作，在探究東亞古今環境差異的問題上，驚奇地發現亞洲深處一塊舉世無雙的高原的誕生，改變了東亞的氣候，並促進亞熱帶常綠闊葉林的發展，那座高原大家耳熟能詳，正是有世界屋脊之稱的青藏高原。研究人員利用古植物化石數據以及數學模型預測，大膽地指出：沒有青藏高原的隆起，就沒有東亞亞熱帶常綠闊葉林的出現。

之二 乾旱帶上的綠洲

翻開風與水的回憶

如果說，是風與水養育了東亞的亞熱帶常綠闊葉林，那麼這股生命之風是何時開始吹起，而生命之水又是從何時開始降下的呢？北半球的亞熱帶地區是地球著名的乾旱帶，然而東亞卻是其中的異數，這裡終年溼潤，也甚少有攝氏零度以下的寒冷氣候，不僅成為植物繁衍的天堂，更是十幾億人口生活的家園。不過，據東亞古生物學者表示，在大約六千五百萬至二千三百萬年前，長達將近四千萬年的時間裡，東亞除了低緯度的熱帶和中高緯度地區外，可能泰半都是黃沙四起的乾旱之地。從出土的植物化石，研究人員發現當時東亞植被大多是由一些現生於沙漠或半沙漠氣候的類群組成。而化石的分布更指示，這個乾旱區的範圍相當大，似乎從東亞東南一路往西北方向蔓延，將東亞一分為二。

從地球科學的角度來看，假若東亞不曾發生過重大的地貌變化，亞熱帶地域盛行乾旱或半乾旱的氣候（一如古植物學者利用孢粉化石所揭示的那般）並不奇怪。一直

東亞（以中國為主）的新生代乾旱／半乾旱地區分布推測圖

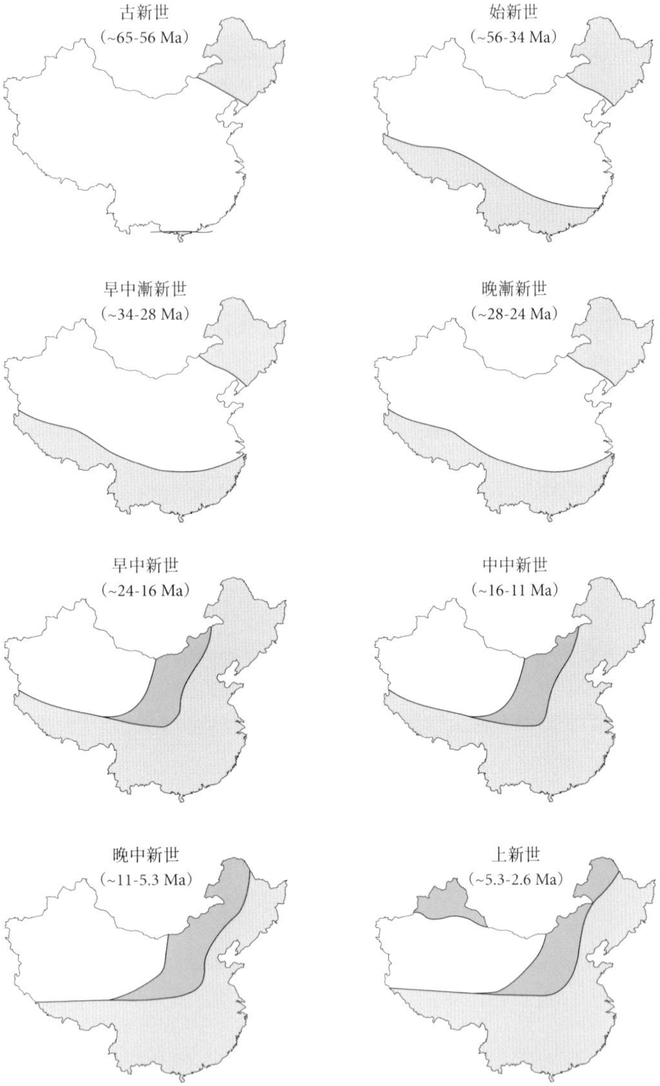

溼潤帶
半乾旱/半溼潤帶
乾旱帶

柳志昀重繪，來源：Where were the monsoon regions and arid zones in Asian prior to the Tibetan Plateau uplift. *National Science Review* 2, 403-416 (2015).

以來，亞熱帶上空都是高氣壓的勢力範圍，受其沉降氣流的影響，被亞熱帶高氣壓籠罩的大地，一年四季大都晴朗無雨，經常吹著乾燥的風（見頁一八九），東亞當然也不例外。然而，作為後見之明，我們都知道新生代期間東亞確實發生過一場造成地貌巨變的重大地質事件——青藏高原的隆起。這場巨變不僅大幅改造亞洲的地形和氣候，也對生物多樣性的演化歷史造成巨大而深遠的影響。

回顧青藏高原的「成長」史，其誕生大約始於六千萬年前，也就是印度板塊和歐亞板塊碰撞之時，爾後於二千三百萬年前印度併入亞洲之際成形。從平地到高原，只花了短短的三千多萬年。在地球歷史上，我們很難找到這麼一個在如此短時間內，大氣環境、地形地貌發生如此巨大改變的地方。對生物的演化而言，大量、不同的生物類群在高原隆升的過程裡，紛紛走上物種分化之路，最終在天擇的競逐中成為適應高海拔的物種。至今，青藏高原平均海拔已經達到四千公尺，且仍在緩慢地「成長」著。這個龐然的地理障礙物，占據了大氣對流層中三分之一的高度，對東亞亞熱帶地區大氣環流系統的運作帶來大幅度的干擾。其中，與亞熱帶常綠闊葉林最有關的一項，就是它間接地擴大了西太平洋季風的影響範圍，使之得以深入大陸，驅散橫亙其間數千萬年的乾旱，為生命帶來所需的風與水。

基於地緣，臺灣的島嶼自然史和東亞地貌變遷當然息息相關。但是和東亞大陸相比，青藏高原對臺灣山林的影響似乎並不直觀。一來臺灣的地質年代遠比青藏高原年輕，二來臺灣長期比鄰大洋又有高山存在，就算青藏高原不存在，或不隆起至現在的海拔，臺灣應該也不會變成一個乾旱島嶼。此外，以山地樟櫟林而言，即使常綠闊葉林未曾在東亞的亞熱帶地區大規模擴張，樟科與殼斗科的樹種依然可能由其他地區（譬如東南亞、中南半島）遷徙到臺灣，發育成林。臺灣的山地樟櫟林依然可能如現在一般明亮、豐美，只是其中的優勢類群換成了其他物種。

雖說如此，我內心深處仍然堅信著兩地之間可能存在著看不見的連繫。這份信念源於登山以來，一股想要尋找臺灣山林獨特之美的動力。或許和許多人一樣，剛接觸山林時，我總認為臺灣山林最獨特之處在於不同海拔段擁有不同的森林類型。沒想到念了森林系之後我才發現，由於地理因素，臺灣森林類型在高山出現垂直分帶本來就是可以預期的現象。這是世界山地森林分布的一種法則，二百多年前的生物地理學之父洪堡也早已闡明過。既然如此，什麼才是臺灣山林的獨有之美？我不禁在腦海裡細細瀏覽山林中曾經感動我的畫面，然後理解到，或許答案是山林中的每個物種！當我回憶起山林，我想到的常常是森林裡頭某個物種或是某些物種切實的模樣。像是春日紅楠、青剛櫟盛花在山間的模樣，奧氏虎皮楠舒展紅嫩新葉的模樣，以及森氏杜鵑落英繽紛的模樣；也或者像秋季後大埔石櫟橡實散落林間的模樣、玉山小檗懸掛猩紅漿果的模樣，或是林道旁偶然乍現，臺灣紅榨槭楓紅的模樣。我明白，是山林裡的「物種」決定了我深愛的臺灣山林的實際樣貌。而臺灣山林的特色，對我來說，正是彰顯

大氣環流系統與亞熱帶的乾旱帶

地球的大氣環流系統是決定南、北半球乾旱帶出現的關鍵因子。在南北兩個半球內，大氣環流系統都有共同的結構，包含了三個南北方向的環流（哈德里環流、佛雷爾環流、極地環流）以及三個水平噴射流（赤道附近的低層東風帶，兩個西風帶）。在不考慮地形的因素下，這些環流和風系的運作深深影響了地表熱量與海洋水氣的輸送與分配，進而形塑不同緯度區裡的氣候。其中，哈德里環流是主宰亞熱帶北迴歸線、南迴歸線與鄰近地區的大氣環流系統。它的運行方式和乾旱帶的出現息息相關。

科學家普遍認為，催生哈德里環流的是赤道地區終年強烈的太陽輻射。這股源源不絕的能量持續加熱赤道附近的空氣，使其變輕上升，直到對流層頂部後進一步往高緯度方向移動。然而受到地球自轉的影響，這股氣流無法一路通往南北極，反而停在了緯度三十度附近的空中，在那裡逐漸積累並形成了高壓帶。基於地表與高空高壓帶間的氣壓差，空氣由空中往地表沉降。途中，空氣裡的水分因為溫度與飽和水蒸氣壓不斷升高而散失，最終使得下沉的氣流變得十分乾燥。事實上，南北半球裡各自有兩個恆常的高壓帶，在南北極，下沉的乾燥空氣導致了極地沙漠的形成；而亞熱帶高壓亦創造了大面積的沙漠，譬如北美洲南部的索諾蘭沙漠、北非的撒哈拉沙漠，以及澳洲內陸的廣大荒漠。這股下沉氣流最終會以信風的形式吹回赤道，然後哈德里環流圈的循環便完成了。

在這些由個別物種交織而成的「模樣」。

通過生物地理學，山林裡的每一個物種都可以被視為一條無形的歷史長河。解析物種的演化過程，就如同沿河上溯，讓我們得以超越地界的限制，走過時光的廣漠，連結到它們曾經的棲息地，甚至先祖曾經的棲息地，直至起源之所。而面對如今構成我們山地樟櫟林主體的優勢物種，假若一種種去追溯它們各自的生命長河，我們可能會依序經過：冰河期年均溫比現在低攝氏五到九度的東亞大陸、漸漸綠化的東亞大陸，最後是青

信風與北半球的乾旱帶

關於「信風」，喜歡歷史的人應該並不陌生。十七、十八世紀許多商船與探險隊就是靠著信風由東往西橫跨大洋，完成旅程。信風其實就是高氣壓產生的下沉氣流，只是受到科氏力的影響，氣流並非垂直下降，反而轉為一股恆常由東往西吹拂的風。「信」字正是用來形容風的風向很少改變，很有「信用」之意。

信風通常風力較弱，當從海洋吹向陸地時，無法攜帶太多水氣進入內陸地區，僅能滋潤沿海部分地區。而當信風是由內陸吹向內陸時（譬如中亞地區），它因為缺乏海洋水氣，成為了一股乾燥之風，間接促進了乾旱或半乾旱氣候的產生。在北半球，主要的兩塊大陸（歐亞大陸與北美洲）面積都十分遼闊，因此信風吹拂之處很多都是內陸地區。這些地方除了本身受到亞熱帶高壓籠罩的影響，也因為水氣稀少之故，極易形成半乾旱或乾旱地帶。

藏高原尚未出現，大地時有荒蕪的東亞大陸。從那兒往現在看，假若青藏高原一直不曾隆起，如今構成我們山地樟櫟林主體的優勢物種，或許也不會有機會誕生。雖然最終臺灣山地上仍然可能會有樟櫟林的分布，但它的「模樣」必然與我們此刻所擁有的山地樟櫟林不同。在我心裡，因為青藏高原千萬年來的庇蔭，如今的臺灣山林才得以依此「模樣」存在。臺灣山林與青藏高原之間的羈絆，或許肉眼看不見，卻真實存在於臺灣山林的每個物種之中。

高原天然實驗室

西藏像是一面魔鏡，每個人都可以在裡面看見自己想要的。

邱常梵，《魔鏡西藏》，二〇〇八年

許多臺灣人似乎對青藏高原情有獨鍾。單車騎士將騎上青藏高原寫在願望清單，健行者與朝聖者則在這片遼闊的大地上計劃著各式壯遊。臺灣人對高原的這份鍾愛似乎很難從地理和文化上來解釋。畢竟兩地相隔數千公里，氣候與人們的生活方式也天差地遠，高原對臺灣人的誘惑，難道單純只是因為陌生、距離與想像？加入登山社後，我也總期待有朝一日能去青藏高原看看，因為那裡是世界的屋脊。二〇一〇年盛夏，這個夢想終於實現，在指導教授的引薦下，我有幸跟隨一群植物學者來到青藏高原。在兩週的旅程裡，我發現青藏高原對我的吸引力不僅僅在於海拔，更在於它如何塑造了東亞——這塊我生活的土地的歷史。

一下飛機，貢嘎機場清新冷冽的空氣立刻舒緩了我的暈機症狀。我轉頭看了看同行的夥伴們，有的在大口喘著氣，有的則緊皺雙眉，走起路來彷彿還有點搖搖晃晃。我心想，他們不知道是真的急性高山症發作，還是在自己嚇自己。不過，回想飛機降落之

乾旱荒蕪的青藏高原與散落的矮小灌叢（游旨价攝）

前，我不也擔心機場的高海拔會引發身體不適嗎？畢竟，一離開加壓的機艙，人就像是瞬間從平地被拉到三千五百公尺的高空，身體會吃不消也不奇怪。所幸此刻自己一切正常。當我們走出閘門，藏族嚮導與工作人員便迎面而來，熱情地為我們披上白色的哈達，也正式宣告植物考察的開始。當天下午，我們去了趟城郊找植物。這是我第一次在青藏高原上四處亂走，除了感到熟悉的高山氣候，高原的地勢無比平坦遼闊，幾座乾燥的土山石峰聳立一旁，上頭長滿暗綠色的灌叢。我有些不解，眼前的青藏高原看起來如此荒蕪，為什麼還有這麼多臺灣人趨之若鶩？我不禁想到玉山，差不多也是在這個海拔，都還能看見青翠美麗的臺灣冷杉林。

隔天一早，我們沿著三〇七省道朝西方大城日喀則前進。喜歡高山的我，一路上心情雀躍，光是盯著雪山與海子就能獲得無窮的快樂。但對同行的老師們來說，這段旅程風光雖好，但看久也就膩了，紛紛在車廂裡睡得東倒西歪。在他們心裡，最美的風景並不是雪山，而是高原植物。車途漫長，老師們睡了又醒，醒了又睡，耐不住這個瞌睡循環時，他們就會讓司機在稍有綠意的山壁邊上停下車子，然後背起相機，跳出車廂，進行短暫的植物考察。

某次下車，我無意中聽到兩位研究蕨類的老師交談，其中一位男老師說：「欸，你看他們那些研究被子植物的還能碰碰運氣找找珍稀物種，我們做蕨類的只能一直看著那幾種常見的，無聊死了，根本是來睡覺的。」他的話不期然地勾起我的好奇心。

「青藏高原這麼乾的地方居然有蕨類？」我暗暗吃驚。經過了這些天的旅行，我對青藏高原的印象大抵可以濃縮為兩個字：乾旱。而蕨類是最討厭乾旱地方的，至少在當時我的刻板印象裡是如此。[1]但為什麼老師們卻說這裡有蕨類？那一瞬間，我突然好想知道他們口中的高原蕨類到底是誰？為什麼它們能夠突破一般蕨類的極限，來到世界屋脊定居。

再次下車時，我興沖沖跟著蕨類老師們爬上大石，彎腿又折腰地四處搜索。果然，沒多久就在岩石縫裡找到了綠蔥蔥的小蕨類。「這應該是粉背蕨屬的物種喔，臺灣的中海拔山區也有。」蕨類老師指著它說。

我盯著眼前的粉背蕨，發現它們的葉片鮮嫩翠綠，植株根部深埋在大石底部，那裡的土壤看起來比較溼潤，表層還長了許多苔蘚。原來，高原再乾旱，要找到庇蔭蕨類的地方似乎

往日喀則途中拍攝的粉背蕨屬植物（游旨价攝）

並非毫無機會。雖說數億年前蕨類的祖先的確喜歡潮溼環境，但現代蕨類對於不同環境的適應性十分卓越，甚至也演化出耐旱蕨類。不過目前已知的耐旱蕨類種類不多，估計可能只占現生蕨類多樣性的千分之一，也就是大約一百多種。有意思的是，物種少並不意味耐旱蕨類很少見，登山常見的腎蕨就是耐旱力極強的蕨類。許多山友應該都曾聽原住民朋友說過，腎蕨富含水分的地下塊莖，是緊急避難時可拿來解渴的東西。這種特化的塊莖就是蕨類用來抵禦乾旱的構造。而高原上的粉背蕨，它的耐旱利器則是假死的葉子。記得初見粉背蕨時，我的確留意到它們身上掛著一些灰褐色，蜷曲著的掌狀枯葉，那時還以為是上一季殘留的死葉，沒想到原來是假死的葉子。蕨類老師說，這些葉片只要澆上水就有可能恢復活力，繼續生長。

回到車上，窗外的天空不知何時陷入一片幽暗，我深知這是午後大雷雨即將來臨的徵兆。青藏高原降水的方式跟臺灣高山如出一轍，主要是突然爆發的大雷雨，但狂暴的程度只有過之而無不及。不過如今看來，雨水雖狂暴卻也無比珍貴。對在高原上求生存的粉背蕨來說，這是名副其實的甘露水。告別了粉背蕨，我向高原南方遠眺，天幕之下，高原的盡頭橫亙著一條雪峰。我心想，那應該就是舉世聞名的世界最高山喜馬拉雅山吧。因為它的存在，我所站之處，成為一處僅能靠無常雷雨解渴的荒蕪之地。[2]事實上，有些人也將青藏高原稱為世界第三極。的確，如此苦寒又空氣稀薄之地，對生命的挑戰堪比南北極。然而，青藏高原是自誕生起就如此險惡嗎？記得同行

1 蕨類的精子必須在有水的條件下才能活動，所以通常喜歡生長在潮溼的環境裡。

2 高聳的喜馬拉雅山將來自印度洋以及季風的水氣阻擋在南坡上，使得青藏高原因為雨影效應而乾旱。

高原的盡頭就是世界最高山喜馬拉雅（游旨价攝）

懂地質的老師說，快到日喀則前，可以到公路旁去找找出露的蛇綠岩套，因為那是印度板塊擠壓歐亞板塊的產物，也是喜馬拉雅山與青藏高原平地起高山的地質證物。千萬年前的地質歷史裡，青藏高原或許曾經有過另外一番面貌。

成為世界之臍的代價

如果我們環顧四周，看到生命似乎極其適應它們所處的環境，這種簡單的觀察很容易誘使我們得出錯誤的結論，認為生物就是以這種方式精心安排一切。然而，正如達爾文觀察到的那般，事實是天擇無情地淘汰了那些無法適應環境的生命形式。

比爾林（David Beerling）[3]，
《植物知道地球的奧祕》，二〇〇七年

沒有人可以用一句話涵蓋青藏高原所代表的全部意義；這塊土地是如此之大，如果沒有為其進行詳盡的剖析與標記，關於它的描述都必然是不全面的。

金敦－渥德，
《雅魯藏布江大峽谷之謎》，一九二六年

3　比爾林（David John Beerling, 1965-），英國謝菲爾德大學（University of Sheffield）自然科學教授及利華休姆減緩氣候變化中心（Leverhulme Centre for Climate change mitigation）主任，於二〇一四年當選英國皇家學會會員（Fellow of the Royal Society）。本處引文出自《植物知道地球的奧祕》（*The Emerald Planet*）二〇一九年中信出版社版本，韓宇譯。

究竟青藏高原所在之處，過去是什麼模樣？最近，古生物學者在青藏高原中部班戈盆地的蔣浪地區，挖掘出一個距今四千七百萬年（中始新世）的化石植物群。該地雖然深處於青藏高原的腹地，海拔高達四千八百五十公尺，但出土的化石卻都是一些屬於亞熱帶植被的特徵植物類群，譬如苦木科臭椿屬[4]、榆科榛榆屬，以及鼠李科翼核果屬和蓮葉桐科青藤屬。這個奇特的現象強烈暗示著，在新生代早期青藏高原的主體可能還不存在。爾後，古生物學者利用這些化石進行古氣候重建分析，發現蔣浪地區在四千七百萬年前可能是一片海拔只有一千五百公尺的廣袤低谷，其南北兩側分別是古老的岡底斯山脈和唐古拉山脈。

自中始新世以降的三千萬年間，青藏高原逐漸隆起，而河谷裡的亞熱帶森林逐漸滅亡。這樣的轉變猶如天神的旨意，不可測也不可違。不過，除了帶來苦寒荒蕪的環境之外，青藏高原的誕生難道就沒有其他意義？幾個世紀來，探究青藏高原意義的人不在少數，除了宗教家、文學家，還有地質與生物學者。二十世紀初，青藏高原與喜馬拉雅已是歐美博物學和探險者眼中的世界之臍（navel of the world）。雅魯藏布江大峽谷、亞洲諸大河之源、神祕的高原動植物，從千里之外不時勾攝著他們的靈魂。儘管過去一個世紀，探險者來來去去，完成了對青藏高原與鄰近地區的部分探索，但始終離全然掌握十分遙遠。探險者們取得的知識，大抵都只證明青藏高原的獨特性，卻沒有揭示更多宏觀的，關於高原的起源或者它對自身之外事物的影響。二十一世紀，測

4　臭椿屬植物主要分布在亞洲熱帶、亞熱帶地區，少數可以長到溫帶地區，臺灣有一特有變種臺灣樗樹。

量方法與電腦演算能力大幅進展，為青藏高原揭示新的面向已成為可能。對研究青藏高原的地質與生物學者而言，他們致力追尋的聖杯，裡頭除了盛裝著青藏高原的誕生之謎，也包含它的意義——如何影響東亞，這處我們生活家園的樣貌。

大，也許正是青藏高原不可思議的一個關鍵。雖然全球不乏高山與四千公尺以上的高原，但沒有一處像青藏高原這般遼闊。據估計，廣義的青藏高原面積可達二百五十萬平方公里，大約是四分之一美國大小。略成橢圓的形狀，加上平均四千公尺的海拔，讓它成為名副其實的地球之臍。然而，青藏高原的高與大反而讓它成為地表上一個突兀的怪異之物，不僅

青藏高原中部蔣浪地區四千七百萬年前地貌植被示意圖

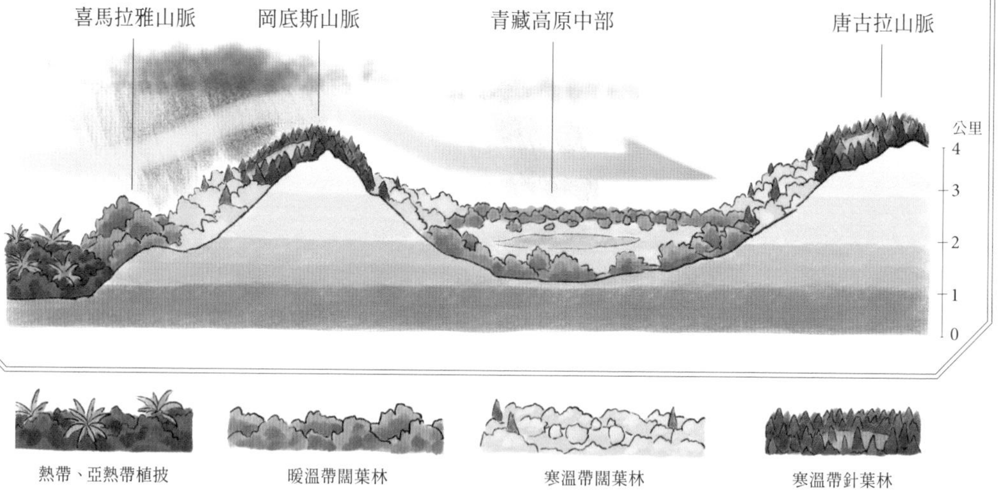

王錦堯重繪，來源：A Middle Eocene lowland humid subtropical “Shangri-La” ecosystem in central Tibet. *Proceedings of the National Academy of Sciences*, 117(52) : 32989–32995 (2020).

與周遭環境格格不入，也對鄰近區域的氣候，甚至有機生命的演化帶來不尋常的影響。對曾經棲息在西亞的生物來說，巨大且高聳的青藏高原或許是個災禍，它讓原本就身處內陸、水氣較少的西亞地區，乾旱程度進一步惡化，許多物種因而滅亡。但對東亞的芸芸眾生來說，這樣的青藏高原卻成為了祝福。過去二十多年，研究人員不斷探究，青藏高原是如何為東亞帶來水氣，驅散千萬年的乾旱？他們之中有些人另闢蹊徑，運用理論研究方法，[5]模擬青藏高原與東亞周圍夏季季風系統的互動機制。他們發現，其中的關鍵，正是青藏高原的「高大」。

研究人員想到一個生動的比喻解釋這個機制。他們將夏季的青藏高原比擬為架設在高處的超大型天然抽氣機，其動力主要來自高原地表的熱力作用——由於青藏高原緯度低且海拔高，[6]它接收的太陽輻射比平地高得多，特別是在夏季，日照時間增長，太陽輻射強烈加熱高原地表附近的空氣，使其不斷上升變輕，進而形成強勁的上升氣流，將地表的空氣帶走，為了填補地表空氣，四面八方的空氣開始湧入高原。在數值模型模擬的結果裡，研究人員發現這股湧向青藏高原的氣流，可以間接增強亞洲季風系統的強度，將它們的影響範圍從沿海地區進一步深入青藏高原所在的內陸。尤其是來自太平洋的夏季風，受到這股吸力的引導，海洋水氣一路由海洋向內陸挺進。而源於印度洋的南亞夏季風則在上陸不久便遇上高聳的喜馬拉雅山，所以無法像東亞夏季風吹這麼遠。但溼潤的氣流在攀山的過程中瀰漫

5 在數值模擬的計算裡，研究人員一方面透過高原出土的古生物化石來推斷青藏高原抬升的進程，另一方面也藉由大氣模型來預測青藏高原存在與否對整個東亞環境的影響。

6 海拔高，太陽輻射抵達地面前通過大氣層的距離較短，而海拔高也造成高原上空氣稀薄，使得太陽輻射的折射、散射和吸收作用大大減弱，兩者加乘最終增強了太陽輻射。

亞洲季風系統的分布示意圖

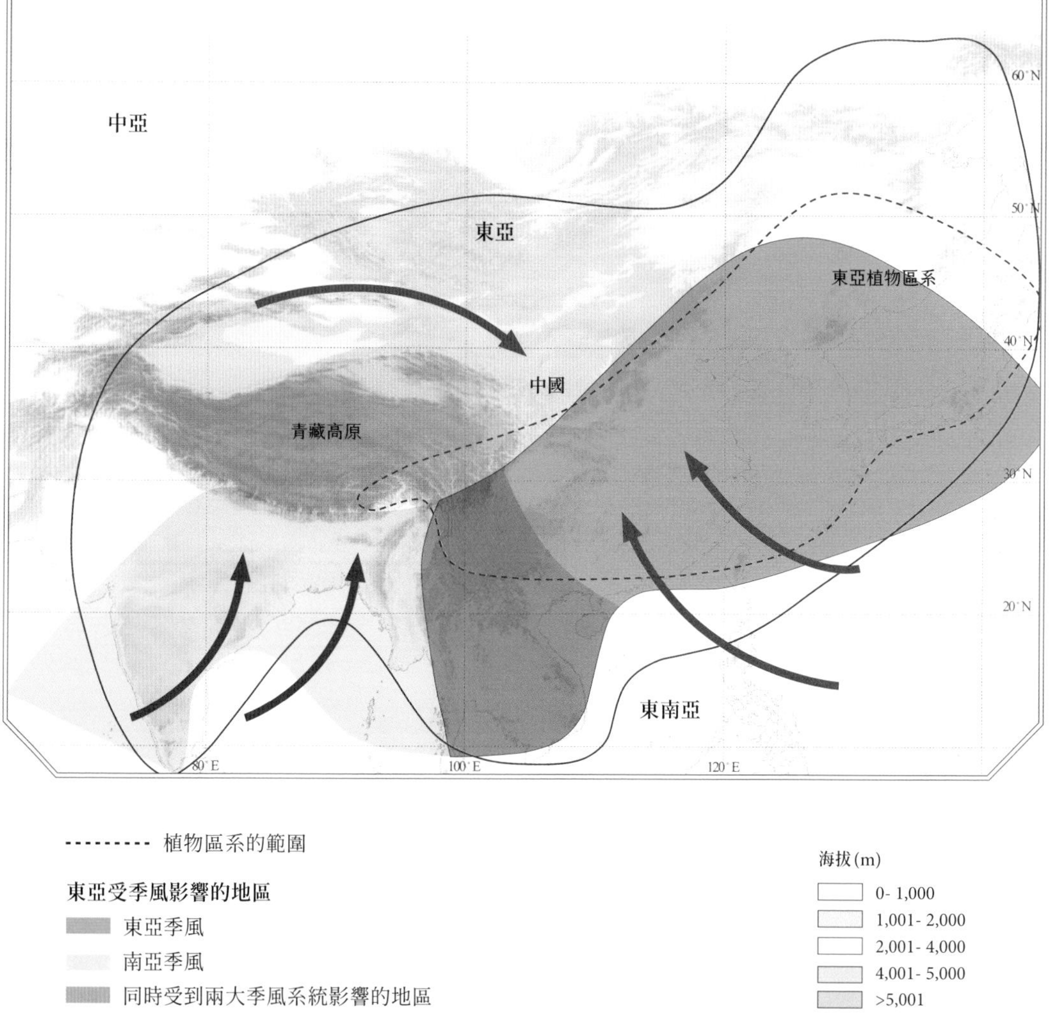

柳志昀重繪，來源：Monsoon intensification in East Asia triggered the evolution of its flora. *Frontiers in Plant Science* 13:1046538 (2022).

山間，在無數峽谷裡翻攪出洶湧的水氣，為喜馬拉雅山南坡帶來猛烈的降水，尤其是走向大致為南北向的雅魯藏布江大峽谷，開口正對南亞夏季風，洶湧的暖溼水氣在峽谷翻騰，使得雅魯藏布江大峽谷成為世界上降雨最劇烈的地區之一，年降雨量可達四千五百至一萬一千公釐。

如果青藏高原沒有長得如此「高」，擴張得如此「大」，對帶來生命之水的海洋夏季風或許就不會有如今的影響力。而少了千百萬年來的水氣滋潤，不僅東亞亞熱帶常綠闊葉林可能不會誕生，此刻構建臺灣山地樟櫟林的物種也可能有所改變。甚而，整個東亞的樣貌，包含我們的文明、生活樣貌也可能都不是現在的模樣。對我來說，這一切圍繞著青藏高原所發生的事件，不僅凸顯生命演化的偶然與必然，也讓我瞭解到我們此刻所擁有的時空、事物原來是如此獨一無二。

喜馬拉雅的陳塘溝，接受來自印度洋的暖溼水氣，擁有碧綠的植被。（黃健攝）

金敦—渥德與雅魯藏布江大峽谷

一九二六年，著名的植物獵人金敦—渥德出版《雅魯藏布江大峽谷之謎》(*Riddle of the Tsangpo Gorges*)，暢銷一時。書中他描述自己一九二四年前往青藏高原尋找傳說中巨瀑的冒險。在十九世紀，藏族聖河雅魯藏布江的流向一直是英國探險者眼中的謎團。他們當時只知曉這條大河發源自岡仁波齊峰，在荒蕪的青藏高原向東流行兩千多公里後，突然陡降至海拔二千八百公尺附近的山區，爾後便不知去向。而令人訝異的是，在雅魯藏布江消失的山區以南，二百四十公里外阿薩姆平原上的布拉馬普特拉河 (Brahmaputra river) 橫空出世，自阿魯納恰爾邦 (Arunachal Pradesh) 魯西特縣 (Lohit district) 海拔三百多公尺的山區冒出，並以相反方向由東向西流去。在藏人的認知裡，雅魯藏布江和布拉馬普特拉河是同一條河，然而，若藏人說法為真，兩條河的海拔落差將近三千公尺，雅魯藏布江是如何連接到下游的布拉馬普特拉河的？當時的探險者認為只有一個可能，那就是在他們無法深入的山裡，有一個超級巨大的瀑布。巧合的是，藏人的傳說中有一處叫白瑪崗的聖地，意思是如千瓣蓮花般的淨土，而通往白瑪崗的入口，正是一道巨瀑。

十九世紀末，英國與英屬印度政府派出多許多探險隊想要去找到白瑪崗和這座大瀑布，但都無功而返。一九一三年，探險家貝禮 (Frederick Marshman Bailey) [7] 和莫斯海德

7 貝禮 (Frederick Marshman Bailey, 1882-1967)，英國情報員，曾任英國駐江孜商務委員、駐亞東商務委員及駐錫金政務官，在西藏及中亞地區展開祕密工作。他在西藏及阿薩姆喜馬拉雅山區的探險，讓他有很多機會拍照與採集，如今他的論文及大量照片保存於倫敦的大英圖書館，而包括二千多份鳥類標本在內的採集品則典藏於紐約的美國自然史博物館。

雅魯藏布江與布拉馬普特拉河的相對位置

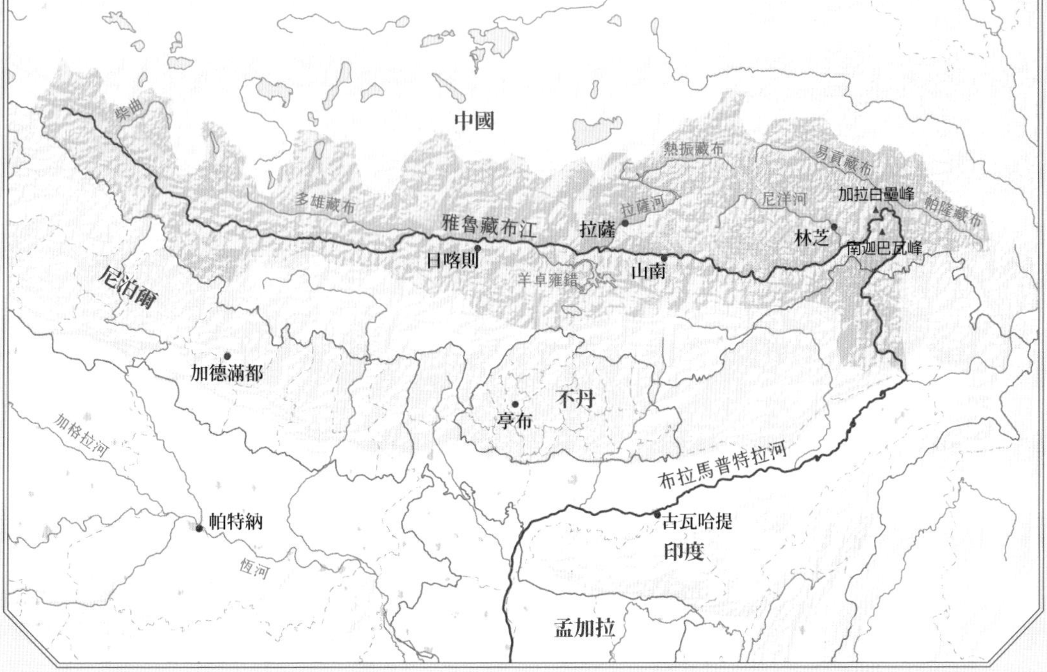

柳志昀重繪，來源：Wikimedia Commons

(Henry Morshead)[8]首次成功深入雅魯藏布江盡頭的山區，並且確認它是布拉馬普特拉河的上游，但儘管布滿峽谷與瀑布，這段

雅魯藏布江穿過南迦巴瓦峰和加拉白壘峰後，就由東往西流向孟加拉灣。
來源：NASA／Wikimedia Commons

河谷卻沒有任何一座瀑布超過五十公尺高。一九二四年，金敦－渥德暫時放下植物獵人的身分，下定決心投入尋找瀑布的行列，雖然最終沒有走通峽谷全段，但他仍將河段未被踏查之處縮短到只剩十六公里。可惜的是，整趟探險裡他沒有發現任何一座落差超過五十公尺的瀑布，最終只能無奈承認自己在追尋的大概只是一道幻影。如今，人們已經知道，神祕的雅魯藏布江在南迦巴瓦峰（七七八二公尺）和加拉白壘峰（七二三四公尺）之間的山區以髮夾彎的形式扭轉流向，切過喜馬拉雅山脈由東往西向孟加拉流去。這段河谷雖然沒有傳說中的巨瀑，但因為兩側皆是高聳的雪山，因此形成連綿的壯麗峽谷，在某些人心裡，雅魯藏布江大峽谷是世界上最深最長的峽谷地貌。對藏人來說，這片迴彎的峽谷地區是女神金剛亥母的乳房，是聖地，但對一百多年前沉迷於大瀑布之謎的英國探險家們來說，大峽谷只是一個令人惆悵萬分的謎底。

8　莫斯海德（Henry Treise Morshead, 1882-1931），英國測量員、探險家及登山家，除了和貝禮一起探索雅魯藏布江之外，他也曾任英國的聖母峰探險隊成員。

之三　島嶼硬葉櫟的祕密

如果物種可以被比喻為一條歷史長河，那麼臺灣山地樟櫟林的自然史，便是由森林裡的物種們共同譜寫而來。不論是已經滅絕的，還是成為特有物種的，它們各自經歷的一切都是這部自然史裡的獨特篇章。也唯有每個篇章都破譯了，才能呈現出這片森林最完整的過往。但山地樟櫟林裡的物種何其多，而臺灣從事植物學研究的人又何其少，欲重建森林的過往，前方還有許許多多物種等待著被探索。

不過，在植物學者已知的山地樟櫟林篇章中，有一小群殼斗科的物種寫下的內容特別與眾不同。對於臺灣山地樟櫟林的許多物種而言，通過亞熱帶常綠闊葉林，我們可以將它們與青藏高原間接地連結在一起；但是這群殼斗科物種卻不然，它們的演化歷史毋須經過亞熱帶常綠闊葉林，就能直接與青藏高原緊密相繫。它們的名字是刺葉高山櫟、太魯閣櫟與塔塔加櫟，一群在麻櫟屬內被暱稱為「硬葉櫟」的物種。雖然在臺灣長期被忽略，卻可能擁有讓人感到驚訝的演化故事。

熟悉的橡實、陌生的歷史

麻櫟屬是殼斗科成員中物種最豐富的一支，界定已超過六百種。不像石櫟屬與苦櫧屬，麻櫟屬的物種有較為多樣的生活型態，以及更廣的緯度分布範圍。比如在臺灣，落葉的槲樹、常綠的青剛櫟是麻櫟屬，殼斗怪奇可愛的捲斗櫟是麻櫟屬，在森林中經常長成大樹的森氏櫟也是麻櫟屬。可以說，在臺灣只要是跟山林親近的人，肯定都曾跟麻櫟屬的物種有過邂逅——除了有群被叫作「硬葉櫟」的物種。硬葉櫟或許是臺灣的人們最陌生的殼斗科植物，但近年來，東亞大陸上許多硬葉櫟物種卻被植物學者視為遠古地質與氣候變遷的見證者，其家族遷徙史，在地理上橫跨歐亞大陸。因為登山的緣故，我在大學時代就認識了這群櫟樹，但我卻一直等到離開臺灣之後，才在異地知曉它們的壯闊旅程，以及對於臺灣的意義。

相較於其他麻櫟屬物種，硬葉櫟物種多樣性低，形態上也不若其他麻櫟屬成員，頗有自己的特色。例如，它們的葉片比較厚實且葉脈密集，葉片面積也較小。植物學家目前推測，這些特點可能是適應炎熱和半乾旱環境的表現：厚實的葉片可以避免陽光曬傷，而較小的葉片則可降低水分蒸散。此外，植物學家也發現，硬葉櫟偏好生長在環境乾旱、其他植物種類較少的生育地，例如亞熱帶至溫帶地區的高山、石灰岩地帶，以及亞熱帶的海島。需特別注意的是，硬葉櫟並非正式的植物分類群，而是植物學家用來指涉櫟屬中所有具硬葉形態物種的概稱。目前，硬葉櫟主要出現在兩大地理區，一是歐亞大陸，二是美洲。然而，植物學家透過DNA發現，東亞和美洲的硬葉櫟並非親緣關係最近的姊妹群。依據現行的分類學常規，我們無法將這些親緣分屬於兩個植物群的物種在分類學上視為同一群。

像硬葉櫟這樣親緣上分屬不同支序，但因為受到相似環境條件的影響，演化出相似形態的現象，在演化生物學裡被稱作平行演化（parallel evolution）。在生物世界裡，平行演化並不少見，譬如熱帶雨林中的飛蛙（flying frog）就是有名的例子。所謂的飛蛙，泛指四肢趾間具有特化的蹼，能在樹木間進行短距離滑翔的蛙類。雖然飛蛙都是新蛙亞目（Neobatrachia）的物種，但在亞目底下，卻又能分到樹蛙科、雨蛙科和葉泡蛙科等三大個不同的分支裡。學者們推測，飛蛙們之所以會演化出類似的滑翔蹼，皆是因為在叢林裡受到類似的捕食者威脅（例如蛇類、大型節肢動物），在平行演化的框架下演化出可以滑翔的器官，躲避天敵。對比飛蛙的案例，那硬葉櫟呢？歐亞大陸和美洲的硬葉櫟們又是在怎樣的時空環境下各自演化出硬葉形態的葉片？

通過追溯麻櫟屬的演化歷史，植物學者為歐亞大陸與美洲平行演化的硬葉櫟們提出對應的演化情境。首先，針對歐亞大陸的硬葉櫟，學者們利用DNA資訊推測出它們的起源年代大約是在四千多萬年前。當時古歐亞大陸的亞熱帶地區，橫亙著一片名叫新特提斯洋（Neo-Tethys Ocean）的遼闊淺海。由於所在之處受到亞熱帶高氣壓的影響，新特提斯洋盛行著較為炎熱乾燥的氣候。也是在那時，麻櫟屬裡的某個譜系遷入了新特提斯洋附近，並在當地演化出適應乾熱氣候的硬葉、小葉特徵，成為歐亞大陸產硬葉櫟的先祖。與此同時，在太平洋另一端，四千多萬年前的美洲亞熱帶地區雖然和古歐亞大陸一般乾熱，但當時還未有硬葉形態的麻櫟屬譜系出現。植物學者發現，現今美洲硬葉櫟各物種的起源時間明顯比歐亞大陸晚很多，一直要等到三千萬年後，它們的先祖才在美洲亞熱帶、熱帶地區成功拓殖，繁衍至今。之間的時間落差，可能與麻櫟屬的起源地與擴散歷史有關（見頁二一二）。有意思的是，雖然歐亞大陸和美洲的硬葉櫟都是由乾熱氣候所驅動的平行演化的產物，但它們彼此在起源之後卻走向截然不同的命運。相比美洲硬葉櫟千萬年來相較平穩的演化過程，歐亞大陸的硬葉櫟則顯得命運多舛。受到東亞新生代裡發生的重大地貌與氣候變遷的影響（譬如泛青藏高原的形成），它們之中，有的譜系興盛，有的在波折中消亡。也因此，在古植物學者眼中，硬葉櫟是追溯古代環境生態變遷的理想研究材料。然而，生在海島臺灣，我對於歐亞大陸產硬葉櫟的演化歷史幾無瞭解，甚至臺灣有沒有硬葉櫟類物種我也不清楚。幸運的是，在雲南長居時我認識了一位對麻櫟屬熟稔的學者，才順利打開認識硬葉櫟的大門。他是中國科學院西雙版納熱帶植物園的研究者黃健。在黃博士的介紹下，我首先得知現存於東亞的硬葉櫟們可以生態棲位再粗分成三群：一群是比較耐熱的低海拔群，另外兩群則分別是比較耐寒的高海拔群與中海拔群。其中，高海拔群比中海拔群耐旱，而中海拔群對溼度水分的要求較高。

過去數千萬年來，東亞的高海拔群在歐亞大陸產硬葉櫟中可說是譜系興盛的代表。受惠於泛青藏高地大範圍的隆起，它們的適生區因此擴大，物種多樣性有了快速的累積。考量到它們在硬葉櫟整體中的適應高山生態的特殊性，植物學者特別將它們劃分出來稱為高山櫟支序，並進行大量研究。但另一方面，比較偏好乾熱的低海拔群硬葉櫟卻因泛青藏高地的隆起而成為譜系消亡的一支。伴隨著新特提斯洋的陸化，以及青藏高原海拔抬升導致的東亞大環境溼化，低海拔群的硬葉櫟們逐漸喪失生育地，最終孑遺在亞熱帶、熱帶地區烈陽曝曬的石灰岩山頂或孤絕的海島上。這些地方或因地理隔離，或因環境條件惡劣，物種間的競爭不若亞熱帶常綠闊葉林裡般激烈，為那些仍然偏好乾熱環境的低海拔群硬葉櫟提供喘息的空間。甚而，有些幸運的低海拔群硬葉櫟，演化出適應溼潤環境與季節性溫差的習性，成為現今的中海拔群物種。

臺灣的硬葉櫟多樣性

麻櫟屬雖是臺灣原生殼斗科中種類最多的類群，但我似乎從來沒聽說過其中有一群叫作硬葉櫟。直到認識黃博士，在瀏覽他近期費心整理的硬葉櫟名錄時，我赫然在低海拔類群裡發現一個熟悉的名字：太魯閣櫟。大學時期，因為經常到太魯閣登山，

麻櫟屬植物的化石與傳播路徑

麻櫟屬植物自始新世起就是北半球森林植被中的優勢或代表樹種，其化石紀錄廣泛分布於歐亞大陸、北非以及美洲。目前，最早且可靠的麻櫟屬化石紀錄來自美國內華達州始新世早期的地層。在東亞，年代較早亦較為可靠的麻櫟屬化石紀錄則是位於中國大陸遼寧始新世的菱葉櫟葉痕化石。

針對這個北半球重要的植物屬，古植物學者根據麻櫟屬的化石分布點，重建它的起源地與在北半球的擴散路線。之中包含兩個假說，假說一：麻櫟屬的祖先分布區主要位於中南半島北部和東亞大陸熱帶地區，在古新世早期通過三稜櫟屬演化而來。麻櫟屬自起源後，迅速分化出青剛櫟亞屬和麻櫟亞屬兩大類群，並各自都向歐洲和北美兩個地區

麻櫟屬植物擴散路線假說一

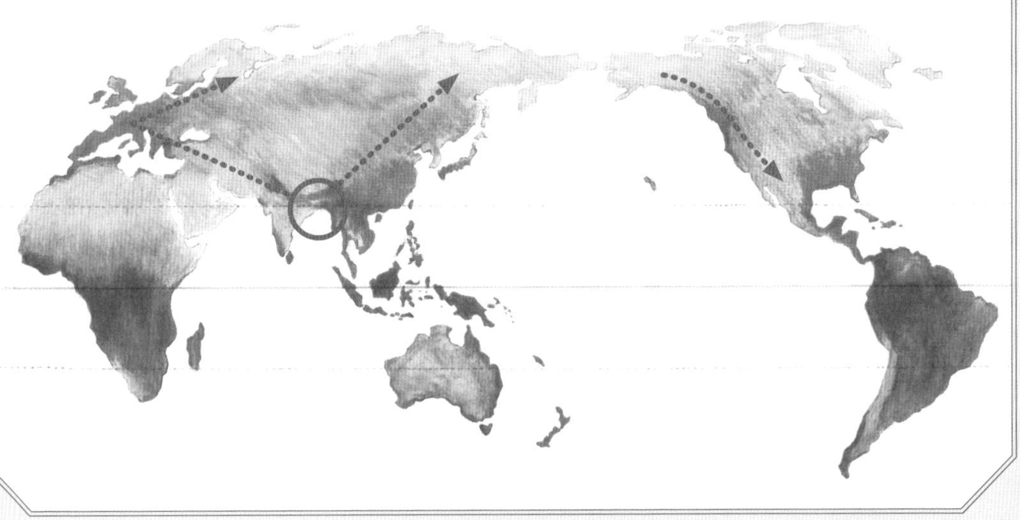

丸同連合重繪，來源：〈殼斗科的地質歷史及其系統學和植物地理學意義〉，《植物分類學報》第三十七卷第四期（一九九九年七月），頁三六九至三八五。

擴散後，又逐步演化出適應溫帶氣候的落葉性譜系。北美洲的麻櫟屬物種可能是高山櫟及其替代類群演化而來，也可能是通過白令海峽擴散而來。

假說二：麻櫟屬植物是自北方熱帶落葉林（boreal-tropical deciduousforest）中演化而生，在第三紀早期擴散到北半球其他大陸及其他緯度帶。接著，由於大陸之間的隔離作用，在第三紀進一步就地分化成不同的落葉或常綠等各譜系。尤其是位於亞洲和北美洲的麻櫟屬落葉性譜系，在新近紀逐漸成為構建北溫帶森林的重要樹種。

麻櫟屬植物擴散路線假說二

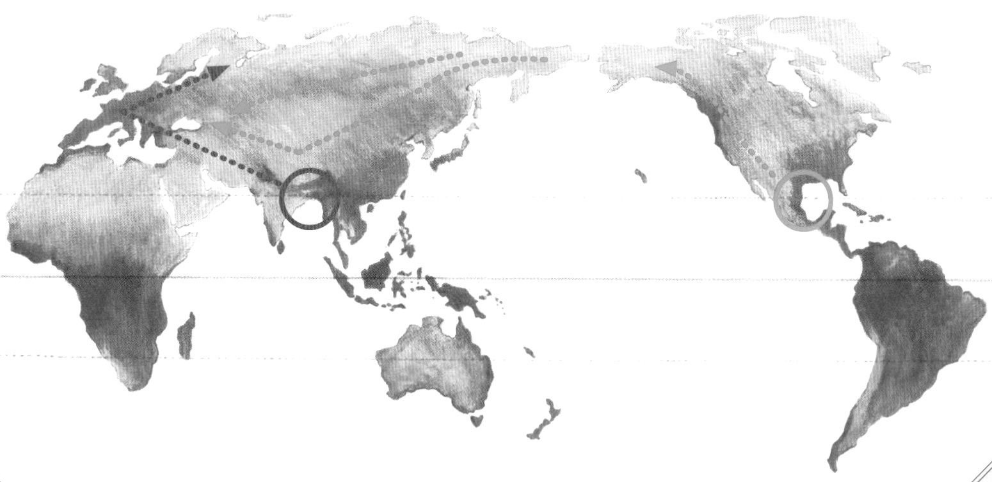

藍色與紅色圓圈分別代表子遺在亞熱帶北美洲與亞洲的麻櫟屬譜系。前者之後經由白令陸橋往亞洲傳播（分為高緯度和中緯度兩條路徑），後者則往歐洲傳播。

丸同連合重繪，來源：The historical biogeography of Fagaceae: tracking the tertiary history oftemperate and subtropical forests of the Northern Hemisphere. *International Journal of Plant Sciences* 162(S6): S77-S93 (2001).

每每經過中橫公路的岳王亭，就會被亭子邊的一棵大樹吸引目光。大樹前，國家公園立了解說牌，上頭寫著：以太魯閣為名——太魯閣櫟。當時，我除了覺得這個物種的名字很有意思，從外觀上似乎也發現它的葉子比印象中的麻櫟屬物種小。如今總算恍然大悟，原來太魯閣櫟就是一種硬葉櫟！而且由於屬於低海拔群，難怪以往自己遇見太魯閣櫟的地點，似乎都是在花蓮或臺東境內的低海拔石灰岩地區。

在臺灣，像太魯閣櫟這樣局限分布在東部石灰岩地貌的特有植物並不少。它們大多是

屬於硬葉櫟低海拔群的太魯閣櫟（楊智凱攝）

由島內常見物種分化出來，進一步適應石灰岩地貌的新特有種。[9]也因此，我曾以為太魯閣櫟也是由島上其他常見麻櫟屬物種特化而來的特有物種。但意料之外，在歐亞大陸產硬葉櫟的親緣關係樹上，太魯閣櫟跟臺灣大部分的麻櫟屬物種親緣關係較遠，反而跟東亞大陸南部一系列低海拔群的硬葉櫟物種關係更為親近。[10]這層關聯暗示著，太魯閣櫟的生物地理史可能和臺灣其他麻櫟屬成員截然不同。可惜的是，我們目前對此仍毫無瞭解。除了太魯閣櫟，黃博士的名錄還收錄了另一種臺灣產的硬葉櫟——刺葉高山櫟（臺灣慣稱為高山櫟）。這種硬葉櫟，從名稱就可以猜到它是屬於比較耐冷與耐旱的高海拔類群。不過，刺葉高山櫟並不是臺灣特有種，[11]它在泛青藏高地、秦嶺和武夷山都有分布，是高山櫟支序中分布最廣的成員。而臺灣，是這個物種的東限，亦是東亞高海拔群硬葉櫟分布的東限。

太魯閣櫟和刺葉高山櫟是黃博士的名錄中唯二的臺灣島物種，但揣摩著它們的形態，我腦海中竟不禁冒出塔塔加櫟的名字。基於它和太魯閣櫟還有刺葉高山櫟形態相似性，[12]我高度懷疑它可能是一個被遺漏的東亞硬葉櫟成員。我興沖沖拿了塔塔加櫟的照片給黃博士看，只見他一臉輕鬆，立刻指出，塔塔加櫟確實跟東亞一種叫作巴

9 譬如大花傅氏唐松草與常見的傅氏唐松草互為姊妹物種，而太魯閣佛甲草跟廣布種星果佛甲草很近緣等等。

10 它們包括了富寧櫟（主要分布在中國大陸廣西西部的石灰岩山峰）、壩王櫟（僅分布於海南島壩王嶺上的少數石灰岩山峰）、萬山櫟（僅分布在中國大陸廣東大萬山島上的花崗岩丘陵地）、炭櫟（中國大陸雲南東南部與廣西西部石灰岩山區）。其中，尤以富寧櫟與壩王櫟和太魯閣櫟關係最密切，形態也極為相似。

11 早田文藏傾向將臺灣的刺葉高山櫟處理為一個變種，並以川上瀧彌的老師宮部金吾命名，中文名也許可將其稱為宮部氏高山櫟。然而，在如今的櫟屬分類學者眼中，早田的分類處理極可能並不正確。在東亞，刺葉高山櫟本身就是一個葉片形態變化比較大的類群，而當年早田比對的標本，或依據的植物文獻並沒有提供這樣的資訊。臺灣的刺葉高山櫟的形態事實上在東亞大陸也能找到，並非島嶼獨有。儘管如此，由於仍未有可信的分子親緣關係樹佐證這些推論，因此還需要持續關注未來的研究。

12 塔塔加櫟的分類學一直有爭議，曾多次被併入刺葉高山櫟，或作為刺葉高山櫟和太魯閣櫟的變種。

東櫟的硬葉櫟頗為相似。而巴東櫟偏好分布在亞熱帶石灰岩山上的雲霧林內，是屬於中海拔群的硬葉櫟物種。黃博士的鑑定讓我想到，塔塔加櫟在臺灣，似乎也是分布在雲霧繚繞的中海拔山區（雖然並非特有在石灰岩區）。倘若兩者真的親緣關係相近，那不就意味著臺灣同時擁有低海拔類群、中海拔類群再到高海拔類群的硬葉櫟——也就是說，過去千萬年間歐亞大陸產硬葉櫟演化出的各種生態類型，居然在臺灣都有代表物種，放眼東亞島弧諸島，似乎唯有此處！

一九四五年十二月四川大學出版的《峨嵋植物圖志》，有著巴東櫟的線繪圖。

右　塔塔加櫟的果實（楊智凱攝）
左　塔塔加櫟的雄花為柔荑花序下垂（楊智凱攝）

喜馬拉雅的登山櫟史

不同生態類型的硬葉櫟此刻為什麼會同時群聚在臺灣（在此先假設塔塔加櫟是硬葉櫟的成員），並且剛好在每一個海拔段都出現一個物種？這個問題或許是目前臺灣麻櫟屬研究中的關鍵之謎。事實上，不只臺灣，北半球各地關於硬葉櫟的生態與演化研究其實都非常缺乏，除了高山櫟支序。過去半個世紀來，大量高山櫟支序物種的化石從東亞出土。這些珍貴的材料，加上高山櫟支序獨特的地理分布、生態習性，許多研究人員對高山櫟支序不僅興味盎然，也視它為研究東亞高海拔環境變遷的重要線索。

其實，刺葉高山櫟或許也是我人生最早認識的一種硬葉櫟。還記得，在登山社時特別喜歡探勘高山原始林，偶然會在深山中見到這種葉片形態好生古怪的殼斗科物種。不過由於當時還未認識黃博士，所以我並不知曉這種櫟樹的特殊之處。二〇一九年，當我第一次來橫斷山考察，高山櫟分支的物種是我頭幾個能夠認出來的橫斷山植物。當時我心裡十分驚訝，原來除了喜馬拉雅的山地杜鵑花，橫斷山還有其他跟臺灣十分相似的高山植物。不若在臺灣的零星出沒，在喜馬拉雅山與橫斷山，各種高山櫟支序的物種在高地與山谷間組成鋪天蓋地的密林，是高山植被裡十分優勢的類群。

一般來說，一類植物若是能強勢主宰一個地區，就暗示著它極度適應於當地的環境。而高山環境眾所皆知，寒冷又乾燥，高山櫟支序是靠著什麼本事才能克服此般生育地，並且繁衍與昌盛？關鍵之一是葉子的形態。高山櫟除了硬葉櫟類都有的硬葉特徵，其葉片還比其他硬葉櫟更加厚實，葉表覆蓋著一層厚厚的角質，葉背常有密毛，底下密布著小小的氣孔。這些性狀，早已在植物生理學研究中被證實可以降低植物的蒸散作用、減緩植物體內水分的散失，還有保暖的效果。神奇的是，古植物學者從高山櫟支序的化石中發現，古今物種，在葉片形態上竟然沒有太大差別。目前最古老的高山櫟支序化石可以追溯到晚始新世（大約三千五百萬年前）。也就是說，三千五

高山櫟在橫斷山無所不在（黃健攝）

百萬年來，高山櫟支序物種的葉片形態演化彷彿進入了停滯的狀態。[13]

若某類生物現存與化石物種在整體形態沒有太大的變化，便常被稱為活化石。達爾文是率先使用活化石一詞的人（雖然最一開始或許是帶著半開玩笑的性質在使用），他認為這些生物能夠長期保持形態的穩定，最主要是環境的因素。這些生物可能從古代開始就只生活在某些特殊或高度隔離的環境中，例如深海、洞穴或孤島。在那裡，來自其他物種的競爭壓力較小，而且如果環境一直沒有重大變化，生物的形態演化速率因為缺乏生物性和非生物性天擇壓力的驅動，會變得非常緩慢。也因此，研究高山櫟支序的學者們認為，高山櫟支序中物種的葉片形態長期以來未有太大變化，暗示著它們可能長期處在又乾燥又寒冷的高山環境中。

回顧過去三千五百萬年來，東亞有哪個地區一直保持又乾燥又寒冷的環境？最有可能的選項無疑就是泛青藏高地了。事實上，上個世紀中起，喜馬拉雅山就持續出土不少高山櫟支序的化石。二十一世紀，高山櫟支序化石更相繼在青藏高原、橫斷山被挖出。靠著闡明這些化石所在的地層年代，研究人員將分子親緣關係分析的結果與之結合，追溯出高山櫟支序現生物種的起源時間大概都差不多落在一千五百萬年（中中新世時期）之後。中中新世是新近紀裡一個有趣的地質年代，當時，全球曾經進入一個短暫的氣候適宜期（Climatic Optimum）。這是新近紀內地球大環境持續變冷過程中，一次特異性的變暖事件。地質上，由於當時喜馬拉雅山尚未

13 曾經很長一段時間，高山櫟支序最早的可靠化石紀錄是出土於青藏高原南木林地區中新世中期的葉片化石。但二〇一九年青藏高原東南緣的芒康盆地出土了一批更為古老的高山櫟支序物種的葉片化石，它們的地層年代可以追溯到晚始新世，也就是大約三千五百萬年前，這個發現一舉將高山櫟支序的起源時間提前了近兩千萬年。

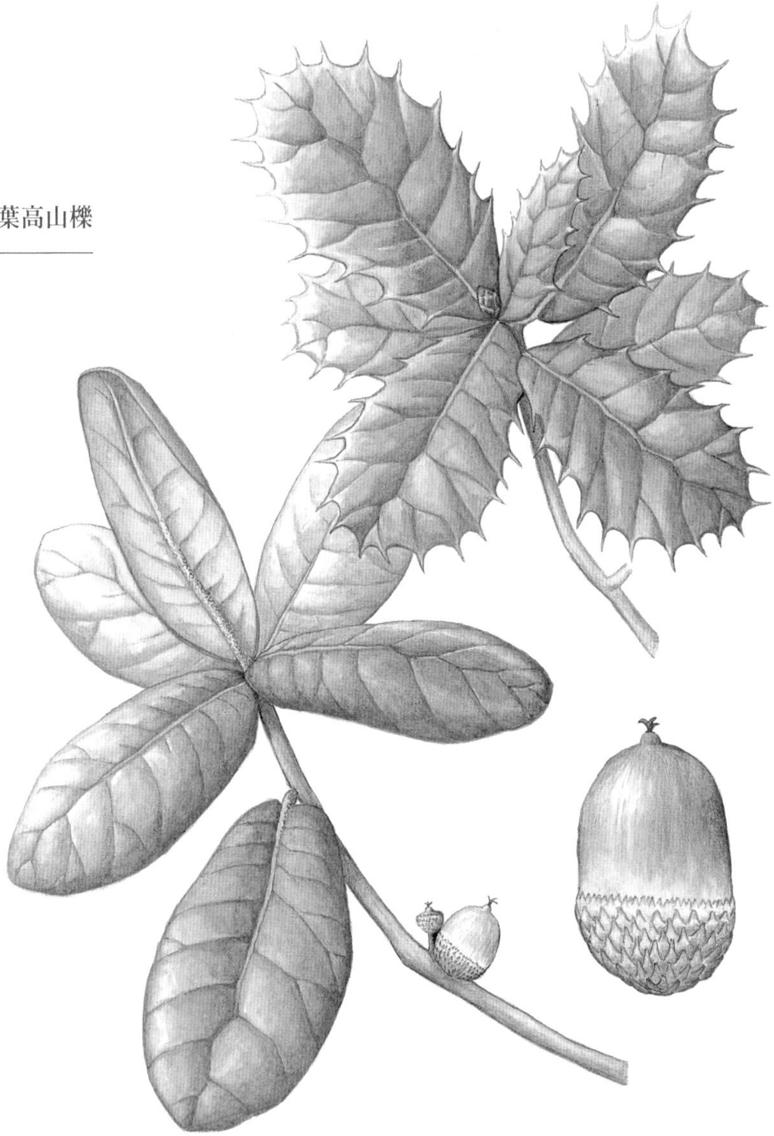

臺灣的刺葉高山櫟葉背沒有毛，但在喜馬拉雅山和橫斷山的高山櫟支序物種，葉背有不同顏色、形式的毛覆蓋。甚而，刺葉高山櫟只有在幼葉或受日照葉片的葉緣會長出硬齒，但喜馬拉雅山和橫斷山上的其他物種葉子邊緣通常長著駭人的銳齒，就算變成落葉也依然堅硬鋒利。(王錦堯繪)

大幅隆起，來自印度洋的暖溼氣流可以直達如今喜馬拉雅山所在的地區，以及更北邊的山域。研究人員相信，現生高山櫟支序的祖先便曾零星生長在當地的亞熱帶常綠闊葉林中，是該類森林裡的少數居民。

但在中中新世氣候適宜期之後，全球大環境再次進入變冷的過程，且幅度比中中新世前更大。與之同期，青藏高原、橫斷山也逐漸隆起，適應乾冷氣候的高山櫟支序遂順應時勢，在生育地條件擴張的契機下，不僅族群數量增加，更逐步分化出不同的物種。上新世，喜馬拉雅山大規模隆起至現今的超高海拔，徹底阻擋了暖溼的印度洋氣流，將喜馬拉雅山和部分橫斷山的氣候環境改變成寒冷且乾燥，高山櫟支序的物種進一步成為這些山區高山植被裡的優勢種。甚至，在更新世冰河期，全球平均氣溫降至比現代還要

產自昆明地區的錐連櫟，其為東亞產硬葉櫟類中演化歷史較古老的物種，較為適應半乾旱的涼爽氣候。(游旨价製作、攝影)

物種親緣棲位保守性 (phylogenetic niche conservatism)

親緣棲位保守性，係指生物譜系在歷經種化事件（speciation）的過程裡具有維持相同生態棲位（或與之相關的性狀）的趨勢。此專有名詞的誕生與流行雖然是近幾十年的事，但關於棲位保守性的概念卻可以追溯至達爾文。他在《物種起源》中指出，同一屬的物種傾向彼此相似，這之中包含生態棲位。當代加入親緣二字，則是為了強調這種棲位保守的趨勢可以從生物之間的親緣關係上被檢測到。

也因此，在理解親緣棲位保守性時，最好視為一種從宏觀演化尺度上可以觀察到的生物演化形式。一如達爾文的描述，它是一種趨勢或現象，並不是一種過程或機制。探討造成物種間具有親緣棲位保守性的原因是許多生物學者關注的議題。親緣棲位保守性的出現通常有直接的原因，譬如受到生物本身的生理、發育和遺傳限制的影響，近緣物種出現生態棲位相似是一個不可避免的結果，但也可能有間接的原因，譬如棲位保守性只是其他演化事件的副產品，像滅絕、擴散限制、競爭和捕食。對親緣棲位保守性的認識有助於理解生物宏觀演化過程，尤其是物種多樣化的歷史。例如在被子植物裡，許多譜系藉由創新性狀的演化從棲位保守性中解放，進而引發造成物種多樣化的適應性輻射演化事件。

低上攝氏七、八度之際，高山櫟支序裡的部分物種，更踏上橫跨東亞的傳播之旅。在這一趟趟能被追溯的遠古旅程中，與臺灣山地樟櫟林最有關的，應該就是刺葉高山櫟的東遷了。

刺葉高山櫟的海島之旅

16:22下到哈伊拉漏溪南支流的溪底。在不住的驚嘆聲中，我們將此處取名為「嘆息灣」。曲流粼粼波光彷似優勝美地的淺瀨。岸上的草坡共有三層，可搭一千頂帳篷都沒問題。每一層風景評比都遠勝丹大西溪的童話世界。水鹿在草原上馳奔，綠茵中有龍膽輕訴著寂寞，藍天上有雲朵點綴著閒暇。大字型躺在這片草原上翻騰，三人一致認同這是登山生涯中看過最棒的河谷風景，朝聞道夕死可矣。

丹大橫斷溯探哈伊拉漏溪上源河段——嘆息灣驚豔
二〇〇五年登山紀錄第七天（八月一日）

馬利加南山位於中央山脈中段，因為頂峰突出像是一座堡壘，又名天闕。天闕之北，哈伊拉漏溪上游流經的深邃群谷裡，有一片名叫嘆息灣的谷地。大二時，登山社的學長曾對我講述過發現嘆息灣的故事，並形容那裡是全臺灣最美的地方。彼時我對臺灣高山仍十分陌生，實在難以想像深山中會有如日曆風景般的歐洲高山草原。自此，嘆息灣這個地名被我深深放在心裡，希望有天能去一探究竟。十四年後，我終於在一趟丹大山區的探勘途中意外路過嘆息灣。那時我才發現，學長口中描述的歐洲風景，並非只是因為草原，也可能是因為谷地裡長著一棵棵刺葉高山櫟。它們看起來就像歐洲童話或電影裡常見到的老橡樹，樹姿優美，不像平常擠在山坡一角或躲在針葉樹林下般的瘦小、萎靡。不知道是否是山神的安排，谷地裡最大的那棵刺葉高山櫟，就矗立在溪水迴灣處，嘆息灣最美的角落。它粗壯的樹幹上披著厚厚的綠苔，上頭長著其他樹木的小苗，我在樹上甚至找到一棵年幼的小檗。

不知何故，殼斗科的老樹似乎天生擁有撫慰心靈的能力。那時，我坐在刺葉高山櫟大樹的蔭下，耳中回盪著二葉松的濤聲，看著眼前山嵐捧著雲霧緩緩降臨草原。一週以來攀登的疲憊竟然悄悄緩解了。不過可惜的是，當時的我並不知道，身後依傍的這棵大樹，除了擅長靜靜地陪伴，亦守護著一段天地山河的洪荒回憶。這個物種的身世比嘆息灣古老，亦長於中央山脈，而這一切因彼時樹不能語，我也無從知曉。

根據研究人員重建的高山櫟支序的親緣關係，刺葉高山櫟與最近的姊妹物種——光葉高山櫟大約在一千五百多萬年前分家，與支序內其他物種的起源時間非常接近。

然而，相較於它們，刺葉高山櫟本身確實具有一些值得注意的獨特之處。首先，在高山櫟支序中，它是空間與海拔梯度變化範圍最大的物種。正因如此，它常常被發現與其他近親物種發生種間雜交現象，而與刺葉高山櫟相關的這些天然雜交個體往往為植物分類學家在野外鑑定植物時帶來挑戰。此外，刺葉高山櫟是高山櫟支序中唯一向東亞島弧遷徙的成員。有趣的是，在它遷徙的歷史過程中，它沒有傳播至日本列島、呂宋島，唯獨來到臺灣，成為我們與泛青藏高地之間最直接的生物性連結。刺葉高山櫟為何獨厚臺灣？它明明是高山櫟支序中生態適應性最大的物種，應該也能在溫帶的日本列島，或是菲律賓群島的高山上找到生育地。關於這個現象，研究人員目前仍未找到合理的解答。有些人認為，

嘆息灣的地標，溪水迴灣處的老高山櫟。（游旨价攝）

地緣關係或許是一條線索。近期，研究人員根據一百三十個來自東亞大陸及臺灣的刺葉高山櫟個體，重建這個物種在族群尺度上，至今取樣最完整的分子親緣關係樹。利用這個結果，他們試圖推論臺灣刺葉高山櫟族群的生物地理起源地。

研究人員發現，從遺傳結構來看，東亞大陸的刺葉高山櫟可以明確劃分為西方和東方兩個譜系。前者包含了分布於東喜馬拉雅山區、橫斷山的族群，後者則是分布於秦嶺、大巴山、武夷山的族群。由於東、西兩個譜系間具有完全不同、相對獨立的遺傳成分，顯示兩個亞群之間存在很大的遺傳分化。有意思的是，臺灣的族群恰好屬於地緣關係較近的東方譜系，而非直接源於橫斷山所在的西方譜系。在分子定年分析的結果中，東、西兩個譜系至少在上新世時期（約八百五十萬年前）就已經產生明顯的遺傳分化，但研究人員目前仍無法確認，阻斷兩亞群之間遺傳交流的因素為何。不過，他們普遍相信，上新世以來的全球大降溫與乾旱，尤其是更新世冰河期的循環，肯定與刺葉高山櫟各種遺傳結構的產生脫不了關係。因為從刺葉高山櫟現生族群占據的生態棲位來看，這個物種雖然耐冷，但卻偏好較為溼潤的生育地。而上新世以來，與秦嶺、大巴山比鄰的橫斷山北部，因為海拔高度整體比橫斷山南部高，氣候更為寒冷、乾旱，並不適合刺葉高山櫟的生存。這個環境條件上的差異性，可能因此阻斷了秦嶺、大巴山族群和橫斷山南部族群間的交流。甚至，上新世以來一系列與低溫、乾旱有關的氣候變遷，也是刺葉高山櫟前往臺灣的一個潛在原因。

上　屬東方譜系的四川宣漢大巴山的刺葉高山櫟（黃健攝）
下　屬東方譜系的湖北神農架山的刺葉高山櫟（黃健攝）

當冰河期來臨之時，刺葉高山櫟的兩個亞群受迫於中緯度帶的低溫，各自的分布中心都向南方遷移。當西部譜系受惠於橫斷山的南北走向，輕易地往南傳播之際，東部譜系的族群則順著中國大陸華中、華南地區錯綜複雜的山脈系統，一路遷往大陸的東緣。目前在武夷山、戴雲山和大盤山仍零星生長刺葉高山櫟的族群，或許足以作為這趟過往遷徙的證明。事實上，刺葉高山櫟的遷徙，除了受惠於地貌，它的橡實本來就是許多鳥類或囓齒類動物的主食之一，因此它們的擴散可以靠著松鼠、老鼠或雉雞之類移動能力較強的動物來實現。冰河期時，臺灣陸橋浮現，刺葉高山櫟的種子或許就是由這些動物譜系帶來到臺灣島上。此外，由於呂宋島在冰河期時沒有陸橋相連，而日本列島又因緯度太高，氣候條件或許不適合刺葉高山櫟的繁衍，種種因素影響下，亞熱帶的臺灣才因此成為東亞島弧上，刺葉高山櫟唯一能夠生長並繁衍的天堂。

記得小時候讀李白的詩，特別喜歡他登秦嶺和太白星說悄悄話的故事，覺得很浪漫。但如今知道刺葉高山櫟的原鄉之一亦是秦嶺後，我的願望已不再是和太白星一同神遊天界。我只希望有天自己能夠搭乘時光機，穿越時空回到一千多萬年前的秦嶺，看看那片未來將傳播到中央山脈深處的刺葉高山櫟母林，究竟是什麼模樣。自從開始接觸生物地理學，我在腦海中便時常幻想著各式植物的古今旅程，不只是刺葉高山櫟，我從這種想像似乎看見臺灣是以如何多元且宏觀的方式鑲嵌在地球歷史中。在關注世界上其他植物的時候，我會意外地發現臺灣原生植物近緣物種的身影，就像在橫

刺葉高山櫟的地理分布圖

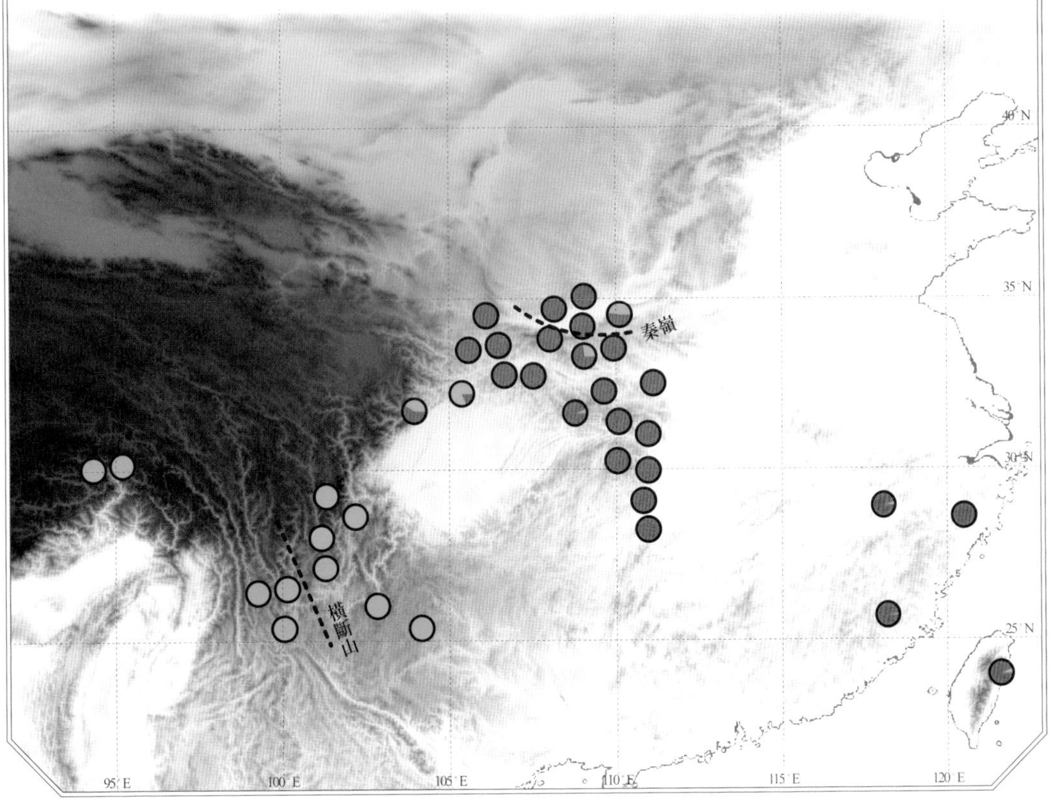

每一圓圈代表一個族群，圓圈中的顏色代表該族群遺傳組成分別來自東方譜系或西方譜系的比例。

柳志昀重繪，來源：Evaluating Population Genetic Structure and Demographic History of Quercus spinosa (Fagaceae) Based on Speci c Length Ampli ed Fragment Sequencing. *Frontiers in Genetics* 10 (2019).

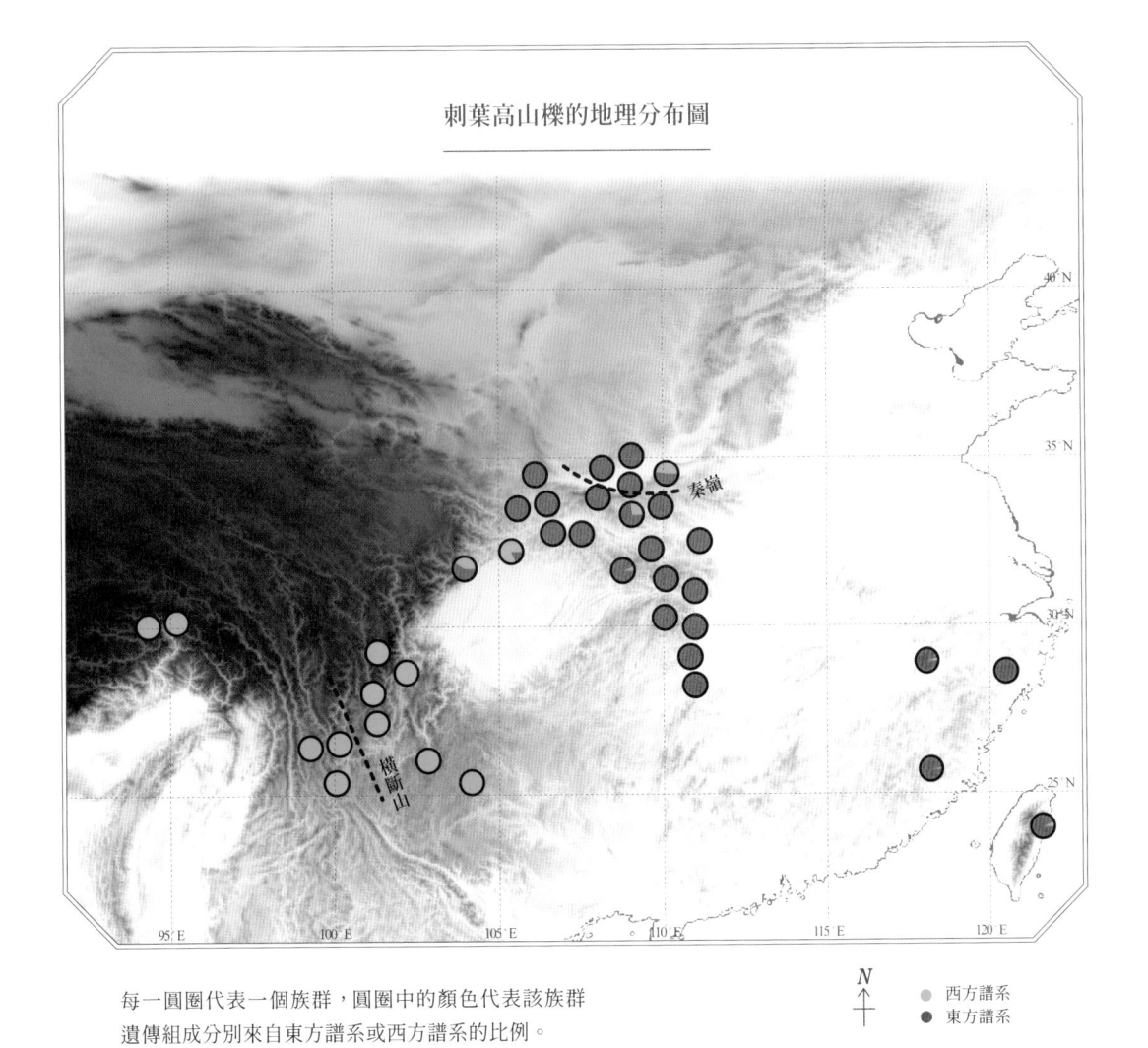

斷山遇見了老朋友高山櫟一樣。以前我不曾想過，原來自己在臺灣登山時所途經的森林，竟可能是古代地球某一個角落失落的樣貌。也或許，從前我並沒有好好理解洪堡口中的萬物連結。關於他筆下的這張關係之網，原來不只是單向的，也可以是雙向的，它既能回到過去，也能從過去通往現在。在地球四十六億年的歷史裡，臺灣的存在宛如蜉蝣在世，但這並不代表它所乘載的自然史也一樣短暫。就像臺灣中部的山上曾發現中新世時期（約一千五百萬年前）的棕櫚科化石，暗示現在的高山曾是某處熱帶的海濱，這些地球所屬之物，在漫長的時光裡彼此相遇、改造、重組，最終聚合在臺灣，並與世界展開新的連結。換句話說，儘管臺灣在地球過去大部分的時代裡都缺席，但未來屬於臺灣的很多元素，其實早已在地球的某處成形了吧。

後記　在六千公尺山體中沉睡的森林

不同於預測未來的科學，研究過去事物的科學，其魅力在於藉由瞭解事情的起因，來更好地理解世界運作的方式。

比爾林，《植物知道地球的奧祕》

關於高山櫟支序是如何走上青藏高原研究的舞臺，時間點也許可以追溯到二十世紀中葉。一九六四年，一支由登山隊員和科研人員組成的喜馬拉雅山攀登隊展開了征程，他們的目標是當時世界上最後一座八千公尺處女峰——希夏邦馬。一如大航海時代的遠征隊，這支攀登隊裡每個人都懷著雄心壯志，登山者希望戴上登頂的桂冠，而科研人員則希望藉由這趟遠征為科學新知做出貢獻。因為曾經，如何解釋喜馬拉雅山脈如此高聳，是地質學者汲汲追尋的學術聖杯。當時許多學者已經想到這個問題的解答或與青藏高原的隆起息息相關，但他們仍需要確定化石出土的岩石層位來佐證自己的想法，這趟希夏邦馬峰的遠征因此成為一趟關鍵之旅。不過，地質學者們沒想到的是，最終在海拔六千多公尺的冰河邊上，他們除了採樣到岩石，亦意外發現一小批帶著樹葉印痕

的化石。在當時的採集品裡，那塊嵌著某種高山櫟支序成員葉印的砂岩特別引人注目。它保存完整的形態明白地告訴眾人，在古老的地質年代裡，希夏邦馬峰的所在並非冰雪蒼茫，而是有著森林植被覆蓋。

這塊驚奇的化石一開始是在海拔五千九百公尺的冰河邊緣處找到。當時考察隊的領隊並非植物學者，但從化石上清晰的葉形與葉脈辨別出是某種闊葉樹葉片的印痕。只是令他疑惑的是，為何眼前這片寸草不生的高地竟會挖出一塊闊葉樹的化石？考察結束，化石被帶去讓古植物學者鑑定，確認為某種高山櫟。對研究植物化石的學者來說，高山櫟支序物種的鑑定並不難，因為它們靠近葉尖處的葉脈常有一種Z字型的曲折構造，有點像是山的輪廓，就算變成化石也不會消失。由於現代高山櫟支序的物種大多生長在海拔二千至四千公尺左右的山

曾經擁有森林的希夏邦馬峰，如今已是白雪茫茫的高山孤嶺，也是古生物學者考察的現場。（黃健攝）

區，遠低於希夏邦馬的化石發現點之高度。研究人員猜想，假如高山櫟支序的物種生長習性一直未曾改變，那就代表在現今海拔接近六千公尺的地方，曾經長著跟如今山腰地帶相似的森林。這樣的海拔分布變遷，進一步引發古植物學者的大膽發想。他們想著，也許可以利用高山櫟支序古今分布的海拔落差來推估喜馬拉雅山的隆起速率。

為了這個目的，學者們對這幾塊葉印化石進行年代測定，沒想到結果卻令他們大吃一驚。這塊喜馬拉雅高山產的高山櫟化石竟然只有二百多萬年的歷史，遠比預期的年輕。基於前述假設，如果這塊化石裡的高山櫟當時存活的海拔是二千五百公尺，對照此刻化石出土的海拔五千九百公尺，不就暗示喜馬拉雅山可能在過去二百萬年內長高了三千四百公尺！身為壽命不到百年的人類，我們可能很難想像這個數字代表了什麼。但如果拿這個隆升速率很粗略地和地球多數山脈相比，喜馬拉雅山這二百萬年來的成長，相當於一個青春期的孩子用比同輩快兩倍的速度長高。古植物學者以此結果發表了一篇論文〈希夏邦馬峰高山櫟化石層的發現及其在植物學和地質學上的意義〉。據說這是一篇研究青藏高原地質歷史之人都必讀的一篇經典文獻，因為這個研究可能是科學家第一次嘗試利用化石對喜馬拉

喜馬拉雅作為超高海拔的山脈，到底花了多久時間「長高」仍是未知之謎。圖為海拔七千到八千多公尺不等的安娜普納群峰。(雪羊攝)

雅山和青藏高原的快速隆升做定量的估測。

靠著這幾塊高山櫟支序的化石，當時的學者們理解到，世界最高山脈的高度也許並不是以一種緩慢穩定的步調堆積而來，而是在短暫之間便滄海桑田。二百多萬年來，希夏邦馬峰地表的景色在山體隆升的過程中由綠色迅速過渡到雪白，昔日鳥獸啼鳴的森林儘管化為寒風呼嘯的冰河，但在化石的守護下，幸運地化為一段被凝固的時光。古植物學者當年的嘗試可以算是一種方法學上的創意，至今，使用生物化石來重建化石地點的古海拔，甚或是用來重建古氣候（譬如使用化石植物葉片的氣孔密度來推估古代大氣二氧化碳的濃度）廣見於古生

物學研究裡。然而，隨著科學技術不斷發展，上個世紀學者們的推論也開始受到質疑。二〇〇七年便有研究指出用希夏邦馬高山櫟化石重建喜馬拉雅隆升速率的方法並不精準，有調整的空間。甚而，也有研究者質疑當時這塊高山櫟化石並非從地層中挖出來的，而是考察隊員在地表拾得，在缺乏化石所在的原始地層資訊以及地層裡其他生物類群的前提下，這塊化石的年齡是有爭議的。

二〇二一年，一批年輕一輩的古植物學者為解決這個謎團，再次組織科學考察隊重返希夏邦馬峰。他們拿著上個世紀留下的文獻資料希望能找到當時發現化石的地點，並在周遭地區進行化石挖掘。很幸運的，這支考察隊再次找到高山櫟支序物種的化石，並且還是從岩層裡用地質槌敲出來的，這有助於解決前人對化石缺乏明確岩層資訊的質疑。除此之外，他們還在鄰近地區找到一片有一百多公尺厚，富含各類生物化石的新生代砂岩地層。初見這條新聞，我感到熱血沸騰，在腦海裡幻想著考察隊在雄偉的冰河畔緩慢移動的身影，以及迴盪在空氣中地質鍾敲擊地表所發出的清脆聲響。他們究竟在六千公尺的高山上挖到什麼樣的化石？我們對遠古時代的喜馬拉雅山的想像是否會因為這些新發現而有改變？多麼期待成果公開發表那天的到來。

參考文獻

The use of geological and paleontological evidence in evaluating plant phylogeographic hypotheses in the Northern Hemisphere Tertiary. *International Journal of Plant Sciences* 162(S6): S3-S17 (2001).

A major reorganization of Asian climate by the early Miocene. *Climate of the Past* 4: 153-174 (2008).

Allopatric divergence, local adaptation, and multiple Quaternary refugia in a long-lived tree (*Quercus spinosa*) from subtropical China. *bioRxiv* (2017).

Evaluating Population Genetic Structure and Demographic History of Quercus spinosa (Fagaceae) Based on Specific Length Amplified Fragment Sequencing. *Frontiers in Genetics* 10 (2019).

East Asian origins of European holly oaks (*Quercus* section *Ilex* Loudon) via the Tibet-Himalaya. *Journal of Biogeography* 46(10): 2203–2214 (2019).

Genomic landscape of the global oak phylogeny. *New Phytologist* 226: 943–946 (2019).

No high Tibetan Plateau until the Neogene. *Science Advances* 5(3): eaav2189 (2019).

Cenozoic topography, monsoons and biodiversity conservation within the Tibetan Region: An evolving story. *Plant Diversity* 42(4): 229-254 (2020).

Late Eocene sclerophyllous oak from Markam Basin, Tibet, and its biogeographic implications. *Science China Earth Sciences* 64: 1969–1981 (2021).

The Paleogene to Neogene climate evolution and driving factors on the Qinghai-Tibetan Plateau. *Science China Earth Sciences* 65: 1339–1352 (2022).

Cenozoic plants from Tibet: An extraordinary decade of discovery, understanding and implications. *Science China Earth Sciences* 66: 205–226 (2023).

第四章

橫斷山巔的小檗王國

楔

臺灣是一座生物多樣性之島，這樣耳熟能詳的一句話，卻一度令我困惑不已。一個小海島何以能被喻為創世紀裡的方舟，乘載了成千上萬的物種？我總記得小時候在電視裡看到非洲大草原，裡頭棲息著各式各樣的野生動物。心中一直有個印象，物種很多的地方應該也是土地很大的地方。然而臺灣的情況顯然與此相悖。箇中原因的探究，最終成為我關注臺灣之所以能是一座生物多樣性之島的濫觴。如今，靠著研究小檗這類山地植物的演化，我逐步釐清高山與臺灣生物多樣性之間的許多關聯，還從中窺探到些許全球植物多樣性的分布之謎。甚至，我為此有了一段意外的際遇。為了探尋臺灣小檗們可能的原鄉，我在三年多前來到東亞內陸的橫斷山。藉由研究這裡超過二百多種特有小檗的分化歷史，我得到了嶄新的視角，回顧並反思我在臺灣研究小檗十年所得的見解。

之一　星球的植物園

在這裡，鬱閉的林地和長滿苔蘚、耐蔭植物的原生森林早已是夢境中的畫面。它們過往的痕跡以腐殖層的形式在此地留下（在某些地方看起來類似於高山上的泥炭）。除了腐殖土之外，此地植被主要就由醜陋且低矮的荊棘灌叢，像是狹葉的血紅小檗和高山櫟所構成，其中零散分布著一些山地杜鵑花。

馮・韓德爾－馬澤蒂（Heinrich von Handel-Mazzetti），
《中國西南地區的植物學先驅者：一位奧地利植物學家在第一次世界大戰期間的經歷和印象》，一九二七年[1]

在韓德爾－馬澤蒂的橫斷山探險裡，小檗的存在或許只是為了襯托美麗的山地針葉林或其他優雅的高山植物。這類可憎的植物或從山崖上垂下，或埋伏在小徑旁，用帶著尖刺的枝條突擊走過的旅人。但偏偏，卻又是這樣的醜陋之物，在橫斷山漫山遍野，隨處可見。它們的猖狂與其貌不揚讓只在意珍稀物種的植物獵人一點都不想為其留下紀錄。不論是在韓德爾－馬澤蒂的報告、金敦－渥德的旅

1　馮・韓德爾－馬澤蒂（Heinrich von Handel-Mazzetti, 1882-1940），奧地利植物學家，維也納自然史博物館館長。一九一四年前往中國，在雲南、四川、貴州、湖南等地做植物研究，於一九一九年返回維也納。他留駐中國期間，正值第一次世界大戰。引文原書名為「Naturbilder aus Südwest China」，一九二七年於維也納出版，本書引文參考自一九九六年英文版「A Botanical Pioneer in South West China: Experiences and Impressions of an Austrian Botanist During the First World War」。

札，甚至是在威爾森的研究中，滿山遍野的小檗只被當成橫斷山植被裡的某種基本元素，它們究竟有多少種，植物獵人們並不關切。

事實上，植物之美，見仁見智。人們覺得不美的植物，除了受限於本身的主觀美感，很多時候也是出自於對植物的不瞭解。二〇二一年，《自然植物》(*Nature Plants*)雜誌的一篇報導指出，美麗的植物比較容易受到科學家的關注。這種現象造成某些具有研究潛力的植物長期被科學界忽略，也對全體人類的福祉帶來無謂的損失。從實際的經驗來看，許多植物學的新進展其實源於不起眼且「醜陋」的植物，譬如阿拉伯芥，其長期用於植物基礎科學的研究，在作物育種、品種改良上扮演著重要的角色。而在我眼裡，小檗或許也是類似的存在。儘管沒有任何植物獵人願意為它花心思，但小檗在橫斷山當地少數民族的生活裡，好處早已眾人皆知。他們將小檗喚作三根針或是刺黃連(哈巴村的納西族朋友說，他們管大葉子的小檗叫大黃連，小葉子的叫小黃連)。這是因為小檗除了植株帶刺，體內組織也富含小檗鹼，使得去皮的枝條與根鬚經常呈現亮眼的鮮黃色。小檗鹼是一種植物二次代謝物，具有殺菌、消炎之效。當牙痛或拉肚子的時候，橫斷山的少數民族會將小檗枝條去皮嚼食，抑或冷泡成藥水來喝。據說上個世紀，山區裡還有居民發展出提煉小檗鹼，做成藥物的技術。足見其療效與在庶民生活中的重要性。

雖然在臺灣，我不曾聽過原住民族會以小檗作為藥用，[2]但卻是臺灣的小檗讓我

2　小檗屬的姊妹屬——十大功勞屬，海拔分布較低，有被原住民作為藥用的記載。

看見醜陋植物的平凡之美。臺灣原生小檗的美好，對我來說不是藥性，而是它有趣的種化歷史。在我念研究所初期，我和登山社的夥伴在臺灣山間奔波，採集小檗。在這個過程裡，我發現，在這些愛爬山的植物分類門外漢口中，那些都叫「小檗」的東西，其實可能是包含十多個不同物種的集合名詞。確定臺灣島上到底有多少種小檗，闡明它們之間在形態上如何區分，遂成為博士班指導教授給我的第一個任務。

神武小檗與學姐

少時曾十分不解，臺灣不過就一太平洋小島，何以各式媒體、書籍經常提到臺灣生物多樣性很高，是一座生物多樣性之島。當時的我直覺想來，物種數多的地方通常應該土地面積很寬廣吧，不該是臺灣這樣一座小島。這種刻板印象也影響了我對臺灣產小檗屬物種多樣性的看法。起初，指導教授提到臺灣有七、八種小檗的時候，我在心裡想著怎麼可能？臺灣這樣的小島，小檗屬裡有兩、三個物種應該就很多了吧。老師說有七、八種，會不會都是分類學家亂分的？

未料命運弄人，自己後來不僅成為證明臺灣就是有很多種小檗的分類學學生，甚至還為這個屬在臺灣島上添加了三個新物種。在我們發現的小檗新種裡，神武小檗（*Berberis ravenii*）[3]是我最難忘的一種。它的中文名稱聽起來有點武俠小說的感覺，但其

3 神武小檗學名裡種小名使用的字根：raven，是生物地理學和保育生物學學者Peter Raven 博士。

實是指這種小檗的主要分布地——臺灣南部萬山「**神**」池至大「**武**」地壘間的山區。神武小檗之所以讓我特別難忘，是因為它是一個意外之喜。二〇〇九年的寒假，我和山社夥伴計劃了一趟中央山脈南南段的山旅，我們打算從高雄的 Langoathae（萬山神池）縱走到 Talupalringi（大鬼湖）。途中，在萬山舊部落的後山上，我與一叢小檗偶然邂逅。由於那個地方海拔不高，我並沒有預期會遇到小檗這類「高山植物」。然而讓我覺得奇怪的是，這叢小檗，外觀形態似乎也不像我曾看過的物種。它有著狹長披針狀的葉片，莖是鮮豔的紫紅色且帶點匍匐性，不同於其他臺灣產小檗常見的橢圓形葉片和直立形態。

當時因為我才剛開始接觸小檗屬的分類學，心中並無十足把握判斷眼前的東西是否是一個新物種。因此下山後，我急忙到林業試驗所的標本館查看館藏的小檗標本，竟在一份一九八三年由呂勝由老師採自林帕拉帕拉山（倫原山）的標本上，見到幾乎帶有一樣形態的植物。那份標本上貼上了一個寫著「長葉小檗」的鑑定籤。當時，長葉小檗是一個比較神祕、仍需要確認存在的物種。我和指導教授曾因此花了不少時間考證它的模式標本[4]和原始發表文獻。基於這些經驗，我心裡很明白鑑定籤肯定有誤，眼前這標本並不是長葉小檗。於是，我第一次在心裡興起了去林帕拉帕拉山找小檗的念頭。

慚愧的是，雖然大學時代常常登山，我卻不知林帕拉帕拉山在哪裡。直到查閱社

4　模式標本（Type specimen）乃指分類學家命名發表新物種時，用來描述形態特徵的引證標本。

辦裡的地圖才恍然大悟，林帕拉帕拉山位於通往Talupalringi的山徑起點附近，是一座沒沒無名的偏僻山頭。儘管如此，相較我首次發現怪異小檗的萬山部落後山，林帕拉帕拉山因為Talupalringi的山徑存在，仍顯得較為可親。隔年春天，我興致勃勃地規劃起林帕拉帕拉山之旅（會挑春天是因為想看到花），沒想到，當我問起登山社夥伴，因為臺北到屏東的交通開銷太大，他們一個個興致缺缺，幸虧最終得到指導教授的補助，才總算找來一群老夥伴。對他們來說，就當作是有人資助去遙遠的屏東蒐集一顆三角點。原本以為，在登山社的襄助下，登頂林帕拉帕拉山必然水到渠成，結果證明我還是把山想得太簡單了。

林帕拉帕拉山在當時算是一座較野的山峰，攀登仍有難度。由於標本並未附上GPS位點，因此我們並不知道植物實際生長的地點。當我們一走上往林帕拉帕拉山的岔路口，便睜大雙眼，搜索視野裡所有長得像小檗的東西。短短一公里的單攻路，大夥走得心浮氣躁。登山社的人覺得一面找植物，一面前行的速度太慢，我則覺得大家走太快我會來不及找植物。距離林帕拉帕拉山愈來愈近時，我開始有種預感，該不會非得要到盡頭的山頂才會遇到小檗吧。最終，預感成真。這疑似新種的小檗果真長在三角點旁。就在大家已走到火冒三丈，更讓人洩氣的是，這叢小檗只有一朵朵粉嫩的花苞，未見花開。這個畫面幾乎宣告這次植物探勘的失敗，因為一個新物種的發現若是缺乏繁殖器官的描述，其結果往往會被同行質疑。這意味著，我必得在不久的將來再來一趟林帕拉帕拉山……

一個月後，我再次組了探勘隊。這次更難招人，因為去過林帕拉帕拉山的登山社員對這條路線再沒興趣。我只好針對登山社裡念生科系或森林系的社員特別私下詢問，用尋找新物種的理由誘惑他們，而森林系畢業的W學姐正是被這個理由「誘惑」而來的登山社成員之一。自從學姐答應我後，我就感覺她比其他隊員對這趟山旅更為積極。她對我說，她雖然對植物分類學有興趣，卻不是專業研究的人，因此從沒想過能夠參與發現新物種的工作。對她來說，這就跟探勘未知山野一樣，是一場充滿誘惑的「探險」。

記得當我再次來到林帕拉帕拉山三角點時，我在W學姐的指導下，成功使用便宜的旅遊小相機，靠著小花模式拍出花朵的細部形態，並依此確認了這個物種與其他已知的小檗不同。返程途中，W學姐一馬當先走在前面為我開路除蔓。她小心翼翼，深怕我手中的帶花枝條被箭竹或刺藤掃到（新手如我當時連用來裝植物的大夾鏈袋都沒帶在身邊）。旅程結束後，W學姐在通訊軟體上留言給我，她說能夠見證新種的發現是她難忘與珍惜的回憶，因為她原本以為臺灣已經很難再發現新物種了。同年秋季，我再次來到林帕拉帕拉山拍攝這個新種的果實形態，至此，歷經三趟山旅，我總算蒐集完發表新物種所需的素材。二〇一四年，我跟指導教授將神武小檗正式發表在科學期刊上。

新種發表後，隨著博士班課業漸重，我與W學姐也漸漸沒有聯絡。二〇二〇年底，我赫然得知W學姐已因故離開人世。看到消息那時，深埋在我心中，有關W學姐、神武小檗和林帕拉帕拉山的回憶突然一湧而現。W學姐是那支隊伍中唯一跟我一樣，看見新種開花時興奮尖叫的人。因為她對那趟旅程的珍視，我開始思考在臺灣發現新物種的意義。

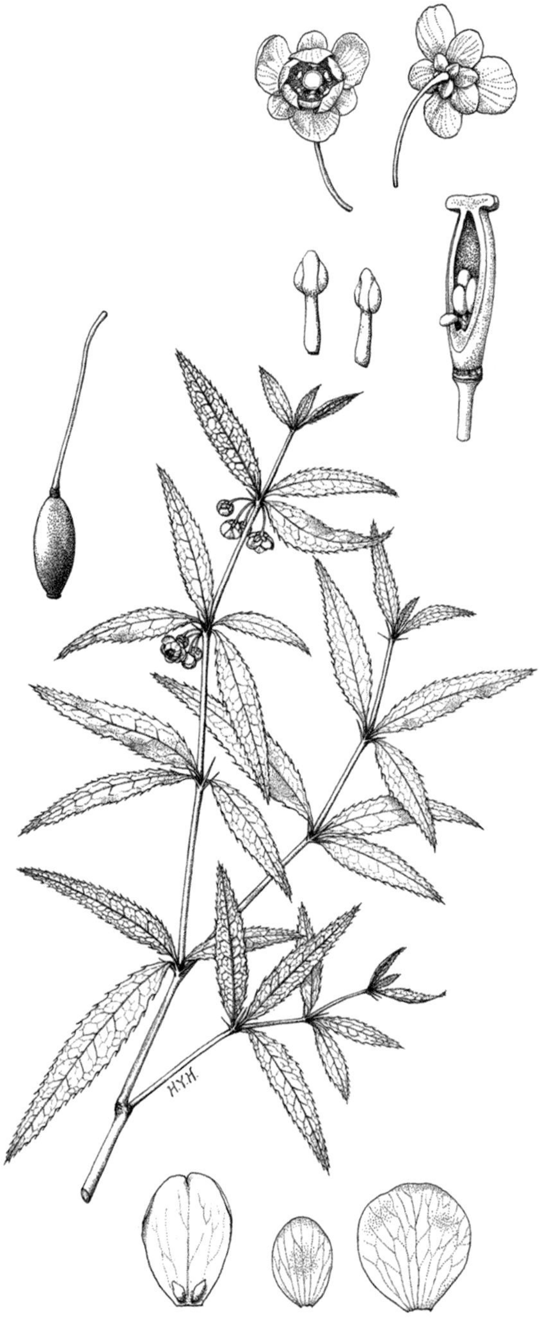

神武小檗發表之時所使用的線繪圖（黃瀚嶢繪）

南臺灣小檗

剛開始研究小檗的時候，我一直假設小檗是喜歡寒冷氣候的高山植物，所以在臺灣，它應該只能在三千公尺以上的山區才能找到。但顯然神武小檗並不是，它生長的海拔最低可低至一千五百公尺，而且還是在氣候整體來說比較溫暖的南部。為什麼小檗可以長在這樣暖和的山區？一開始，我試圖從神武小檗的分布區去尋找答案。

在一些老山友口中，林帕拉帕拉山所在的山區被稱為「中央山脈主脊陷落區」。因為，當中央山脈延伸到南臺灣的卑南主山[5]時，山勢從三千多公尺的海拔突然一路起伏下降，一直到下一座三千公尺級的北大武山，兩山之間沒有任何超過三千公尺的山頭。也因此，山友口中的「陷落」，並不是指這裡曾經發生過什麼大規模的山崩或地質事件，而是指從海拔來看，這裡比鄰近地區**低矮**了不少。

儘管沒有雄偉高山的矗立，中央山脈主脊陷落區卻孕育了一片廣袤又神祕的森林，這裡有巨大的扁柏，還有古老的臺灣杉純林。過去百年間，這裡不僅學者很少駐足，就連登山者也不多見。世居此地的原住民，更將森林深處視為祖靈神祕的居所。雖然沒有實際的氣象站數據，陷落區也以古怪的氣候聞名。相較更南邊一點的同海拔山區，這裡終年雲霧繚繞，環境更為溼涼。森林中的土壤一年四季都十分泥濘，每棵大樹上掛滿了松蘿和厚薄不一的苔蘚與附生植物。在我眼裡，這裡完全不像南部平地

5　卑南主山位於高雄市與臺東縣交界，海拔三二九三公尺，是臺灣南部著名的百岳之一。

或矮山上的森林，反而更像臺灣東北部受季風滋潤的山地雲霧林。而這也很大程度地解釋了，為什麼神武小檗可以出現在南臺灣較低海拔的山區。在雲霧的滋潤下，喜歡冷涼氣候的小檗屬物種得以在沒有高山的情況下生存、繁衍。儘管如此，當時的我卻沒想到，神武小檗的發現只是一個開始，中央山脈主脊陷落區的環境對小檗種化的影響比我想的還要複雜。

在發現神武小檗後，我和指導教授更加關注起這塊神祕的山區。奇怪的是，從野外拍攝到的照片裡，我們隱隱察覺到，海拔陷落區內似乎還有另外一種未知的小檗。它們被拍攝到的地點通常是陷落區內海拔二千公尺以上的山頂，不像神武小檗大多是在半山腰的森林邊緣。在沒有開花結果時，它整體的外觀模樣跟中央山脈上常見的臺灣小檗非常相似。果實的形狀卻是從未在植物誌中被記載過的圓球形，大小也比一般小檗來得大，帶點白粉的黑藍色光澤總讓我想到俗稱樹葡萄的嘉寶果。某年春天，我和登山社的夥伴在北大武山頂進一步觀察到這種小檗的花朵形態，並確認其與臺灣小檗不一樣（花萼大小、胚珠數目等形態）。隨後，在經過DNA分析的驗證後，我跟指導教授終而確定這又是一個新的小檗物種。由於特產於南臺灣，因此我們將它的中文名字命名為南臺灣小檗（*Berberis pengii*）。[6]

神武小檗和南臺灣小檗都是臺灣特有種，也是唯二生長在中央山脈主脊陷落區的小檗。在實際的野外勘查裡，我們很少看到這兩種小檗分布在一起。它們彷彿約定

6　南臺灣小檗學名中種小名的字根：peng，源於臺灣植物學者彭鏡毅博士。

南臺灣小檗

神武小檗

王錦堯繪

好，神武小檗長在海拔比較低的地方，南臺灣小檗長在海拔比較高的地方。這種地理分布的特性更進一步讓我理解到，在臺灣，獨特的生育地環境和植物特有種的演化原來可以如此相關。僅僅靠海拔分布的差異，就可以讓一片山區擁有兩種小檗。甚而，從物種豐富度來看，這種現象明顯地提高了整個臺灣島小檗屬的多樣性。如果其他山地植物類群也跟小檗有一樣現象，那麼臺灣植物多樣性很高的原因之一也許正是山區海拔的落差!?

全球維管束植物分布的奇特模式

在同樣的緯度帶，海拔落差巨大的山地擁有較多的物種並非只發生在臺灣島的小檗屬物種身上。早自十九世紀初，洪堡活躍的年代，科學家便已猜測全世界的植物多樣性或以一種極度不平均的形式濃縮在熱帶的高山上。十八世紀，有些博物學者在追尋香料產地的過程裡，首先留意到世界上的植物種類似乎集中分布在熱帶地區，尤其是太平洋的海島群。十九世紀以降，隨著諸多改變人類歷史的新物種從南美洲的亞馬遜雨林中被發現，人們逐漸相信熱帶地區是植物物種最多的所在。前往熱帶地區遊歷與探險，成為一些維多利亞時代仕紳夢寐以求的成年禮形式，就像我們熟悉的演化學之父達爾文和華萊士[7]一樣。受到洪堡《個人記述》（*Personal Narrative*）[8]的激勵，達爾文

全球維管束植物物種多樣性分布圖

圖中可見，熱帶高山山脈的物種數普遍較高。研究人員目前光在安地斯山和泛青藏高地上便已發現超過六萬種維管束植物（約占全球多樣性的五分之一）。考量到這兩座山脈在地表所占面積不到百分之二，熱帶山地的單位面積植物種數高得令人不可思議。

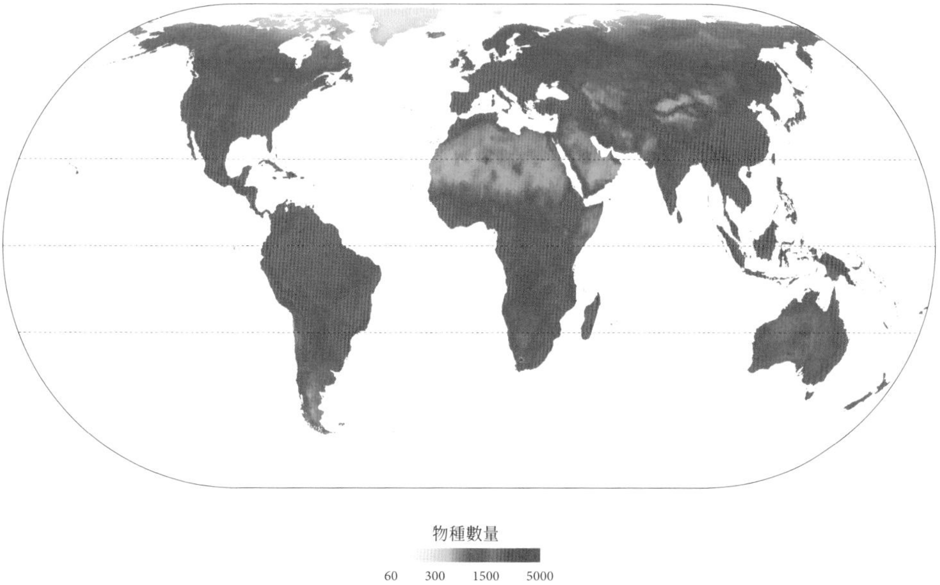

柳志昀重繪，來源：Global models and predictions of plant diversity based on advanced machine learning technique. *New Phytologist* 237: No. 4 (2023).

在一八三一年毅然登上小獵犬號環遊世界，而華萊士則於一八四八年與貝茨(Henry Walter Bates)結伴，探索如今隸屬巴西的亞馬遜地區。

在航行的遊記裡，達爾文(一八三九年)談到亞馬遜森林，「在令我印象深刻的景象中，沒有任何一個比未被人類玷汙的原始森林更崇高……」，而華萊士也寫道，「巴西這個國家有一個自然特徵，就是熱帶的『原始森林』。它的趣味性和宏偉性可以在一次散步中得到充分體會。在這裡，任何對壯麗和崇高有感覺的人都不會感到失望。」他們兩人各自通過熱帶雨林裡眼花撩亂的物種，理解到生物多樣性的變化範圍遠比想像中巨大，並很可能受此啟發，展開對生物多樣性起源的思考(意即物種是否會逐漸變化的想法)。如今，學者根據數學模型量化了達爾文與華萊士當年眼中的生物大觀園。以維管束植物為例，他們估計南美洲的熱帶地區可能蘊藏了八萬個分類群(包含模型預測的尚未被發現的新物種)。其中，亞馬遜盆地尤為不可思議。它的存在不僅對熱帶地區的植物多樣性產生顯著影響，也使全世界人們意識到在相同地域分布的植物可以達到何種程度的多樣化。曾有研究人員在一公頃(一百公尺×一百公尺)的亞馬遜雨林中記錄到九百四十二種植物，可謂世界紀錄。對於亞馬遜盆地的植物奇觀，一個主流觀點認為，植物多樣性特別高的原因是由於數千萬年來當地一直保持著適宜植物生長的溫暖氣候，甚至包括更新世的冰河時期。

7 華萊士(Alfred R. Wallace, 1823-1913)，英國博物學者，與達爾文各自構思出了天擇的理論，在一八五八年與達爾文共同將該理論發表於學界。一八五四年起八年的時間，他都待在馬來群島做田野調查。除了天擇理論之外，他最重要的成就之一是提出華萊士線。

8 《個人記述》(*Personal Narrative*)的完整書名為「Personal Narrative of Travels to the Equinotical Regions of the New Continent, During the Years 1799-1804」，可翻譯為《新大陸亞熱帶區域旅行記，一七九九－一八〇四》，共有七大冊。

然而，儘管亞馬遜盆地如此特別，但如今愈來愈多研究證實，南美洲熱帶地區的高植物多樣性不只與其有關，位於其西側的安地斯山也是非常重要的關鍵地區。

洪堡可能是第一個廣泛地用科學方法探索安地斯山的歐洲博物學者。一八〇一年，在經歷過熱帶雨林冒險的震撼後，洪堡攜帶著各類儀器，打算穿越他心中的祕中之祕——安地斯山。一八〇二年，他和夥伴以基多（Quito，今厄瓜多首都）為基地，攀登鄰近數座高達五千公尺的火山。雖然主要目的是探查火山這種地貌的形成原因，但在過程中，洪堡也記錄了每座火山的海拔植被。洪堡發現在高山上，每種植物都有一個特定的居所。

〈安地斯之心〉(The heart of the Andes)。美籍畫家丘奇(Frederic Edwin Church)受洪堡一生事蹟所啟發的畫作。這幅油畫長十英尺、寬五英尺，其中描繪了安地斯山脈的自然，植物細節栩栩如生，以至於植物學者可以辨識出物種。也因此，這幅畫作不單純只是藝術品，也是向洪堡「自然繪圖」(Naturgemälde)概念致敬的科學作品。

來源：Wikimedia Commons

每往高處攀登一段，組成植被的植物種類就發生明顯的改變。從長滿山腳的棕櫚樹，到中海拔的橡樹和蕨類狀灌木，再到雪線之下的苔原與高寒植物。爬一座安地斯山的火山，就像從熱帶往溫帶地區旅行一樣。在那之後，世人憑藉著洪堡的安地斯山探險，開始對這座雄偉山脈的豐富生物多樣性產生好奇。然而，由於安地斯山山勢險峻、範圍遼闊，植物調查極度困難，學者對於安地斯山植物多樣性真正面貌的探索始終進展緩慢。近期，藉助新科技及跨國合作，總算能大抵估算出安地斯山的維管束植物種類。在這個嶄新的數據中，安地斯山至少有二萬個維管束植物分類群。甚至，有些學者指出，如果考慮到採樣強度和面積大小，熱帶南美洲的植物物種多樣性應該是在安地斯山達到高峰，而非傳統認知中亞馬遜盆地裡的雨林。

如今，來自安地斯山的諸多研究成果已促成植物多樣性研究的典範轉移，使得熱帶山地與雨林同樣成為植物多樣性研究的焦點。通過此脈絡，我似乎也有點懂了，位於低緯度的臺灣，儘管島嶼面積不大，但因為有著高山，具有較高的物種多樣性，一切都是順理成章。回想研究之初，小小的臺灣卻有很多種小檗，於我曾是一個悖論，需要一個合理的解釋。沒想到靠著在中央山脈主脊陷落區開始探索新物種，小檗竟然給了我一個清楚的答案。原來是山的存在，讓臺灣得以成為一座小檗之島。

解釋熱帶地區高生物多樣性的假說

至今，學者對於為何熱帶地區具有特別豐富的生物多樣性仍存在多種觀點。在二十世紀中葉以後，生態學家和演化學者曾提出了七個經典的假說，試圖解釋這個現象。這些假說雖然彼此並不互斥，但有些假說的內容已受到新的研究成果的挑戰。儘管如此，爬梳過往學者對此議題的主張與脈絡，對於我們綜觀並掌握熱帶地區生物多樣性之謎仍有幫助。

一、**時間假說**。該假說認為所有的生物群落在時間上都傾向於物種多樣化，因此，老的群落比年輕的群落有更多的物種。然而，有些學者認為，只有在傳播障礙明顯的情況下，時間假說才能在決定物種多樣性方面具有重要意義。在沒有傳播障礙的地方，由於物種都有機會迅速傳播，就算生物群落在時間上都傾向於物種多樣化，但物種多樣性的累積不會只受時間長短的影響。

二、**生態棲位假說**。此假說曾經流行一時，它認為熱帶地區有更多的物種，是因為具有較多的生態棲位類型。若一個特定的環境能為生物提供各種可能的謀生方式，那麼生態棲位的增加也將潛在地增加生物的種數。有些人也將其跟時間假說結合，認為由於低地熱帶地區在地質歷史上受氣候波動的影響最小，因此有更多的時間讓物種利用所有可用的生態棲位。

三、**氣候穩定性假說**。該假說與生態棲位假說、時間假說有關聯，但強調熱帶地區物種多樣性得以累積是由於氣候穩定。氣候穩定的話，生物賴以為生的資源也相對恆定，相比氣候不穩定的地區，熱帶地區的生物譜系因為資源缺乏而面臨滅絕的機率較低，也因此更允許生物產生多樣的適應性演化。然而，有科學家對此假說亦有所質疑，他們認為很難去定義什麼叫作氣候穩定性。譬如假設所謂的「穩定性」只是依據特定環境參數的平均值（譬如年均溫、年雨量），那麼熱帶地區的氣候是否真的比較穩定，其實並不一定。因為如果從日變化來看，熱帶地區一日內的氣候變化非常大，對許多生物來說，這並不代表「氣候穩定」，反而是較難克服的環境條件。

四、空間異質性假說。該假說認為，一個空間裡物理環境的異質性和複雜性愈高，該環境所能支持的動植物群落也就愈複雜和多樣。譬如，熱帶的高山地區擁有從低海拔熱帶到中海拔溫帶，再到高海拔寒帶的完整生育地範圍，而高緯度地區的高山不僅缺乏熱帶的生育地且具有季節性（冬季長期降雪），這最終導致生物可棲息的空間減少。

五、競爭假說。該假說認為，生物間的生存競爭是熱帶地區生物演化最重要的因素，而高緯度地區這種競爭較不激烈，主要影響物種存滅的因素是由物理因素所控制，譬如乾旱和寒冷。

六、捕食假說。與競爭假說相矛盾，這個假說聲稱熱帶地區有更多的捕食者、寄生蟲，這些捕食者足以壓制單種獵物的數量，以降低它們之間的競爭水準。競爭水準的降低允許新的中間獵物類型的增加和共存，這反過來又支援系統中新的捕食者。然而，捕食假說並不能解釋為什麼在熱帶地區一開始就有更多的捕食者和／或寄生蟲。如果有更多的捕食者是因為有更多的獵物種類，但有更多的獵物種類是因為有更多的捕食者，這樣的說法變成雞生蛋，蛋生雞的迴圈觀點。

七、生產力假說，此假說指出，生態系裡更大的基礎生產力能導致更高的多樣性。在植物物種生產力高的地區，食草動物可以獲得更多食物。在低生產力地區無法生存的物種可以在熱帶地區生存，因為那裡有過量的可用能量。

之二　洪堡之謎

達爾文說：「我們總是對自己所在地方的狀態比世界其他任何地區都熟悉得多。」他渴望瞭解世界，所以踏上了探索異鄉的遠征。而我在還未有機會認識其他國度的大自然前，也曾將充滿各類物種的臺灣森林視為理所當然。但我現在明白，這樣的「理所當然」並不對。如果你有機會遇到來臺灣登山的國外旅人，特別是那些來自溫帶國家的，你問他，臺灣的山與森林給他們怎樣的感覺？應該不少人會跟你說：複雜、多樣。因為相較他們居住的北方溫帶地區，那裡森林大多僅由單一或少數物種組成，臺灣的森林往往各類植物可能都可以找到一個以上的物種，是名副其實的視覺衝擊。

祕藏著原始之夢的森林

臺灣高山與日本博物學者的相遇相惜已有一世紀，鹿野忠雄的《山、雲與蕃人》目前仍是公認的臺灣山岳文學經典。他筆下的臺灣高山，粗獷、雄偉且神祕，令臺灣人感到陌生。然而，當我二〇〇九年開始熱中於去日本登山健行，我發現日本境內的火山嵯峨林立，位於本州中央的高山山脈更享有東方阿爾卑斯的美名。這些年來，日本山旅早已為我帶來許多臺灣無法看見的壯麗風景。那一座座插天的雪峰、遼闊的圈谷以及造型優美的外輪火山，都令我滿心眷戀。與此同時，我卻也開始感到疑惑，來自風景如此壯麗且山岳文化底蘊深厚的日本，鹿野忠雄為何還如此

作者游旨价（左）與伊東拓朗在雪山主峰（游旨价攝）

偏愛臺灣高山？

這個疑問埋藏在我心中深處，一直到二〇一四年暑假，在命運的安排下，我認識一位來自日本的植物同好——伊東拓朗（Takuro Ito），才似乎找到一絲解答的線索。在相處的短短兩個月裡，我與伊東一同爬了許多臺灣的山。藉由他在臺灣所經歷的視覺衝擊，我得以意外拓展自己對於臺灣高山與植物的想像。或許與百年前的鹿野忠雄心境相似，臺灣除了為伊東帶來知識上的震撼，也給予心靈上的滿足。臺灣、日本同為東亞島弧上的高山島，山地植物相的景觀卻因緯度差異而少有相似之處。走過太魯閣三角錐山、阿里山塔山、南湖大山與雪山，我將自己與伊東關於臺灣山地植物的討論整理下來。這些文字紀錄不僅是一位年輕日本人關於臺灣寶貴的初體驗，也是我們一窺臺灣山地獨特之處的窗口。

我：跟日本相比，你認為臺灣山區植被的特色是什麼呢？

伊東：臺灣是特殊的熱帶高山島。植物社會感覺比日本要複雜了許多，登山途中，一路從平地前往山區，可以觀察到植被景觀從熱帶過渡到山地溫帶植物相，明顯清晰的分帶，讓來自北方的我感覺十分新奇。在我的家鄉，山不太高，森林也比較單調了些，雖然隨著四季變化，森林會換上不同的色彩，但是好像就沒有臺灣森林那種一直一直充滿著活力的感覺。此外，印象最深刻的就是雲霧森林了！每每行過濃鬱的森林總有舒服、沁涼的感受，山區一到午後常常湧起大霧，森林裡的大樹穿著苔蘚與地衣所織成的綠色毛衣，就像是宮崎駿動畫《魔法公主》（もののけ姫）裡的森林！在日本的話，要到南方的屋久島等特定地區才能見到類似的景色。我在臺灣的雲霧森林裡見到了許多在日本沒看過的附生植物，十分地有趣呢！

你覺得印象最深刻的高山植物與自然景觀是什麼呢？

絕對是南湖柳葉菜了！這次在南湖大山圈谷的岩礫地上看到一叢叢葉子很小卻綻放著巨大粉紅色花朵的南湖柳葉菜，就像是從地裡面直接冒出一朵花的樣子，感到非常不可思議啊。因為柳葉菜這類植物在北方溫帶國家很常見，但是花通常比較小，沒想到臺灣的這

奇萊主北稜線上的南湖柳葉菜（游旨价攝）

個物種顛覆了我的常識，對我產生巨大的衝擊！而雪山山頂附近，出現在往雪山南峰路上的玉山圓柏白木林是這趟臺灣之旅中，我覺得最酷的自然景觀了！一大片像是白骨般的玉山圓柏死木非常奇特，下頭卻是正盛開著美麗花朵的高山花田，我在日本沒有見過這般生與死衝突的美，心靈好像被洗滌乾淨一般。

請說說在臺灣高山健行的真正感受。

其實說來有點不好意思，在來臺灣前，我對臺灣只有「很熱很熱的島嶼」的印象，但是藉由這次攀登南湖大山與雪山的機會，我才知道原來臺灣聳立著如此多的高山，而且讓人驚訝的是高山裡留存有萬年前山岳冰河的遺跡。位於熱帶的臺灣島居然有冰河地形，對我來說是十分震撼的事實。

南湖圈谷(游旨价攝)

南湖大山是我來到臺灣後第一座攀登的高山。在來臺灣之前，從前輩處得知那是一座高達三千七百公尺的高山，在日本也只有富士山有這樣的高度，但是，富士山基本上是一座老少咸宜的高山，我心想在攀登難度上應該是與南湖大山不能相比的，因此特別感到緊張。

以南湖大山為例，自登山口（思源埡口）出發，山路一開始在美麗的暖溫帶闊葉林中繞行，在這樣的森林中生長著許多和中國或日本共享的植物類群（像是葉長花、莢迷、八角和五加科的植物），見到它們令我感覺特別親切。一旦山路繞行到較為乾燥的向陽坡，就可以見到由英俊挺拔的臺灣二葉松組成的純林，每當涼爽的山風吹過林中，總是可以一洗登山所帶來的疲憊。

第一晚住宿的雲稜山莊，座落在美麗的臺

臺灣丹大的二葉松林（游旨价攝）

灣雲杉林中，我們抵達的時候已是下午四時左右，山區霧氣瀰漫，黝黑的大樹身影忽隱忽現於白霧之中，使森林洋溢著神祕感。大樹上攀附著藤蔓植物，伸出綠色的葉片好像在招手，樹幹上的青苔或是身旁的箭竹，都掛著一顆顆晶瑩的小水珠，我心想原來這就是臺灣雲霧森林的模樣啊！真的覺得好像會有《魔法公主》裡的小精靈突然從某棵大樹旁探頭出來呢！行程的第二天，我們一路陡升，在針葉森林下的山坡上慢慢可以發現許多草本植物，在離家千里之外的熱帶島嶼上，能夠看到許多在日本北方家鄉的植物類群，感覺特別地古怪！離開針葉林後，就是由岩峰與高原所組成的高山地帶了！不同於日本的高山地帶經常被翠綠的偃松所盤據，眼前的臺灣高山居然是一片片鮮嫩的青青草原。更讓人吃驚的是，隊友跟我說其實這些不是青草而是矮小的玉山箭竹，是名符其實的「竹原」！這是我從來沒有見過的景致。此外，我特別想提到五岩峰與審馬陣山附近的南湖杜鵑灌叢林。彼時正是南湖杜鵑新葉萌發生長的時刻，它們的葉子長滿獨特的橙色絨毛，像是火焰燃燒在黝黑冷酷的山脊上，真是絕美。最後，在小心翼翼地渡過五岩峰後，稜線突然陷落百餘公尺，一個巨大驚人的凹谷突兀地出現於眼前，視野右側聳立著一座有著黝黑肌理的高山。午後群山上頭灰雲滾滾，南湖群峰的氣勢格外懾人。

在結束南湖大山的攀登行程之後，因緣際會，也參加了雪山的攀登活動。原本以為雪山與南湖大山整體來說景致應該十分相似，因為不僅空間距離相近，而且海拔也差不多，卻沒想到這是一個錯誤的想法！雪山和南湖大山相比，高山雄偉的氣度都一樣令人心生敬畏，但是沿途的自然景觀卻帶給我不同的感受。我印象最深刻的是生長在三六九山莊後方的臺灣冷杉森林，又被臺灣山友稱作「黑森林」。那是一片非常優雅、美麗的森林，巨大而高聳又帶著蒼白樹皮的臺灣冷杉遮蔽了天光，使得行走在森林裡頭感覺特別陰涼、寒冷。但是在森林底下卻是生機盎然，大地被溫帶草本植物與苔蘚所組成的青翠地毯覆蓋，各種小花點點綻放其中，好像來到了北方溫帶國度。在這樣的森林中，我再次感受到有如回家般的懷念感，那些生長在森林中，喊得出名字的植物類群就像是引路的路標一樣，給予我時空錯位的幻覺。

伊東拓朗在合歡山上的矮箭竹原（游旨价攝）

日本高山上的翠綠偃松(游旨价攝)

不像南湖圈谷的入口位於高聳的圈谷邊緣，雪山圈谷的入口位於圈谷的底部，由下往上仰看圈谷地形別有一番感受，朋友說雪山好像張開雙臂想要擁抱每一位入山的山友呢！說到雪山圈谷，最讓我難以忘懷的景色，肯定是生長在翠池一帶的古老玉山圓柏森林！當我們小心翼翼地經過雪山主峰後方的碎石坡，山路就繞進了那片墨綠色的玉山圓柏之森，裡頭每棵巨木都身型碩大，姿態奇異，好像隨時會走動起來。玉山圓柏是一種生長緩慢的針葉樹種，雪山的這座圓柏森林裡滿是巨木，每棵巨木可能都走過了漫長的千年時光，令我感受到濃厚的時代感，真是一座奇蹟般的森林啊！在雪山的最後一晚，我們留宿在翠池小屋。是夜只有我們一隊人馬，雖然是夏天但我們仍然冷得發抖，幸好有好吃的晚餐與熱湯。臺灣，真的不只是一座「很熱很熱的島嶼」而已呢！（笑）

整體來說，臺灣高山景色多樣出乎我的意料。日本的高山多集中在本州中部地區的日本阿爾卑斯山系上，森林景觀相較臺灣高山而言顯得略微單調了些，這可能與臺灣地處亞熱帶氣候有關，山地植被分帶較本州的高山複雜。但是，日本的高山秋季和冬季有著浪漫紅葉和銀色雪地美景，所以我想各有千秋。但我還是認為小小的臺灣島，卻有著變化多樣的高山景致是非常有趣的事情。就像這次雖然僅攀登了南湖大山與雪山兩座高山，卻帶給我十分不同的感受。最後的最後，我想，正是高山與平原的對比，為臺灣塑造了在日本無法感受到的神祕魅力。

上　伊東拓朗與雪山黑森林（游旨价攝）　下　南湖上圈谷的玉山圓柏森林（游旨价攝）

欽博拉索山的啟悟

雖然是外國人，但伊東提出了一個我作為本地人也沒有留意到的有趣觀察。他說道：**原本以為雪山與南湖大山整體來說景致應該十分相似，因為不僅空間距離相近，而且海拔也差不多，卻沒想到這是一個錯誤的想法！雪山和南湖大山相比，高山雄偉的氣度都一樣令人心生敬畏，但是沿途的自然景觀卻帶給我不同的感受。**

在伊東眼中，山與山之間的區別或許不只在地貌景觀，也在於物種（兩座山都有各自特有的物種）與植被（局部尺度上優勢物種不同的森林）的差異性。這和我與指導教授在中央山脈主脊陷落區的感受似乎有些相似。在臺灣，一座山因為海拔高低的差異可以容納更多的植物種類。但伊東的觀察顯然更進一步。因為他發現，就算是地理距離相近的山峰，彼此也可以擁有不同的植物種類。在他眼裡，臺灣島高山密密麻麻，裡頭肯定藏著讓人難以想像的物種多樣性吧。事實上，古往今來許多博物學者，對於比較不同山地之間的異同始終充滿熱情，而揭露不同高山之間的生物與非生物性連結，更曾是洪堡首開先例，丈量世界的獨到方式。一八〇二年六月，洪堡冒著生命危險試圖攀登當時認知中的世界最高峰——欽博拉索山（Chimborazo，海拔超過六千二百公尺），在距峰頂約一千英尺處（約三百零五公尺），他停下腳步，在那裡俯瞰群山。他回想著一路所見的岩石與植被變化，思緒不禁飄到他曾經爬過的阿爾卑斯山、

通過「自然繪圖」的方法，洪堡歸納出山地植被分布的規律。據說，洪堡終其一生，不斷提到這種從「高處」掌握自然系統的視角。這是他從高山上所得的珍貴啟示。
來源：Wikimedia Commons/Zentralbibliothek Zürich

庇里牛斯山和特內里費島的泰德山。他在腦海中細數安地斯山與這些山地之間有哪些相似的植物，並以此為線索，試圖歸納出山脈之間的生物親緣性。

下山後，洪堡以此山為藍圖，繪製了第一張「自然繪圖」(Naturgemälde)。自然繪圖是洪堡對於「自然是一個活著的整體」想法的具體實踐。在欽博拉索山的自然繪圖中，洪堡在山的兩側附上許多表格，裡頭依照海拔梯度，記錄了該山各海拔段的氣溫、溼度和氣壓資訊。此外，洪堡也將各海拔分布的植物類群寫在山的剖面圖上，甚至將他曾考察過的其他高山依照高度分別列在欽博拉索山的輪廓旁邊

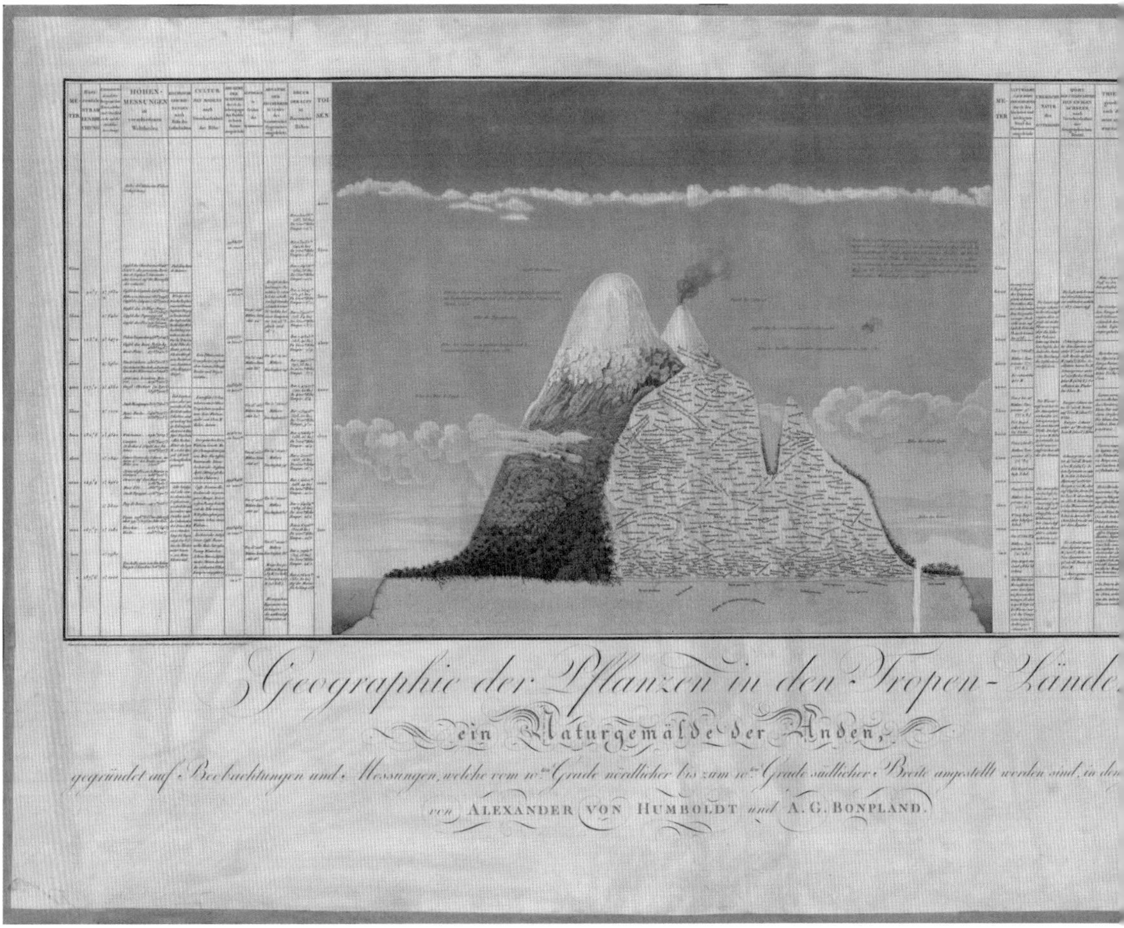
Geographie der Pflanzen in den Tropen-Lände
ein Naturgemälde der Anden,
gegründet auf Beobachtungen und Messungen, welche vom 10.ten Grade nördlicher bis zum 10.ten Grade südlicher Breite angestellt worden sind, in den
von ALEXANDER VON HUMBOLDT und A. G. BONPLAND.

（譬如波波卡特佩特山、白朗峰和泰德山）。如此一來，人們只要選定好要前往欽博拉索山的哪個海拔段，就可以從兩側圖表和中央的山圖之間查找到對應的氣候資訊、植物組成，以及上述生物和非生物性資訊和其他高山之間的關聯。

站在巨人的肩膀上，研究生物多樣性的學者一方面持續受到洪堡思想的啟發，在全球各地的高山上尋找更多關於生命相互連繫的證據。然而，他們也發現洪堡遺留至今仍未解決的謎團，一個洪堡在他的著作中一再提問並列舉許多例子的謎題。洪堡曾記錄，南美洲的鱷魚就像放大版的歐洲蜥蜴，而老虎和美洲豹則像是放大版的家貓。他也提出一個問題，為什麼在同樣位於熱帶地區的印度，鳥類的羽色大多沒有南美洲鳥類那麼豔麗？相比探討萬物之間的連結，洪堡對於差異性（多樣性）起源的探究顯然著墨較少。是什麼因素驅動了類似生物之間形態上的差異？不同地區間類似的環境裡，又為何棲息著形態不相似的物種？思考這些「洪堡之謎」反而成為洪堡之後，新時代學者們的創造天地，或許也間接促成了達爾文與華萊士的成就。

對山地生物多樣性研究而言，洪堡之謎主要聚焦在幾個核心議題。首先，為什麼熱帶[9]高山上的生物多樣性與特有性特別高。再者，為什麼不同山地之間的生物多樣性差異可以如此之大？我們是否能在全球尺度上找到能夠解釋這些差異性產生的根本原因？過去十年來，山地生物多樣性領域的洪堡之謎一直是宏觀生態與演化學裡的尖端議題。目前，研究人員對此已有一個聚焦的方向——熱帶高山是地表上少見的環

9 熱帶（tropics）廣義上指南、北迴歸線間的地區，但在氣候方面一般會進一步區分出赤道熱帶和亞熱帶。

境高度異質化的所在。環境異質性(environmental heterogeneity)是非常有趣的概念，在生態學裡，它與物種多樣性通常呈現正向關係。

關於「環境異質性」這樣一個抽象的名詞，我們可以通過想像一趟登山旅程來理解它。爬山時，我們或多或少都會留意到每座山都包含了許多不同的微環境。例如溪流在山上切出的小溪谷、山崩造成的峭壁和崩塌地等等，當我們穿越這些地形時，就會感受到明顯的環境變化。在溪谷旁邊會感到涼爽，而在崩塌地上則會因為陽光直射而感到溫暖。此外，由於母岩不同，整座山不同地區表層覆蓋的土壤類型也會不同。而不同的風向，也可能

欽博拉索山，洪堡生活年代裡世人認知的世界最高峰。圖為一八一〇年畫家韋特熙(Friedrich Georg Weitsch)所畫，在欽博拉索山的洪堡與其研究同伴邦普蘭(Aimé Bonpland)。
來源：Wikimedia Commons

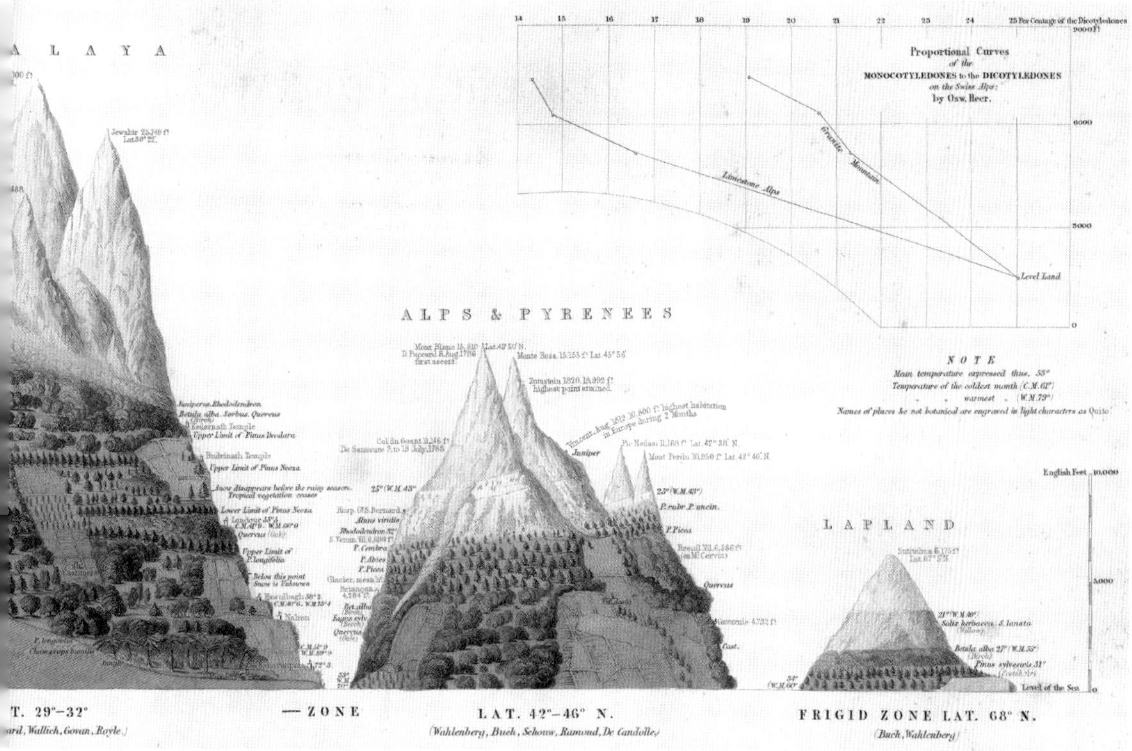
A L A Y A
ALPS & PYRENEES
LAPLAND
Proportional Curves
of the
MONOCOTYLEDONES to the DICOTYLEDONES
on the Swiss Alps:
by Osw. Heer.
Granite Mountain
Limestone Alps
Level Land
25 Per Centage of the Dicotyledones
NOTE
Mean temperature expressed thus. 55°
Temperature of the coldest month (C.M.61°)
warmest " (W.M.79°)
Names of places &c not botanical are engraved in light characters as Quito.
English Feet 10,000
Level of the Sea
T. 29°-32°
— ZONE
LAT. 42°-46° N.
(Wahlenberg, Buch, Schouw, Ramond, De Candolle)
FRIGID ZONE LAT. 68° N.
(Buch, Wahlenberg)

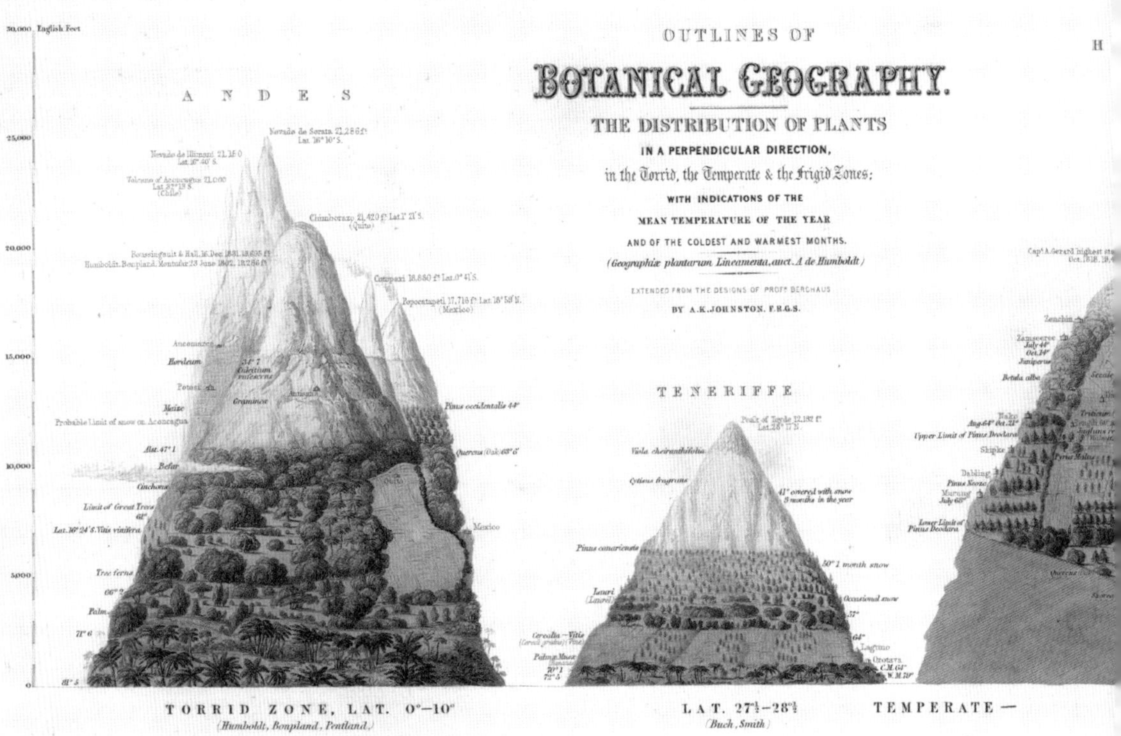

十九世紀博物學家對高山植被的研究成果展現在一八五〇年這張由強斯頓(A. K.Johnston)所繪製的植物地理圖中，展現從熱帶到寒帶不同緯度的高山植被圖，當中最左邊的安地斯山標示由洪堡、邦普蘭與佩特蘭共同研究。

來源：Wikimedia Commons

導致溼度的梯度變化。而山裡頭這些種種「微環境」綜合在一起，就是山地環境異質性的展現。有別於動物，「微環境們」對於植物新物種的演化影響甚鉅。作為深根於大地的生命體，植物雖然落地生根後便無法離開駐地，卻也以一種我們無法想像的方式與土地緊密相繫。我們眼中微小的環境差異，譬如土壤表層的溼度、溫度變化甚或是看不見的太陽輻射強度，對植物來說都可能是足以驅動天擇的動力。而高山，基於造山運動所伴隨的各類地質作用（例如雨水侵蝕和山崩），本身就比平地具有更豐富多樣的微環境。而像臺灣島這樣的熱帶高山地區，除了地質微環境，氣候微環境也變化多端。在巨大的海拔梯度中，氣候條件順著海拔發生微妙的變化。當兩類微環境彼此交互影響，熱帶高山地區潛在的環境異質性也因此大幅提升，且遠遠高於溫帶的高山地區。

加拉巴哥群島的雀喙之謎

誠然，空間異質性似乎為山地植物的多樣化過程提供了一種解釋，但研究人員也深知，除了揭示兩者之間的關聯，還需要深入探討這個過程的具體細節，也就是環境異質性促進植物物種多樣化的「機制」。為了更好地理解這個問題，我們或許可以借鑑達爾文當年在加拉巴哥群島的體悟。一八三五年，二十六歲的達爾文乘坐小獵犬號來到如今隸屬於厄瓜多海域的加拉巴哥群島。[10]在這個與世隔絕的島上，他發現了一群雀鳥。起初，達爾文無法確定牠們的物種數量，因為這些鳥類的外形和行為非常相似。但是他又注意到，這群雀鳥間嘴喙的形狀存在令人困惑的多樣性，這讓他在潛意識裡猜測不同嘴喙的雀鳥可能是不同的物種。然而，考慮到加拉巴哥群島總面積並不大（約八千平方公里，三個臺北市的大小），且各島彼此緊鄰，地質與氣候條件也近乎雷同，達爾文在心中不免懷疑，這樣一處小地方又能孕育出多少種類的雀鳥？一直到爾後，著名的鳥類研究者約翰．古爾德（John Gould）檢視這些雀鳥標本，主張其中至少包含十三個不同的物種，甚至還可以界定出四個雀科的新亞屬。由於加拉巴哥群島諸島都是晚近形成的火山島，達爾文理解到，這些嘴喙多變的雀鳥要不是上帝為加拉巴哥群島所創造的物種，要不就是過去某個遷徙到島上的雀鳥祖先的後代。帶有不同嘴喙的雀鳥是由祖先物種「逐漸變化」而來的結果。

假若古爾德的主張沒錯，這些雀鳥就成了達爾文心中的一個困擾。因為如果這些特有鳥類的起源是基於第二種解釋，在達爾文所處的時代，這就變得令人震驚，因為物種會隨時間而「改變」的想法，似乎意味著生命的創造不是上帝一開始就決定好的。祂可能會不斷改變心意，在不同的時間創造出不同的物種。儘管達爾文是虔誠的信徒，但他深受洪堡影響，對物種固定不變的觀念有所質疑。如果像洪堡所說，地球是一個不斷變化的環境實體，那麼地球上的生物隨著海洋和陸地的變遷，氣溫的升降，

10 加拉巴哥群島接近赤道，由七個較大的島嶼、二十三個小島及許多岩礁所組成，位於東太平洋上，屬於厄瓜多的領土，但離厄瓜多本土有一千一百公里遠。

必然會面臨許多交替，從而產生「改變」。從當代回顧，當時達爾文心裡，這些雀鳥絕非上帝在加拉巴哥群島的「多重創造」，應該源始於一個祖先雀鳥物種及其分散在諸島上的各個族群。由於島嶼資源有限，各地的雀鳥族群在世世代代的生存競爭中，通過天擇之網，以不同的形狀和功能的喙嘴各自適應不同的食物來源類型，產生多樣的食性。例如，吃植物種子的地雀，喙嘴比較粗壯，而吃仙人掌種實的仙人掌雀，則嘴喙尖銳。樹雀喜歡吃水果和樹芽，所以嘴喙短小，而鶯雀吃昆蟲，嘴喙細長。

達爾文為加拉巴哥群島雀鳥假設的演化情境，如今被稱為「適應性演化」（adaptive evolution），其作為生物演化的一種基本模式，也是現存許多物種多樣性很高的生物類群，物種多樣化的主要機制之一。事實上，適應性演化在我心裡，正是解釋空間異質性如何促進物種多樣性的細節與重要環節。如前所述，空間異質性可以被視為各種「微環境」的總集合。其中，不同的微環境可以進一步彼此搭配，形成特定的微環境組合。有意思的是，生態學研究表明，自然界裡的每個物種，似乎都各自占有一個特定的微環境組合。假若一種微環境組合存在兩種以上的物種，即意味著它們生存所需的資源類型非常相似。為了存活與繁衍，它們彼此得相互競爭，直至一方勝出，另一方滅絕（或改變依賴的微環境類型）。這個概念如今形成一個生態與演化學的術語：「生態棲位」（niche），意指能讓生物體最適合生存、繁衍的空間。在加拉巴哥群島的雀喙之謎中，祖先雀鳥譜系特化成各種食性的新種雀鳥，各自適應於對本身生存最有利的環境，這個過程正是生態棲位誕生的過程。而加拉巴哥雀鳥的適應性演化，在某種程度上即是祖先雀鳥們在生存壓力下，朝不同生態棲位分化的物種演化歷史。

最後，基於環境異質性與生態棲位間的層遞關聯，一個生態系如果整體的環境異質性很高，能為生物提供的謀生方式就愈加多元，生態棲位便會因此增加，該生態系理論上能容納的生物種數也隨之增加。這個理論上的連鎖反應，可以很好地闡釋空間異質性、適應性演化和生態棲位等概念與物種多樣性之間的關係，特別是為熱帶高山的生物多樣性起源提供機制的解釋。

1. Geospiza magnirostris.　　2. Geospiza fortis.
3. Geospiza parvula.　　4. Certhidea olivasea.

達爾文在加拉巴哥採集的雀鳥：1 大嘴地雀，2 中嘴地雀，3 小樹雀，4 鶯雀。因為食性特化，牠們彼此的嘴喙形態差異很大。

來源：Wikimedia Commons

輻射演化

據地質學家所述，加拉巴哥群島應是近二百萬年內從海中抬升。這意味著十三種雀鳥的誕生年代應該不早於二百萬年前。最近通過DNA分析，學者估算出加拉巴哥群島雀鳥和其外群[11]的鶯雀大約是在九十萬年前分家，並在十至三十萬年前於加拉巴哥群島出現首次樹棲性和地棲性生態棲位的分化。這兩個時間點乍看之下，雖然都沒有和加拉巴哥群島抬升海面的時間區段耦合，但是對於推論加拉巴哥群島雀鳥的演化歷史卻十分重要。首先，第一個時間點暗示了現今加拉巴哥群島雀鳥的祖先可能是在群島出現後的百萬年間，因為某種機緣巧合來到加拉巴哥（譬如以迷鳥的形式）。考慮到群島的規模以及與南美洲的遙遠距離，這種傳播事件的機率非常低。而第二個時間點則暗示，來到加拉巴哥群島的（一小群）雀鳥可能經歷了數十萬年的繁衍才開始在族群間出現激烈的資源競爭，使得祖先雀鳥譜系分化出兩種食性不同的譜系後代。

目前，加拉巴哥群島至少有十三種特有雀鳥，食性分成四大類（地雀、樹雀、鶯雀和植食樹雀）。這暗示在產生樹棲或地棲性之後，在食物資源競爭下，兩個雀鳥子代譜系又各自分化出更多物種，適應在界定更細緻的生態棲位中（當然也可能伴隨少數物種的滅絕）。加拉巴哥雀鳥在數十萬年間演化出十三種，其**物種淨分化速率**[12]在鳥類裡算是頗不尋常得高。這個數據若是讓當年的達爾文看到，或許也會大感驚愕。畢

11 外群，或稱外類群，是一個分支系統學（cladistics）概念，指與所有近緣單系群（兩個及以上）關係都較遠的類群。該群在演化過程中從母群分支出去的時間要早於其他群。

12 在宏觀演化分析中，物種淨分化速率為物種種化率扣掉物種滅絕率之值。

竟在《物種起源》一書中，達爾文描繪的「物種改變」是一種漸進的過程，而關於物種多樣性，他也傾向認為是以緩慢的形式在累積。

但在這個脈絡底下，當代生物學家除了從加拉巴哥雀鳥身上看到「適應性演化」，也看到這些特有鳥種的產生比其他動物類群要快上許多。隨著二十世紀DNA分析技術的蓬勃發展，生物學者找到愈來愈多物種快速分化的例子。這些發現讓學者意識到，各生物譜系的物種多樣化有時在節奏上存在著巨大差異。或許，最廣為人知的案例是東非內陸湖慈鯛的演化。在東非大裂谷的馬拉威湖裡，學者從中發現大約一千種慈鯛，它們各自的生活習性、占據的生態棲位皆有些微差異，適應性演化的規模遠超過加拉巴哥群島的雀鳥。通過DNA分析，動物學者驚訝發現這千種慈鯛，不僅都源於某個在湖泊還未閉鎖前來到此地的慈鯛祖先，多數物種也大約都在過去一至二百萬年內誕生，物種分化的速率簡直快到令人不可思議。而在植物界，被子植物的演化也一度讓植物學者詫異。

自六千五百萬年前的白堊紀晚期以來，被子植物在漫長的時空裡演化出許許多多類群，如今存活的有近四十萬個分類群，是陸域生態系最成功的植物類群。而特有於新喀里多尼亞島的單種屬無油樟屬的無油樟在被子植物中自成一目一科。上個世紀，植物學者便已從葉綠體DNA重建的被子植物親緣關係樹中，驚訝發現無油樟竟是其他**所有現存被子植物**的**唯**一姊妹群。此般數量級的差異不僅展示出不同的生物譜系彼此間，物種多樣化的歷史可以有多不一樣，從功能性和生態棲位來看，四十多萬個彼此特異的被子植物分類群共同組成了一個單系群[13]，這種由一到多的物種變化模式，在當代生物學者眼裡宛如輻射源向四面八方放射能量的想像，因而將其稱為輻射演化（evolutionary radiation），其代表的不只是物種數量的增加，還包括生物在器官功能性與環境適應性的多樣化。[14]對十九世紀初剛發現「能量輻射」的物理學家而言，他們或許無法想像一直專注研究的「輻射」一詞會被生物學家用來形容生物演化的模式。

如今，學者歸納輻射演化發生的地點，發現它們大多是海島、高山或內陸湖這類與周圍地區相較，地理隔離程度較高或環境異質性高的所在。此外，通過考察這些地區的形成年代，學者也發現它們的地質年齡大都較為年輕，約莫只有數百萬年至數十萬年。上世紀中，著名的古生物學者喬治・辛普森（George G. Simpson）[15]曾經以宏觀演化的視角主張，許多輻射演化的產生，是因為生物譜系遷徙或被迫進入新環境時，受到環境篩選或刺激引發的大規模適應性演化。辛普森以一種輻射演化的情境為例。其中，一個生物譜系通過突變與天擇獲得了一種新性狀[16]，因而得以進入到與來源或親本族群不同的環境。假若這個環境恰好是一處剛誕生不久的新地貌，上頭仍有許許多多尚未被各類生物占據的「空白」生態棲位。像是一座因為海底火山爆發而剛形成的島嶼，上

13 單系群（monophyletic group）是支序系統學（cladistics）中的一個分類單元，其中所有物種，只能追溯到一個最近的共同祖先，而且它們就是該祖先的所有後代。

14 在進一步考慮物種多樣化的節奏後，慈鯛的例子可以被稱為快速爆炸的輻射演化，而無油樟之外的被子植物譜系的輻射演化則是相較緩慢。

15 喬治・辛普森（George G. Simpson, 1902-1984），美國古生物學者，專長是研究滅絕哺乳動物及其洲際遷徙。

頭應該是光禿禿，沒有任何動植物棲息的模樣。在這樣一處空白之地上，來到島上的始祖生物譜系就像是一個輻射源，只要能夠順利生存並繁衍下一代，通過遺傳突變與天擇機制的共同作用，最終便有可能「輻射」到不同的微環境組合中，形成新的物種。

事實上，在研究山地植物時，我也時常在心裡將加拉巴哥雀鳥和臺灣的小檗做比較。在我看來，兩座島嶼之間的生物多樣性起源似有些許相似之處。比如說，臺灣也是一座年輕海島，雖然沒有明確數據，但根據河流侵蝕速率，地質學家推測高海拔地區劇烈抬升的時間可能是在近一百萬年（筆者私人通訊）。在跟加拉巴哥群島差不多的地質年齡中，臺灣高山上目前已發現了至少十四種小檗，且都是特有種。甚至，如同加拉巴哥雀鳥可以分成樹棲性與地棲性，這些特有小檗也可以透過第一輪花萼的形狀再區分成狹尖形與卵圓形兩類。其中，卵圓形花萼的小檗物種最多，至少有十一種。在基於葉綠體DNA的定年分析結果裡，這些小檗的最近共同祖先大約是在四百萬年前（統計平均值）與橫斷山的姊妹群小檗開始分家（這也是這個卵圓形花萼小檗的祖先來到臺灣島的可能時間）。顯然，跟加拉巴哥雀鳥類似，儘管目前都長在高山，但卵圓形花萼小檗來到臺灣的時候，全島的高海拔地區可能非常稀少。雖然目前沒有關於各種卵圓形花萼小檗種化時間的可信數據，但依據它們的高山習性（在地質學者推測的時間為真的情況下），這些特有小檗可能是隨著高山在近一百萬年內的隆起，迅速演化成新的物種。此前，維管束植物裡最著名的快速輻射演化案例是安地斯山的

16　在生物學中，性狀（trait）是指生物的形態、結構和生理生化等特徵的總稱。

羽扇豆，其安地斯譜系的起源時間大約是一百二十萬至一百八十萬年前，而種化速率大約是每百萬年形成二．四九至三．七二個物種。臺灣卵圓形花萼小檗的種化速率顯然又比這個紀錄快上許多，令人驚奇。不過，這麼多種的卵圓形花萼小檗，它們是否跟加拉巴哥雀鳥一樣，也是通過適應性演化（或說輻射演化）方式所產生的呢？

不若加拉巴哥的雀鳥，我們可以通過「可見」的食性、行為差異，輕易得知它們各自適應的生態棲位，並推論出輻射演化。臺灣的十一種卵圓形花萼小檗儘管各自有著「可見」的獨特葉部形態，但這些形態變化是否與環境之間有所關聯，至今依然是個謎。植物本來就不同於動物，它們本身應對各種不同環境的策略，許多都展現在「不可見」的內在性狀上，譬如生理代謝機制。也因此，想要確認卵圓形花萼小檗的物種多樣性是否也是通過輻射演化所產生，這個問題的解答可能比加拉巴哥雀鳥的更加複雜且難以探索。儘管如此，內在性狀對植物造成的影響往往可以通過「地理分布」一窺究竟。目前，從野外觀察來看，這個問題的答案我在心裡其實已有一些假設。

如果我們將十一種卵圓形花萼小檗的分布分別畫出來，可以發現它們似乎各自占據臺灣島的某個區域。就算在同個區域，細看一下，也可以發現彼此在海拔分布上有所落差（譬如神武小檗和南臺灣小檗）。卵圓形花萼小檗的地理分布樣式雖然不與島內任何自然地貌呼應，卻可以大致和「地理氣候區」契合。所謂地理氣候區，是臺大森林系教授蘇鴻傑老師分析森林棲位多樣性的一套系統，依據季節性、年降水、年均溫將臺灣劃分成六個區域。

對長年居住在平地的我們而言，臺灣的氣候從溫度來看或許只有兩種——夏天與冬天。但對植物來說，不同緯度、海拔的年均溫差異，就足以創造出不同的微氣候，

臺灣產卵圓形花萼小檗在蘇氏地理氣候區的分布圖

屬於恆溼型的東北區（NE），和屬於夏雨型的西北區（NW）、中西區（CW）、西南區（SW）、東區（E）和東南區（SE）。

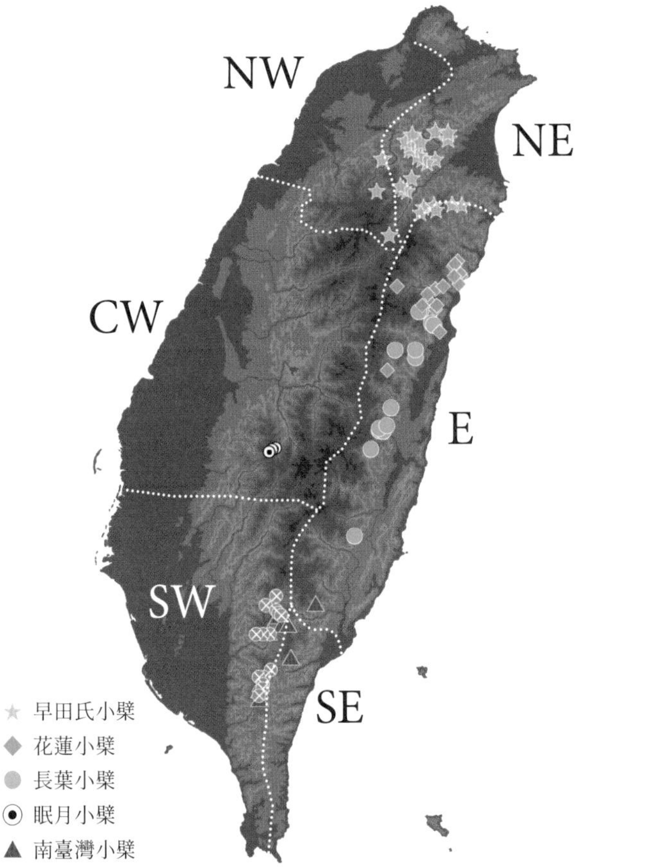

游旨价 繪製

並驅動適應性演化。在卵圓形花萼小檗的例子裡，創造出不同微環境的氣候因子可能是年降水或溼度。譬如以早田氏小檗與長葉小檗為例，一個分布在恆溼型氣候的東北區，一個分布在夏雨型氣候裡的東區。在我們或許察覺不到的降水差異上，這些小檗的確跟加拉巴哥群島的雀鳥一般擁有生態棲位的分化。

之三 前往橫斷山的命運之旅

整體來說，藉由初步比較加拉巴哥雀鳥和臺灣卵圓形花萼小檗的種化模式，我不僅看見島嶼上動物和植物在快速和適應性演化上的異同，也獲得看待臺灣山林的新視角。空間異質性與輻射演化就像一面稜鏡，把高山上植物誕生的歷史解析出空間與時間兩個面向。一來，我們的高山是環境異質性極高的熱帶山脈，潛藏著許多生態棲位。二來，因為高海拔地區形成的年代較晚，在地質史上就像一片橫空出世的雲上之地，使得植物有機會在輻射演化的機制下大量種化。雖然過往學者喜歡用**輻射**來描述這個過程，但我卻一直覺得這個過程似乎也像一道燦爛的煙花。每一個物種都是煙花升空後，短暫四射的繽紛光點。

不過，既然是一道煙花，應該有一個最初被點燃的煙火核吧（就如同輻射比喻裡的放射源）。在我腦海中，這個煙火核就是那個起源的物種。它是誰，從何處而來？如果臺灣的高山真是橫空出世，那麼這個物種是短時間內自臺灣的低海拔地區演化而來？還是自島嶼外的某處，某個高山物種在某段際遇的旅程之後才到來的呢？

臺灣的小檗的起源地

二〇〇九年，我幸運獲得臺灣植物分類學會的資助，得以前往夢寐以求的東京大學標本館檢視小檗屬的模式標本。當時，在調查臺灣小檗的模式標本時，我意外在標本上發現一張川上瀧彌的手稿。該手稿的收受者似乎是早田文藏，而內容則講述了三種在日治初期由日籍採集者在玉山與阿里山地區採到的小檗，以及川上本人希望以其恩師宮部金吾博士命名其中一個新種的建議。

手稿內容經翻譯大意如下：

近年來的存疑種小檗，在這次阿里山登山旅程中觀察到了花部構造，在檢視了印度植物誌後，並無找到類似種類的描述，故欲處理為一新種。而此次信件所附之這份新種標本，吾欲以恩師宮部博士之姓命名，不知您意下如何？另外，於新高

山所採集到的一種有紅色果實的有趣小檗，也可能為一新種待處理。此次我將本份標本電報給您，希望能夠獲得您寶貴的意見。

四月二十日　川上

這張手稿對植物分類學可能沒有太大的價值，但對我來說卻隱藏著一則有趣的訊息。我好奇的是，為什麼川上瀧彌認為可能是新種的小檗，要先檢視過**印度植物誌**？臺灣高山上的植物難道跟印度的植物很像嗎？或許吧。如果把喜馬拉雅山也算在印度的領土的話，臺灣高山上的植物的確跟印度有些關聯。基於十八世紀以來英國殖民時期對印度次大陸全面的植物探索，相關的出版品極多。二十世紀初的日本博物學者知曉印度（喜馬拉雅）植物以及臺灣山地之間的植物連結，似乎也可以理解。在一九〇八年早田文藏出版的《臺灣高山植物誌》裡，他提到臺灣山地與喜馬拉雅山共有的植物種類比例高達百分之二十六。由此來看，發表小檗新種之前要查看印度植物誌已有的物種，的確是必要的工作。有意思的是，五十年後，後半輩子都在研究小檗的英國植物獵人阿倫特（Leslie W.A. Ahrendt）[17]，基於形態觀察，認為當時已知的每一種臺灣的小檗，都可以在千里之外的喜馬拉雅山或**中國西南山地**找到形態相近的物種。這個奇妙的連結使他推測，臺灣的小檗應該起源於這些山區，並經過多次獨立的旅程來到臺灣，之後才分別演化成臺灣特有物種。

17　阿倫特（Leslie W.A. Ahrendt, 1903-1969），植物學者，畢業於英國劍橋大學，主要貢獻在小檗屬與十大功勞屬的研究。

阿倫特的推測是否為真？由於涉及的植物產地相距千里，採樣也十分不易。因此一直要到半個世紀後，我跟指導教授才得以從DNA的分析一窺端倪。在二〇一四與二〇一七年的研究結果裡，我們有限度地重建了一個包含臺灣所有小檗物種，以及部分產自鄰近東亞與喜馬拉雅山的小檗物種之間的親緣關係樹。我們發現，除了物種最多的卵圓形花萼小檗，其餘三種臺灣產小檗分屬兩個譜系，暗示小檗遷臺次數至少有三次。這之中，如前所述，僅有卵圓形花萼小檗可能發生了輻射演化的現象。另外兩個譜系，一個是只有兩個物種的狹尖形花萼小檗（臺灣小檗與南臺灣小檗），以及形態與前面兩個譜系十分不一樣，具有獨特的落葉性物種——玉山小檗，通常只能在三千

因為葉緣都反捲，被阿倫特認為彼此親緣關係最近的南投小檗（左）、捲葉小檗（中，怒江流域產）、大理小檗（右，橫斷山雲嶺山脈產）。

公尺以上山區見到它。從這個結果來看，阿倫特關於小檗經過多次獨立旅程來到臺灣的推測應該是對的。但至於阿倫特的另一個推測，這些譜系的祖先是否都源於東亞大陸的高山？我們當時的研究結果受限於取樣不足，並無法進一步去驗證。直至博士班畢業前，我都無法完成這項工作，最終只能帶著遺憾畢業。關於綻放在臺灣高山上的這束小檗煙花，它那最初的煙火核，我只確定了它來自遠方，至於從何處而來，我仍有疑問。

尋訪朱利安的小檗們

我們覺得自己就像拓荒者，並為這

狹尖形花萼小檗的代表之一，臺灣小檗。(游旨价攝)

種想法感到興奮。能夠活在一個新的土地、花朵、鳥類等著被你發現的時代，是多麼棒的一件事。

路德洛（Frank Ludlow）[18]，《喜馬拉雅日記》，一九四〇年

有限的取樣，顯然是阻擋我尋找臺灣產小檗原鄉的重要阻礙。然而，為什麼在漫長的博士班學涯裡，我都無法克服這個困難，將小檗屬多數物種都取樣到呢？自從開始嘗試認識臺灣島之外的小檗，我便清楚知道這對一個臺灣人來說，有點像癡人說夢。關於小檗這類植物，一旦離開臺灣島的範疇，它在世界其他地方的分布模式非常獨特。在目前界定的四百七十餘個分類群裡，有一百餘種分布在南美洲的安地斯山上，另有超過二百五十種分布在泛青藏高地上，呈現出南北半球間斷分布的奇妙格局。尤其是後者，居然聚集如此之多的小檗物種。在一併考量地緣位置後，那裡顯然在解答臺灣產小檗的生物地理起源扮演了重要的角色。

看來，去泛青藏高地找小檗是我畢業後注定該去做的一件事，我在心中如此想著。然而，回顧博士班十年光陰，光是在臺灣山裡找出十三種小檗就已花了近三年的時間。而泛青藏高地，那是一塊多大的土地啊，二百五十餘種小檗得花多少年才能把它們從山裡頭找出來？不需要認真計算，我在心中已經感到有些絕望。畢業後我一度

18 路德洛（Frank Ludlow, 1885-1972），畢業於劍橋大學雪梨蘇薩克斯學院。一戰時從軍，派駐印度，戰後在印度教育局工作。一九二七年起，路德洛多次到喜馬拉雅山區旅行與探險，一九四二到一九四三年負責英國駐拉薩使節團。重要夥伴為謝里夫（George Sherriff）。

思忖，未來如果要繼續研究高山植物，是不是應該要換一個植物類群？但研究小檗多年，若要在此刻放棄，心中總有不甘。甚而，我心中似乎也一直有個聲音不斷在鼓勵自己，不顧一切地去泛青藏高地吧。於是，當兵的一年裡，我認真在閒暇時刻規劃起去泛青藏高地的方式。沒想到在一個意外的機緣下，我竟順利找到一份在橫斷山的研究工作。二〇一九年秋天，一服完兵役，我背上大背包，帶著忐忑的心情離開島嶼的家鄉，前往東亞內陸，那片由命運女神所指定的群山。

對許多人來說，橫斷山應該是陌生又熟悉的所在。說熟悉，是因為我們或許都曾在地理課本讀過它，尤其是位於橫斷山核心區域，唸起來有些拗口的地質奇觀：三江並流大峽谷。[19]那又為何要說陌生呢？因為如果沒有親自到訪，我們對橫斷山的想像都必然遠離現實。譬如我後來才發現，課本裡的三江並流大峽谷並不是指三條大河流在單一峽谷內，而是三條大河各自切出了三座峽谷。橫斷山也不是一座山，而是七座大致呈現南北走向的山脈所構成的山域統稱。對只認識臺灣山野的人來說，那是一片難以想像的巨大山地，亦是無從想像的山之王國。

記得我第一次深入橫斷山區做調查時，感覺視野所見的世界都是屬於山的。四方層層山巒如同海浪，從眼前蔓延到地平線的盡頭。之間白雪皚皚的山峰無數，矗立在沒有一絲人為痕跡的林海上頭。我不敢相信自己真的站上橫斷山的山巔，但另一方面心中也無比狂喜，因為就在我所站之處，周遭生長著一叢叢的小檗。爾後，我知道我

19 流過橫斷山的三江，亦是我們耳熟能詳的三條大河：薩爾溫江（又稱怒江）、瀾滄江（湄公河上游）和金沙江（長江上游）。

只需煩惱一件事，就是在海一般遼闊的橫斷山中鑑定出各種小檗。對分類學有些涉獵的人可能會明白，要鑑定物種，得先知道那個物種到底分類學上的定義是什麼，這包含去檢視模式標本、查閱原始發表文獻等等工作。而我估計，二百五十多個物種的分類工作，可能得花上一個人的全部青春才能調查完。而我，不僅早已不再青春，工作期約也只有短短數年，顯然能夠在橫斷山做完這件事的機率微乎其微。所幸在這個關鍵時刻，我獲得了一本名錄，作者是朱利安先生（Julian Harber），[20] 一位自我研究小檗起便成為忘年之交的英國小檗同好。在過去二十餘年間，他考證了橫斷山地域中所有已知小檗物種的分類歷史與學名沿革，並在二〇二〇年，透過美國密蘇里植物園將結果出版於《中國與越南產小檗屬的分類訂正》（*The*

橫斷山的白馬小檗與山景（游旨价攝）

Berberis of China and Vietnam: A Revision）一書中。

這本書於是成為我的小檗地圖。我照著書中羅列的地點資訊，與張師傅在橫斷山裡四處馳騁，蒐集小檗。由於朱利安先生在書裡也發表了六十多個新物種，因此他告訴我，靠著這次採集的機緣，希望我能用DNA分析進一步檢測這些新物種和其他小檗之間的親緣關係。然而我得自承，一開始翻開朱利安先生的這本大作，我覺得自己在看一本天書。當我掃過一個個小檗的學名，對其中蘊藏的意義一點都看不明白。以往，靠著解讀物種的學名，我都能初步獲得一些關於這種生物的有用資訊。因為傳統上，一種生物學名的命名理應要能呈現出這個物種的特性，譬如有人喜歡用一開始發現這個物種的地名，有人則習慣使用那個物種獨特的形態特徵來命名。所以我深知，看不懂的主要原因，就是因為我對於橫斷山的地理以及此地植物採集的歷史幾無所知。

這些年來我逐漸明白，朱利安先生這本書，不僅是一本蒐集名字與地點的工具書，更是一本歷史書。精通多國語言的朱利安先生，竭盡所能在世界主要的標本館搜尋各種小檗的模式標本和發表文獻，並間接地還原了十九至二十世紀歐美植物獵人在橫斷山活動的過往。這對我來說真是人生不曾有過的新奇經驗！以前在臺灣，我對山的認識就是靠雙腳去爬，從來不知道，竟然可以靠著植物的學名來認識一座山。如今，我除了蒐集小檗，也通過小檗的學名多少掌握了橫斷山的地理。我知道書中的

20 我與朱利安的相遇，以及關於臺灣小檗物種的交流可見《通往世界的植物》第三章。

小檗原來很多是以它們的模式產地來命名，像冕寧小檗、巧家小檗、昭通小檗、德欽小檗、德榮小檗、雅礱小檗、白玉小檗、稻城小檗、木里小檗、怒江小檗、獨龍江小檗……，都是中國大陸四川、雲南境內的地名或行政區，而香格里拉小檗[21]還使用藏語直接音譯的古地名當名字。另有一些小檗則是用曾在此地投注青春的植物獵人們為名，舉凡虎克、威爾遜、佛雷斯特、金敦—渥德、路德洛等人皆然。我滿懷好奇，在地圖上、山水間閱讀這些地名背後乘載的歷史，也將那些植物獵人們的著作買來，比對他們在橫斷山的探險路線以及植物學發現。

那些只有落葉的小檗知曉的事

橫斷山的小檗真的好多啊。不論是在哪一趟採集旅程，我在心裡總是會這樣驚嘆。但難道因為小檗很多，這裡就是臺灣小檗們最有可能的原鄉嗎？這聽起來顯然沒有道理。回想當初，阿倫特是藉由比較外觀（主要是葉子的）形態才認為臺灣的小檗和喜馬拉雅與中國西南山地之間的物種可能有緊密關聯。但這些日子以來，我在觀察橫斷山的小檗時卻沒有這種心得。

首先，我發現常綠性小檗在東亞的分布極其廣泛，在中國大陸地區，舉凡秦嶺南側的山地都可以找到它們的植株，甚至在離臺灣最近的武夷山上，還有呂宋島的火山

21　香格里拉小檗的種小名是*gyaitangensis*。據朱利安先生所寫的命名注記，Gyaitang 是古代藏人對雲南境內中甸高原（如今多稱香格里拉高原）的稱呼。

上也都有常綠性小檗的分布。相較於橫斷山，這些山脈因為跟臺灣地理距離更近，直觀上也極有可能是常綠性小檗們的來源之地。再者，我發現在橫斷山稱王的並不是常綠性小檗，而是那些冬天會落葉的物種，這跟臺灣的情況完全相反。在臺灣，那些令人眼花撩亂的小檗物種大都是常綠性。也因此，在探索臺灣產小檗原鄉時，常綠性小檗的生物地理起源地是一個重要的環節。但當我隨阿倫特的推測來到了橫斷山，卻發現這裡是落葉性小檗的天堂，這個困局一時讓我有些不知所措。不過既來之則安之，我馬上決定先藉這個難得的機會來好好認識一下陌生的落葉性小檗，畢竟臺灣不也還有一種落葉性的玉山小檗嘛。

從外觀形態來看，常綠性小檗和落葉

小檗屬全球分布圖

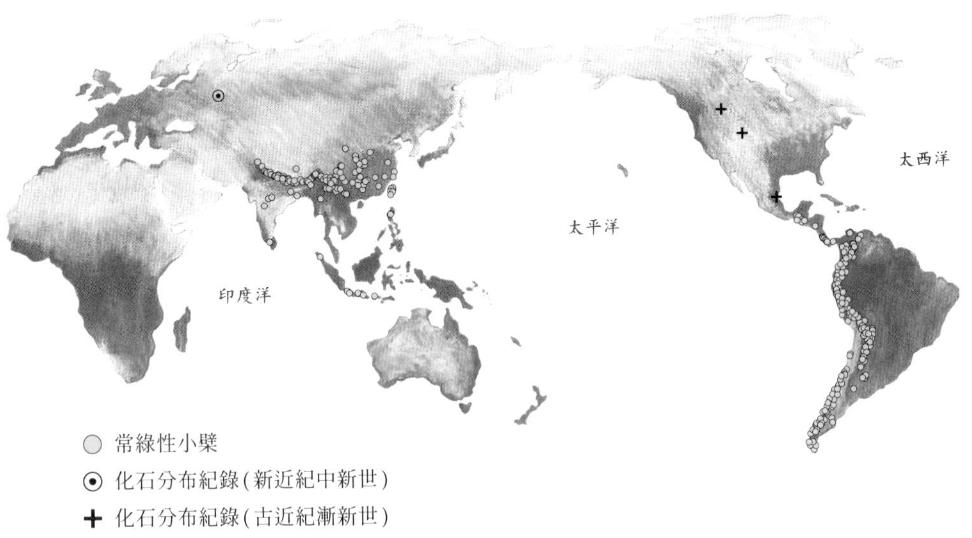

性小檗的葉片彼此差異很大。前者葉子很厚很硬，葉緣還有很硬的刺齒，但後者葉子比較薄，經常是全緣葉，且或多或少帶有一些葉柄。植物學者很早就知道，某些特定的葉片形態與環境之間存有關聯。[22]像葉子先端如果有一小段尾尖的構造，通常是生長在溫暖潮溼多雨環境下的物種，因為尾尖有助加快排水速度，可使葉片表面不至於太潮溼，滋生出會阻礙葉片蒸散作用效率的藻類、苔蘚或病菌。也因此，小檗屬裡不同譜系間的葉片形態差異，極可能也暗示著它們各自對不同環境的偏好。儘管目前不知葉緣有刺或全緣的形態差異對小檗的生存有何影響，可以確定的是，單單是否具有落葉性這項變化，就足以根本決定它們適合生存的大環境類型。

一般來說，落葉可以減少水分蒸散以

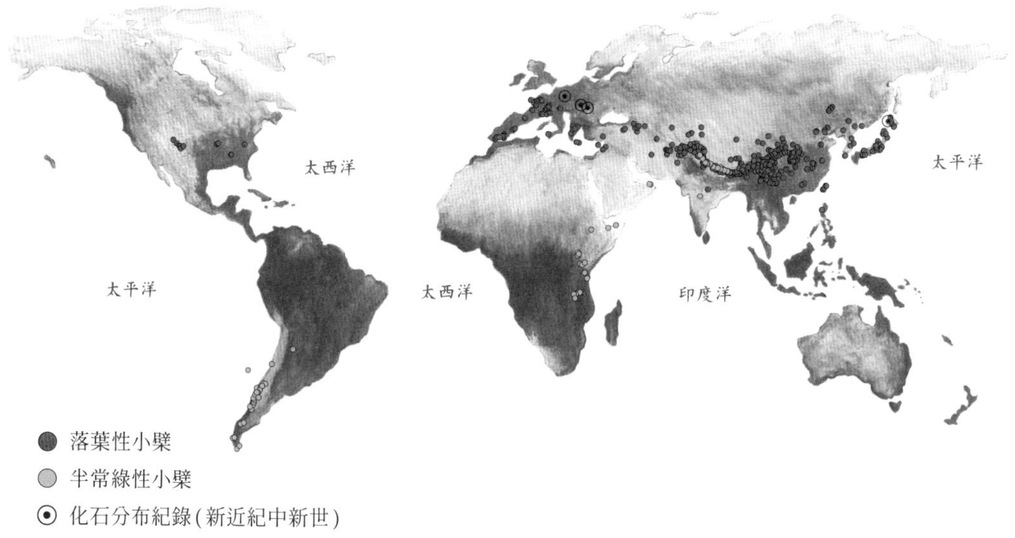

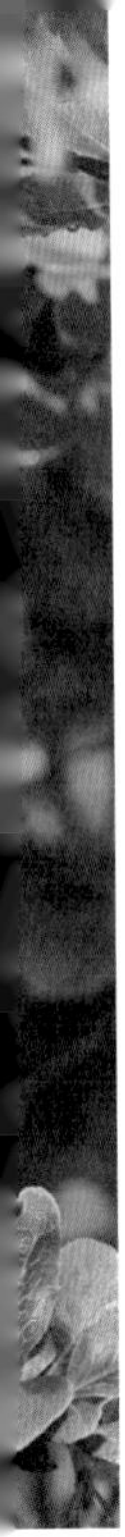

及寒氣帶來的傷害，幫助植物生長在比較乾旱或寒冷的環境裡。因此在高緯度或高海拔地區，由於冬季氣候既寒冷又乾燥，[23]許多植物演化出落葉性，靠著脫落葉片讓本體進入休眠狀態來度過嚴冬。而另一方面，常綠植物若想在這樣的環境下存活，除非它們演化出其他特殊的葉片構造與生長型（譬如針葉樹），或是可以調控體內溫度的生理機制，否則只有死路一條。其實這也與我在野外的觀察相符合，不論在臺灣還是橫斷山，常綠性和落葉性小檗的分布的確呈現出類似的規律。臺灣落葉性的玉山小檗是唯一可以長期且自在地生長在下雪山區的物種，它也正是川上手稿中提及，當年在新高山（玉山）採集到、有著紅色果實的有趣小檗。其他常綠性小檗則大抵都是中海拔雲霧林帶的物種，若是遇到寒流來襲，它們的葉片會被凍傷失去功能，並在葉表呈現出紅紅的血色。在橫斷山，兩類小檗的海拔分布界線更為明顯。常綠性物種通常在中海拔森林或是乾熱河谷的上半部才能找到，而在海拔較高的高原或山區，則幾乎全是落葉性物種的地盤。有意思的是，隨著進出橫斷山的日子多了，我發現在橫斷山的落葉譜系裡，葉片的形狀似乎還有第二種變化。簡單來說，中海拔的落葉性物種有著偏大的葉片，而在海拔超過三千五百公尺的山區，以及大約海拔二千公尺左右的河谷中，落葉性小檗的葉片則變得特別小。

生長在較高海拔寒冷地區的小檗有比較小的葉片，對我來說是可理解的

22 植物在漫長的演化歷史中，與環境相互作用，逐漸形成許多內在生理和外在形態上的適應對策，以盡可能減少在不利環境下受到的影響。這些適應對策的表現被稱作植物性狀。植物的葉片具有許多性狀，是許多植物學者用來研究植物演化的材料。

23 這些地區雖然冬季會降雪，但雪不是植物可以使用的水的形態，因此對植物來說，仍然是「乾燥」的狀態，因為不能使用的水，也是一種乾。此外，由於冬季日均溫往往在攝氏零度之下，這會導致植物體內的水結冰，不僅植物無法使用，更會破壞輸水構造，嚴重會造成植物死亡。

左　橫斷山產小葉型的小檗（刺紅珠）　右　趙氏小檗代表大葉子小檗的形態（游旨价攝）

變化。許多研究已表明，小葉子是許多高山植物對高山環境的一種形態適應。較小的葉片能夠減緩水分散失，生長所需的養分也比較少，能為植物在高山貧脊土壤地帶的生存帶來好處。然而，為什麼中海拔河谷也可以找到小葉子的落葉性小檗呢？仔細推敲它們的分布，才發覺並非橫斷山區所有的河谷都可找到小葉子的落葉性小檗，要在三江並流大峽谷區才有。這三座由怒江、瀾滄江和金沙江切割出來的巨大峽谷，有別於其他峽谷上方茂密的山地森林與雪峰，素來以古怪的乾熱氣候和非洲莽原般的植被景觀聞名。還記得第一次從香格里拉高地前往德欽（舊名為阿墩子）的途中，道路突然陡降到金沙江河谷中，那裡有個叫奔子欄的小鎮。雖然是夏季，但當天從高原出發時我還穿著厚厚的羽絨衣，等到了奔子欄，我已經熱到不行，午餐便忍不住買了瓶冰涼的大理啤酒大口暢飲。看四周黃土飛揚，被光禿山坡包圍的谷地，我不禁想到下加利福尼亞半島的荒原。

在三江大峽谷底部突然出現的區域性乾熱氣候，是橫斷山地形帶來的獨特影響。簡單來說，由於峽谷上方的雪峰們體積太龐大，海拔也高，阻擋了來自海洋的季風，使其在翻越山嶺往河谷沉降的過程中不斷損失水氣，直到終點的河谷時已變成乾熱的氣流，進而改變區域的氣候。不過，也正是這個突兀的氣候類型，解釋了小葉子的落葉小檗為什麼可以在這裡生長。如前所述，落葉特性幫助植物適應的逆境是乾旱，小葉子的其中一項功能亦是減少水分散失，加上我發現，乾熱河谷裡的小檗葉子比其他海拔的葉子來得厚，葉脈比較密，這些都是耐旱植物的特徵。靠著這些生存利器，縱然小檗本性是溫帶植物，但要在乾熱河谷中生存，絕對是可能的。還沒來到橫斷山前，我對落葉性小檗的認識很有限，這個譜系在臺灣就像是高山上的貴族，高高在上，整座島就只有一種玉山小檗。反之，常綠物種的多樣性更令人著迷。從分布和葉形變化來看，它們在小小的臺灣島上似乎各自找到安適的生態棲位，這個過程是如何發生與進行的，真的很令人好奇。但終究是橫斷山的經歷，讓我對小檗的理解更完整。畢竟臺灣之外，全世界超過半數的小檗都是落葉性小檗。在這個新體悟中，我同時也有了驚人發現。

看慣橫斷山的落葉性小檗物種，我驚覺到臺灣的玉山小檗和小葉子落葉性小檗共有著一樣的形態特色，而這層關聯並未出現在阿倫特的文獻裡。難道，玉山小檗的原鄉是橫斷山？當我和朱利安先生通過電子郵件分享這個發現時，他也反饋我一個有意思的資訊，他說他在花園裡栽植的玉山小檗有花葉同時發芽生長的生態習性。一般來說，植物的生長規律大多是先長葉，等到葉片成熟開始行使完整功能一段時間後，才接著開花結果。只有高山植物或早春短命植物(spring

位於梅里雪山山腳的瀾滄江乾熱河谷景觀(游旨价攝)

ephemerals）[24]因受到短暫的生長季限制，會在葉芽發育的同時也開始發育花芽。這種現象，我在橫斷山高海拔地區的小葉子落葉小檗上時常觀察到。所以從形態到生長習性，種種跡象似乎都表明，玉山小檗和橫斷山的小檗有著緊密的關聯！

近期，從正在進行DNA分析中，我確認了玉山小檗和橫斷山產的小葉子落葉性小檗們的姊妹親緣關係。至此，我總算找到小檗在臺灣島綻放的一個煙火之核。臺灣三個小檗譜系中至少有一個的確來自橫斷山。相較於來源地可能選項比較多的常綠性小檗，玉山小檗所揭示的關係如此簡單又直接。雖說有些後見之明，但小葉子的落葉性小檗正是泛青藏高地的特有類群，（除了臺灣）在世界其他高山上都見不到呢。到頭來，結果是我誤會了玉山小檗，它其實並非生來就是高山貴族，而是來自遠方的孤獨旅人，而它的家鄉，正是我藉由阿倫特的文字不斷眺望著的橫斷山。

複製的山

如果說，小檗在中央山脈綻放了一束美麗的物種煙花，那麼它在橫斷山所綻放的，是一束更壯麗、光芒更加璀璨足以閃耀夜空的巨大煙花。每次前往白馬雪山一帶進行野外工作，心中總是思緒萬分。當車子順著公路向金沙江靠近，從香格里

24　早春短命植物是一類生長在溫帶落葉林下的多年生草本植物，能在早春積雪融化後迅速開花、展葉並結實，在一至兩個月內完成地上部的生長週期。當林冠層的闊葉樹開始展葉後，早春短命植物的地上部便會迅速枯萎，靠著地下部分進入長達九個月以上的休眠期。早春短命植物主要分布於北美洲、東北亞以及中歐等地區。

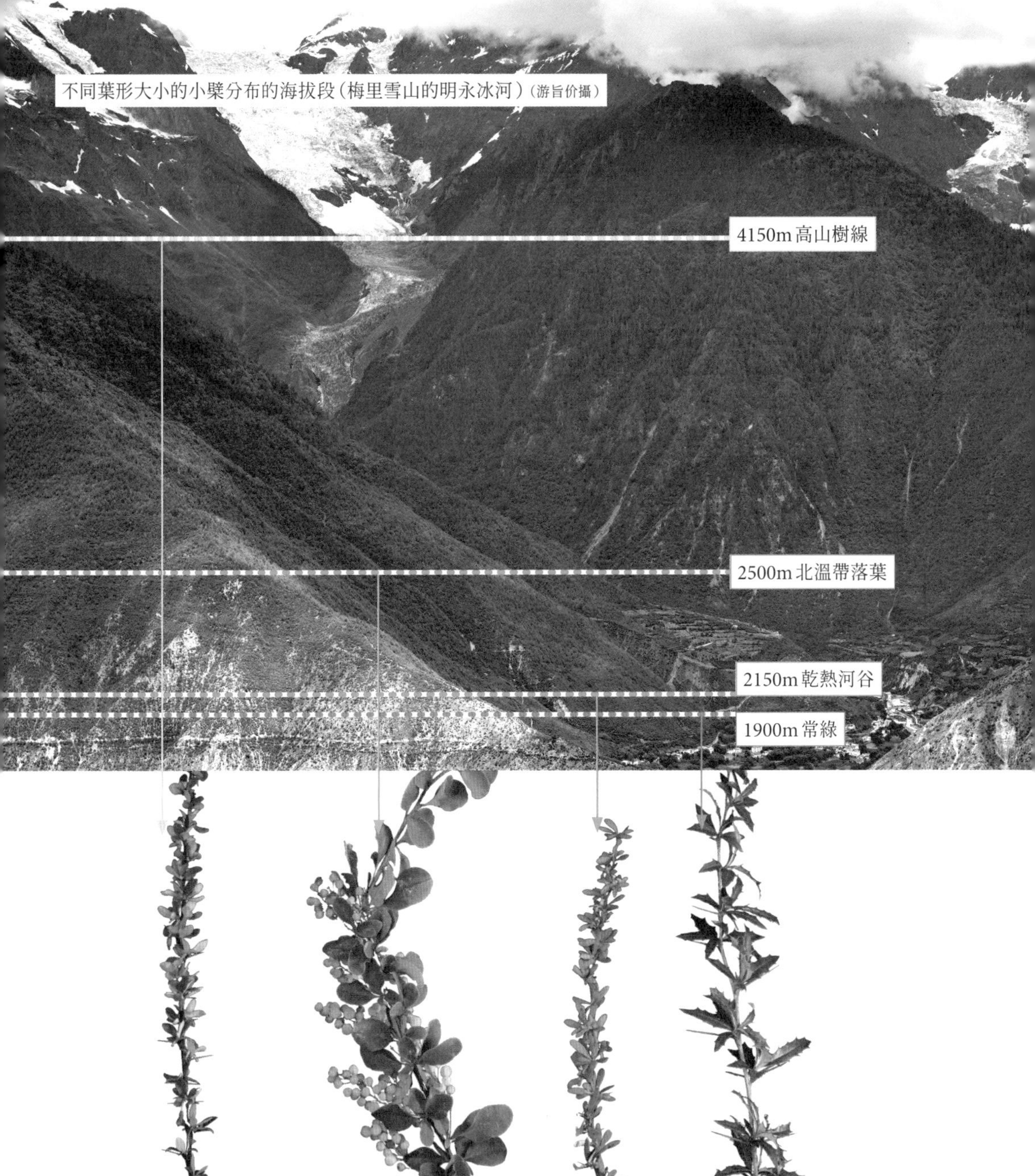

橫斷山不同海拔段生長的不同葉形大小的小檗，臺灣僅有最右側的常綠性小檗型以及最左側小葉子落葉性小檗型。左二為北溫帶大葉型落葉小檗，左三為乾熱河谷小葉型落葉小檗。（游旨价攝）

上　臺灣唯一的落葉性小檗，玉山小檗，攝於玉山之巔。（伊東拓朗攝）
下　橫斷山與玉山小檗最近緣的紫色小檗（游旨价攝）

拉青翠的高原緩緩切入焦黃乾旱的谷地，沿途的景色經常讓我想起中央山脈深邃的溪谷，以及浮在雲海之上的稜線。對於橫斷山的自然，我一直使用島嶼的視角在觀察，時常在心裡比較島嶼高山教給我、展示給我的，在此處是否也有相同的樣貌。的確，很多自然的規律似乎一致，在臺灣創造出高山深谷的自然營力，也在此切割出雄偉的雪山與壯觀的河谷。橫斷山總讓我大開眼界，這裡像是放大千百倍的中央山脈，面積更遼闊，海拔更突出，但更讓人印象深刻的還是橫斷山的植物相。從小檗的演化歷史中，我不僅看到橫斷山與臺灣植物可能的獨特親緣關係，也看到它們各自在相距千里的高山上，以相同的規律分布在山間。就像約好了，離開家園的小檗在新的高山家園中，也會依據葉片類型，安居在不同的海拔段。

二〇二二年，美國耶魯大學主導的團隊報導了一個有趣的植物演化案例，主角是一群五福花科莢迷屬的物種。研究人員發現一群特有於中美洲與南美洲雲霧森林中的莢迷譜系（蕃莢迷支序，*Oreinotinus*），它們似乎有著頗為奇特的物種多樣化歷史。蕃莢迷是中南美洲種類最多樣的莢迷屬譜系之一。在野外的觀察中，研究人員從九個山頭上的蕃莢迷族群中發現了十分有趣的分布形式。譬如，它們都是一小群、一小群的局限分布在森林裡的山頭之上。而每個山頭上的蕃莢迷族群並非由單一個物種組成，而是由三至五種特有在該山頭之上的物種所構成。然而，最奇特的地方在於，每個山頭裡的蕃莢迷種群，似乎都共享有一樣的形態變化形式。譬如，A山頭的蕃莢迷群體分別是由小葉子、大葉子和葉背有毛等三種形態特色的物種組成；在B山頭，當地特有的蕃莢迷種群，同樣是由小葉子、大葉子和葉背有毛的物種組成。（注意，這些莢迷是B山區的特有種，不見於A山區！）更讓人感到有些不解的是，研究人員發現，每個山頭上的莢迷種群，分布在同一座山頭的物種彼此親緣關係最近（儘管其形態彼此相異），且都可以追溯到一個最近的共同祖先。但不同山頭間，彼此形態相似的物種（譬如A山頭的小葉子蕃莢迷與B山頭的小葉子蕃莢迷）親緣關係卻相較疏遠。

基於這個發現，研究人員認為他們似乎證實了一種叫作複製輻射（replicate radiation）的演化模式。在動物界，複製輻射已有一些經典案例（譬如加勒比海群島的沙氏變色蜥蜴、非洲裂谷湖群的慈鯛和夏威夷四島的蜘蛛），但在植物界卻仍十分少見。我們可以想像每個山頭上的蕃莢迷，它們都曾各自經歷過一場小規模的輻射演化，如同在中美洲與南美洲的九個山頭上綻放的一系列物種煙花。橫斷山和臺灣的小檗演化歷史是不是也是一種複製輻射？我不確定，但我相信，兩地之間的植物肯定存有獨特的連結。這座北半球最驚人的植物伊甸園，其中許多物種自種化後百萬年來便固守於誕生之地，然而卻也有如玉山小檗的存在，其先祖自園中出走，最終扎根於海洋盡頭的高山之島。臺灣還有多少生物譜系是橫斷山旅者的後代？它們的旅程是否彼此相同？我真的很想知道答案。

後記 老鄉的植物分類學

二十世紀初，來自歐美的植物獵人活躍於橫斷山的荒野，為貴族與商人採集神祕而美麗的山地植物。此時此刻，研究人員在橫斷山的旅行已不若當時艱辛，通常人們只需乘車，定點下車採樣，便可完成多數的研究任務。由於在臺灣，採小檗通常都得背著大背包上山過夜，這裡的乘車採樣方式對我來說，十分新奇。然而這並不代表，橫斷山的研究人員就不爬山了。在某些特殊情況，譬如去尋找新物種，他們依然得依循百年前植物獵人的方式，靠著雙腳，走進公路外的僻靜小徑，前往深山。這些無名路，通常是古道、林道、朝聖者用的轉山道，有時更只是人獸共用的土徑、牧徑。

二〇二〇年五月，我在橫斷山與雲貴高原交界處尋找稀有的小檗。在那趟旅途中對步行採樣的方式有了難忘的體驗。起先，出於對當地地理的不瞭解，我找來過去植物獵人的出版品，翻閱間，竟不知不覺被書裡頭記載的一些無名小人物的事蹟深深吸引。他們是採集隊的嚮導，之所以稱他們為小人物，是因為在植物獵人筆下，他們的篇幅少得可憐。然而，另一方面，這些嚮導卻又是植物獵人在找植物時不可缺少的存在。有文獻寫到，為了達成目標，有些採集隊的嚮導根本是在半路被獵人們用武力擄來強迫帶路的。這說明了如果沒有這些嚮導，植物獵人根本難以成就自身的傳奇。時至今日，想要尋找橫斷山深山裡的植物仍須仰賴嚮導。他們在當地常被稱作「老鄉」，也就是在當地成長、生活的老鄉親。有些老鄉把嚮導當成了專職，鎮日為來自各地的研究人員服務，有些老鄉則有點像當年被植物獵人架走的嚮導，是研究人員到了當地才臨時「請」來的。可見不論時代如何變遷，老鄉對植物採集隊的重要性似乎不曾改變，但也有點諷刺的是，在文史記載或研究致謝裡，他們一般也仍是不重要。

老鄉王先生，是一名土家族的青年，自小生長在梵淨山腳下。由於其父略懂中藥，王先生耳濡目染，對於植物辨識也漸漸培養出興趣。有一年，一個植物研究考察隊來到梵淨山，想在當地找一個老鄉帶路，因緣際會找上了王先生，也就此開啟了他的業餘植物嚮導人生。王先生和考察隊裡的一個年輕研究員花了半個月，一同溯了幾條溪，走遍梵淨山的四大稜脈，將當地特有的植物通通從深山裡翻出來。由於成果特別豐碩，年輕的研究員回去後，舉凡有人找他問梵淨山嚮導，他就將王先生的資訊發過去，而我也就是這樣和王先生認識的。

當時來到梵淨山，我和同伴與王先生約好中午在山頂的金頂會合。然而王先生是如此年輕，以至於到金頂時，我們壓根認不出他來。相反的，他老遠就發現我們。他說，我們的打扮和行為明顯不像遊客，鬼鬼祟祟，一定是來找植物的。當時金頂飄著細雨，王先生卻一身便裝。薄外套、牛仔褲和功夫鞋，手上拎著一個塑膠袋。沒帶任何雨具的他，頭髮被雨水擰成一簇簇狂野的髮條。我盯著他，心裡不免懷疑，這小伙子真能帶我們去找植物？結果，他滿臉堆著笑意一把將我們拉到僻靜的一角，從那個塑膠袋裡撈出好幾棵開著小白花的植物。我們雙眼發光，這些小東西不就是我們今天的目標物種嗎？

「等等我帶你們去看一大片的。」王先生說。

或許因為年齡相仿，加上找植物的任務提早完成，我們三人在梵淨山金頂上嬉鬧著，直到下山都還捨不得分開。王先生邀請我們今晚借宿他家並一起晚餐，我們欣然答應。晚餐後，我在大廳壓製植物標本，王先生則像個好奇的小孩坐在一旁盯著我瞧。我於是跟他聊起自己研究的植物。說來，此地有一種叫二色小檗的神祕小檗，它是小檗屬裡少數開白花，帶紅萼的種類，至今無人拍過它的影像。本種分布零星，記載稀缺，雖然在各大標本館有一些帶花朵的標本，但花色經過烘乾早已佚失。二色小檗是否真的開著神祕的白花？這個問題一直是我人生的一個懸念。沒想到，王先生聽完我的話，突然興奮地要我給他看二色小檗標本的圖片。只見他對手機螢幕端詳許久，食指與大拇指將圖片放大又縮小。旋即，發了個訊息給住在山另一頭的老鄉，要他傳幾張植物的圖來。我被他弄得有些心癢難耐，當隔壁山頭的老鄉一把圖片傳來，就連忙探頭過去。只見螢幕裡分別是兩個物種的葉子，其中一個居然跟二色小檗的葉片形態十分神似！我不禁大喜，但也同時陷入猶豫，不知是否該犧牲明早的原定行程，特別跑一趟那位老鄉家，確認小檗的身分。

隔天一早，屋舍外頭的天氣風和日麗。像是受到好天氣的鼓舞，我下定決心選擇任性一回，去找王先生的老鄉朋友。王先生騎著一臺野狼機車帶著我們繞進梵淨山翠綠的山裙，直到深處的一座小村子。他下了車，讓我們開始步行，說還要再往山裡走一小時。由於手邊沒有當地地圖，此處網路訊號又不佳，我心裡不禁閃過一絲不安，不知是否該這樣盲目上山。但他熱情催我們上路，我只好硬著頭皮帶上隊員，忐忑不安地走上通往深山的山徑。

彼時，山谷裡薄霧輕漫，雞犬交鳴。王先生用土家語和經過的村人聊天，他們的語言在我腦子裡莫名幻成一句句帶魔法的巫言，就像高行健筆下的《靈山》，我以為自己要去採仙草，找山精。直到雙腳都沾滿了爛泥，我們終於停在一幢古樸大宅的門前。在此僻靜山中有這樣的建物，當真如仙法變出來一般，究竟裡頭住了什麼樣的老鄉？「我那老鄉是個老中醫，他拍的那些刺黃連（小檗在當地的土名）都是他藥草園子裡種的。」王先生一面敲門一面對我說。

一位老嫗從裡頭應聲，慢慢將門推了開來。只見門縫才剛容得一人身，王先生便竄進大宅。他步伐很快，比我還要心急，直直往不遠處的園子奔去……

「啊！小游，有花，是白花！你快來看啊！」聽到王先生這麼一喊，我心跳立刻加速，三步併兩步趕到他身邊，看著眼前的小灌木，其中一個枝條爬著數隻螞蟻，幾朵盛開的小檗花朵正被牠們推來推去，估計是想盜食花蜜。令人喜極而泣的是，陽光底下，我清清楚楚看見正被螞蟻踩踏的花朵不是常見的鮮黃色，而是閃著晶瑩的白。原來二色小檗的花真的是白的！

幾年前，為了製作治療胃炎的藥方，老中醫從附近的山裡把眼前這棵二色小檗挖下來種在自己園子裡。偶爾會來老中醫這裡找藥草的王先生，也因此在心裡對這棵植物留了個印象。「這些植物都是刺黃連，它的根或是莖都可以刨了皮做藥的。」「我不知道分什麼種啦！不過我知道它們雖然都是刺黃連，但是刺黃連裡葉子之間的不同，我是從小就學著能分出來！」王先生說。

那個時刻，我不禁在心裡想著。老鄉們沒修過植物分類學，也不在意生物學上的物種定義，卻比我們都會找植物，

在深山裡的老中醫園子裡盛開的二色小檗(游旨价攝)

這會不會是因為世代與山生活在一起，老鄉們將自身對山裡萬物的觀察都化為了可以傳承的回憶。在他們的回憶裡，每個物體不見得都有名字，卻都一定有個位點。然而，王先生究竟是如何將螢幕裡的標本置入他的山野回憶系統，並連結到老中醫的藥草園？這彷彿魔法般的植物分類法，我真的不明白，在此就姑且稱它為回憶分類學吧。

百年前，不懂植物學名的老鄉，想必也是用回憶分類法為植物獵人引路，他們的後花園成為了植物獵人的大觀園。在橫斷山與鄰近的高原和山地，有許多植物物種自發表後就再無人見過，一如我尋覓的二色小檗。但我相信，它們並非滅絕，而是失落在深山中。你只需等待一個機緣和命定的老鄉相遇，在他們的回憶分類學裡，這些看似消失的植物，其實都還等待著被再次發現呢。

Latitudinal gradients in species diversity: a review of concepts. *The American Naturalist* 100: No. 910 (1966).

Phylogenetic niche conservatism: what are the underlying evolutionary and ecological causes? *New Phytologist* 196(3): 681-694 (2012).

Multiple continental radiations and correlates of diversification in *Lupinus* (Leguminosae): testing for key innovations with incomplete taxon sampling. *Systematic Biology* 61: 443–460 (2012).

Systematics of Berberis sect. *Wallichianae* (Berberidaceae) of Taiwan and Luzon with description of three new species, B. *schaaliae*, B. *ravenii*, and B. *pengii*. *Phytotaxa* 184(2): 61-99 (2014).

The ubiquity of alpine plant radiations: From the Andes to the Hengduan Mountains. *New Phytologist* 207: 275-282 (2015).

Evolution of Darwin's finches and their beaks revealed by genome sequencing. *Nature* 518(7539), 371-375 (2015).

Humboldt's enigma: What causes global patterns of mountain biodiversity? *Science* 365: 1108-1113 (2019).

Ancient orogenic and monsoon-driven assembly of the world's richest temperate alpine flora. *Science* 369(6503): 578-581 (2020).

Plant scientists' research attention is skewed towards colourful, conspicuous and broadly distributed flowers. *Nature Plants* 7: 574-578 (2021).

The Andes through time: evolution and distribution of Andean floras. *Trends in Plant Science* 27: No. 4 (2022).

Replicated radiation of a plant clade along a cloud forest archipelago. *Nature Ecology & Evolution* 6: 1318–1329 (2022).

Evolutionary genomics of oceanic island radiations. *Trends in Ecology & Evolution* S0169-5347 (2023).

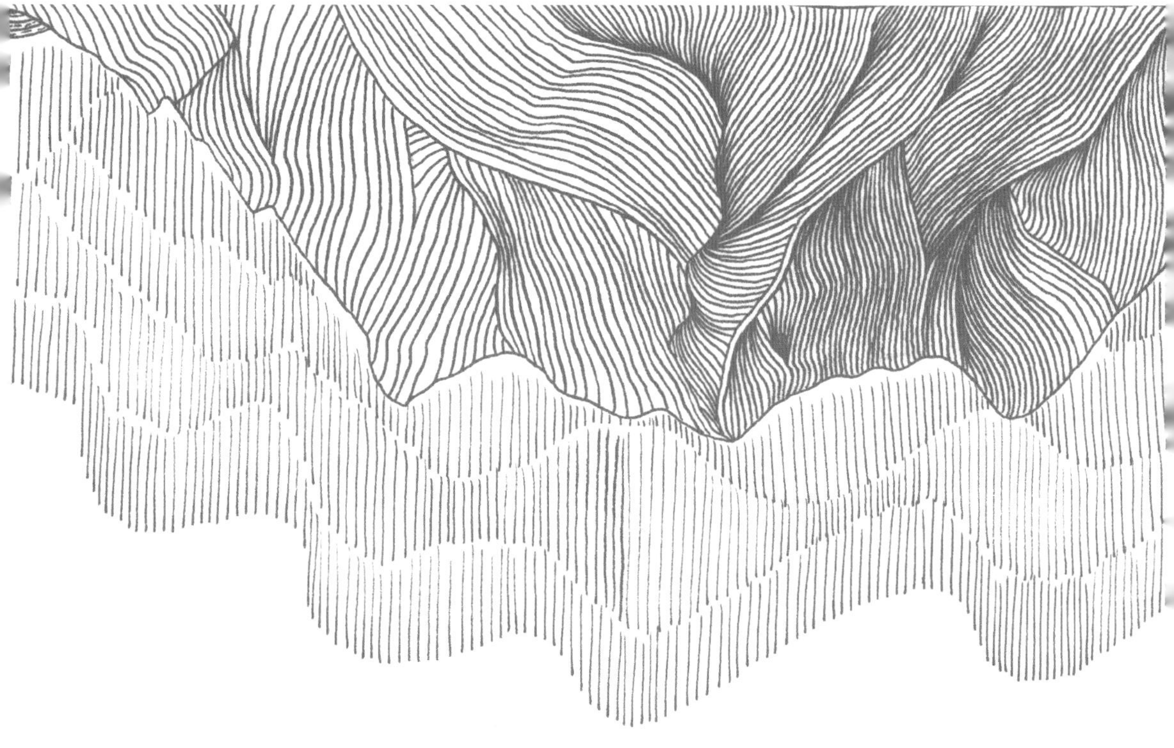

PART II

橫斷臺灣

黃瀚嶢繪

第五章

通往遠古群山與大陸的島嶼

（上）

東海篇

楔

不知從何時起，臺灣民間流傳著一則傳說。十六世紀曾有一艘葡萄牙商船航經臺灣近海，當時船上水手看見這座陌生大島森林蓊鬱，十分美麗，因而忍不住讚嘆一聲：「Ilha Formosa！」葡語意為美麗島嶼。爾後，Formosa（福爾摩沙）竟一度成為臺灣在世界地圖上的名字。儘管許多文史研究皆認為傳說不真，但對臺灣人來說，這座島嶼不論有沒有福爾摩沙的稱號都無所謂，它始終一樣美麗。

臺灣有著溫暖宜人的氣候以及豐饒的物產，童年回憶裡，除了裝滿甜死人的熱帶水果，還有物美價廉的海港生魚片。家在臺中的我，一年到頭更是短衫短褲，只會在隆冬時節套上羽絨衣。因為地緣之便，父母常常帶我去合歡山，因此我從小就對臺灣的高山景色十分熟悉，甚至抱有一種嚮往。然而回想起來，那時的自己大抵仍是獵奇心態，對於高山的存在，從來沒有進一步的好奇與探索。一直到高三的一場旅行後，我對高山世界的嚮往才有本質上的改變。

那年寒假，為舒緩升學壓力，爸媽帶我去了一趟位於雪山山脈的觀霧森林遊樂區。那裡經年雲霧繚繞，因而被暱稱為「雲的故鄉」。然而，當時讓我留下深刻印象的並不是雲或霧，而是山。記得隔天清晨，我在留宿的觀霧山莊第一次看見雄偉的聖稜線。它矗立在溪谷對岸，被白雪妝點，乍看彷彿漂浮在朦朧的雲海之上，就像電視裡見過的阿爾卑斯山。震驚之餘，我在心裡想著，這是臺灣嗎？臺灣怎麼會有那麼高的山，那些山可以爬嗎？如果站在山頂，能看見怎樣的風景？順利考上大學後，我迫不及待加入登山社，並在一趟趟山旅中明白，原來我自小熟悉且依戀的生活圈只是臺灣的一小部分。事實上，臺灣絕大部分的土地都是終年氣候涼爽，甚至冬季還有可能會降雪的高山地帶。[1]

之一　嶼山同生的特有生物

在世人眼中，臺灣是一座科技島，但世人不知的是，它也是一座充滿野性的高山之島，聞名於世的臺灣生物多樣性，很大一部分就是聚焦在高山特有生物身上。過去二百年來，圍繞這些特有生物所開展的各種研究，舉凡種化機制、傳播歷史，像是大自然拋出的誘人謎題，吸引各地的研究人員與自然愛好者深入探索。而我，也是在觀霧之行後，逐漸認識並被高山與高山生物的魔幻特性所擄獲。

1　在臺灣島的核心地帶，聳立著三座南北縱貫的高山山脈（雪山山脈、中央山脈和玉山山脈），上頭計有超過二百六十座三千公尺以上的山峰。

陸橋、路橋

我與高山特有生物的相識，依然始於登山。在山上，登山者經常能和野生動物不期而遇，比方在高山碎石坡上遇到一隻正在觀察你的臺灣長鬃山羊（*Capricornis swinhoei*）[2]。相信許多登山者都會因為和牠的邂逅，在山裡留下美好難忘的回憶。這種溫馴的動物是臺灣唯一的野生牛科動物，頭頂長著一對短短的牛角，軀幹堅實短小，粗糙的棕色皮毛在陽光下反射著礦石般的光澤。有意思的是，近年有學者研究發現，臺灣長鬃山羊和分布於緬甸和孟加拉山區的紅長鬃山羊（*Capricornis rubidus*）間親緣關係相近，呈現有趣的地理間斷分布格局。除了可愛的長鬃山羊，你可能也會在大霧瀰漫的林道趕路時遇上一群帝雉（*Syrmaticus mikado*）[3]，帶頭的雄鳥特別吸引目光。牠有著鮮紅的雙頰，全身披著黑曜石般色澤的羽衣，猶如群鳥之王。長長的黑色尾羽帶著銀白色的橫紋，在白

高山地帶常會遇見不怕人的臺灣長鬃山羊（許永暉攝）

2 長鬃山羊屬和斑羚屬的分類界定一直未有完全定論。本文根據二〇一九年文獻，將長鬃山羊屬與斑羚屬視為不同屬的物種，唯需留意兩屬之間形態與親緣關係相近，之間界定仍有待考證。

3 帝雉，又名黑長尾雉，臺灣特有雉科物種。形態特殊，發表之初指定的模式標本僅有兩根尾羽，因為研究人員單憑尾羽即可認定為新物種。

霧的襯托下，莊嚴又華麗。這些野生動物模樣奇特，與我們在平地常見的生物各異其趣，那種陌生感總讓我感覺牠們似乎和我並不是住在同一座島上。事實上，這樣的感觸在二百多年前，也曾在來臺的歐美學者與博物學家筆下出現過。

西方世界對臺灣野生動物的關注，或許可以追溯到十九世紀中葉。一八五八年清廷因《天津條約》，陸續開放臺灣的淡水、安平（今臺南）、打狗（今高雄）和雞籠（今基隆）等港口作為通商口岸。當時正逢歐洲列強熱中於調查全球熱帶、亞熱帶地區的生物資源，來自歐洲的領事人員、傳教士與知識分子遂接踵來訪。他們許多也都是博物學愛好者，因此在工作之餘也竭力進行生物採集工作，在他們的探索下，許多特有於臺灣的新物種逐漸被西方學界所發現。然而要注意的是，十九世紀各歐洲訪客對臺灣野生動物探索的貢獻程度並不相同。其中，唯一長期且科學性地調查與記錄臺灣野生動物相的人，只有英國人斯文豪（Robert Swinhoe）。

斯氏在臺灣自然觀察社群裡是無人不知、無人不曉的人物。他在一八三六年生於英殖民時期的印度加爾各答，年輕時便已展現對野生動物的濃厚興趣。離開印度後，斯氏在香港學習中文，並通過英國的駐華選拔，在香港與廈門等地的領事館擔任職務，期間也曾跟隨第二次英法聯軍深入過中國大陸華北地區。基於國家利益考量，斯氏在中國大陸停留期間，對於野生動物的觀察與採集十分用心，他明白這對母國的殖民政策是潛在有用的資訊。或許基於同樣的考量，當他在一八六一年被派駐臺灣擔任副領事後，對島上的野生動物相也進行全面的調查與採集。除了中央的高山地區因有原住民族的戍衛而難以窺探，在斯氏停留的中南部與北部地區，他竭盡全力採集哺乳動物、昆蟲與兩棲類。目前臺灣許多特有種或特有亞種都是由他首次發現，如臺灣獼猴（*Macaca cyclopis*）、臺灣黑熊（*Ursus thibetanus formosanus*）、臺灣野豬（*Sus scrofa taivanus*）、臺灣水鹿（*Rusa unicolor swinhoei*）等大型哺乳動物。

此外，斯氏關於臺灣鳥類多樣性的投入也經常為人所道。對鳥類情有獨鍾的他，在臺灣系統性地記錄與採集了二百二十餘種鳥類，[4]這些資訊不僅揭露了臺灣是稀有的黑面琵鷺和黑嘴鷗的度冬地之一，亦包含十餘種臺灣特有種與特有亞種的發表，譬如藍腹鷴（*Lophura swinhoii*），又稱斯文豪的藍雉，雖是東亞大陸白鷴的近緣物種，卻不若白鷴（*Lophura nythemera*）一身雪白，反而通體呈現深沉的靛青色，並佐以一圈圈透著金屬光澤的孔雀綠紋，加上雪白尾羽的組合，曾讓同時代的英國鳥類學者驚豔萬分。斯氏的工作總的來說就像在二百年前為臺灣寫了第一部鳥類誌，將臺灣的鳥類多樣性推上世界舞臺。

直到日本治臺時期，斯氏的動物學造詣也受到日籍學者的推崇。單從學術的角度來看，他們稱其為臺灣動物學之父。而喜歡看臺灣日治時期博物學者傳記的我也是從中開始對斯氏的生平感到好奇。除了基礎的野生動物資源調查工作外，日人的文獻其實意外地透露出斯氏一些較不為人關注的言論。也許是曾在中國工作過，尤其是福建

4 根據中華民國野鳥學會與農委會特生中心二〇二〇年首次發表的臺灣國家鳥類報告，在臺灣與鄰近島嶼已有確切紀錄的鳥類共六七四種。

斯文豪在福爾摩沙

斯文豪（Robert Swinhoe, 1836–1877），出生於印度的英國人。在一八六一年派駐臺灣前已多次來臺考察，一八五八年更航行環島，採集而發表的臺灣物種，包含二百二十多種鳥類、近四十種哺乳動物、二百四十六種植物、二百多種陸生蝸牛與淡水貝類、四百多種昆蟲，以及一些兩棲爬蟲類、魚類、無脊椎動物。在一八六〇年代初還在臺灣成立一座鳥園。

上　斯文豪。來源：Wikimedia Commons

下　由斯文豪命名的藍腹鷴，十九世紀剛被登錄於倫敦動物學會時發表的由伍德（J. W. Wood）製作的版畫。

SWINHOE'S PHEASANT, LATELY ADDED TO THE COLLECTION OF THE ZOOLOGICAL SOCIETY OF LONDON.

臺灣獼猴與臺灣雲豹，斯文豪寫入一八六二年〈福爾摩沙島上的哺乳動物〉(On the Mammals of the Island of Formosa [China])報告中，是這些動物第一篇正式的科學文獻。
來源： Wikimedia Commons

根據斯文豪素描所繪製的臺灣原住民繪畫

來源： Wikimedia Commons

省一帶，斯氏觀察到臺灣的野生動物相與這些地區十分相似。這份相似從動物相的組成到個別物種的形態皆可印證。斯氏的紀錄暗示著，儘管一海相隔，但在過去的地質年代中，臺灣和東亞大陸沿海的生物有過交流。事實上，在斯氏到臺任職不久前，達爾文出版了那本改變世界的《物種起源》，其中的陸橋說對斯氏可能有所啟發。在斯氏生活的年代，歐陸學者雖然對於臺灣屬於大陸島的事實已有粗淺共識，但由於魏格納（Alfred L. Wegner）的板塊構造學說還未問世，有些學者因而猜測臺灣的形成和陸橋的陷落有關，他們認為兩岸曾經存在過一道神祕的陸橋，它是以往野生動物與古人類在兩岸之間遷徙與傳播的走廊。

近二十年來，隨著臺灣海峽地質研究的開展，學者們證實了臺灣本島與東亞大陸沿海東山島之間的確存在一道如同隱形橋梁般的淺海，其沿著臺灣海峽內的閩江古河道，經由澎湖群島北側通往臺灣中南部沿海。這片淺海平均海水深度約四十公尺，最淺處甚至只有十公尺。基於其重要的地理價值，有些東亞學者習慣稱其為東山陸橋，而臺灣方面則稱之臺灣陸橋。過去二百萬年裡，臺灣陸橋受到更新世冰河期的影響，曾多次浮沉於海面上下。在海平面下降最劇烈的冰盛期，其與東亞大陸沿海出露的大陸棚連接，形成如著名的巽他古陸棚（Sunda Shelf）般的遼闊土地。值得注意的是，隨著臺灣海峽出土的化石愈來愈多，研究人員對於古陸橋上棲息過的動物的瞭解也愈來愈全面。此刻，若讓斯氏檢視這些新發現，他可能會大吃一驚。因為從澎湖海溝打撈而來的哺乳動物化石，充斥著棕熊、水牛、菱齒象、犀牛和四不像鹿等類群的遺骸，其中又以菱齒象、四不像鹿和水牛的骨骸為主體。照理說，澎湖海溝與東亞大陸南方地緣關係更近，找到的化石種類應該要以更新世時期東亞南部的野生動物為主，譬如大熊貓屬和劍齒虎亞科的物種。但這些動物類群組成的古動物相，反而與東亞大陸中緯度淮河流域的更新世動物群更相似。[5]

雖然不能排除這些化石可能是從海峽北方被海流攜帶至此，這個發現仍暗示了，在冰河期東海大陸棚浮現時，東亞大陸中、高緯度或日本列島的野生動物有可能利用其傳播至臺灣周遭地區。對於臺灣山區野生動物可能有多處起源的推論，我其實感觸亦深。記得曾在秦嶺的森林步道旁目睹黃喉貂疾奔而過的身影，當時又驚又喜。在臺灣高山健行時，我也會偶然與這種鬼靈精怪的小型貂科動物在林中相遇。牠們似乎特別不怕人，總愛站在不遠處搖頭晃腦地觀察你。剛開始我曾好奇，這麼漂亮，棲息在高山深處的神祕生物，肯定是臺灣的特有物種吧。然而事實不然，黃喉貂其實是廣泛分布在東亞大陸亞熱帶高山以及溫帶山區的物種。往後，這種推翻既定分布印象的狀況，在我探究臺灣生物地理起源時經常出現。

其實，臺灣作為一座海中孤島，島上出現許多特有生物在許多人眼裡也許並不是什麼值得大驚小怪的事。因為過往許多經典文獻都已明白指出，地理隔離是物種形成最直接的機制，尤其對陸生動物而言，海島更是物種演化的天堂。然而關於臺灣的地

5　有趣的是，近年DNA的證據表明，臺灣黑熊、臺灣水鹿、臺灣高山小黃鼠狼等山區特有哺乳動物，分別與滿洲黑熊、四川水鹿和日本小黃鼠狼親緣關係相近。

質歷史，人們經常忘記一個事實，那就是陸橋或陸棚曾多次將臺灣與東亞大陸連結起來。事實上，地質研究已表明，過去一百萬年來，冰河期占的時間明顯較長，約占百萬年中百分之八十的時光。也就是說，整個東亞大陸東緣以陸棚出露的情況才是常態（包含臺灣陸橋）。而每次陸橋與陸棚的出現，其時機、範圍都可能為臺灣帶來不同動物類群的交流。這些交流一方面雖然減少特有種形成的機率（也因此臺灣生物的高特有度另與其他因素有關），但另一方面卻也豐富了臺灣整體動物相生物地理起源地的選項。甚而，你可能也沒想到，間冰期時儘管陸橋被海水淹沒，大海也可以是野生動物傳播的廊道，比如說櫻花鉤吻鮭（*Oncorhynchus masu formosanus*）。

玉山主峰與黃喉貂（吳金臺攝）

在海陸變遷之間

一九一七年，日本殖民時期的總督府技師青木糾雄，在宜蘭一帶調查臺灣北部淡水魚類資源時，無意中從原住民口中得知大甲溪上游棲息著野生鱒魚的訊息。一般而言，鱒魚是性喜低溫水域的溫帶魚種，低緯度的臺灣理應不該有鱒魚的蹤影。這種神祕鱒魚最終在一九一九年，由美國魚類學者喬登（David Starr Jordan）與日籍動物學者大島正滿共筆的報告中化為真實，牠被認為是櫻花鉤吻鮭的臺灣亞種。

櫻花鉤吻鮭是一類棲息在日本海沿海地區、庫頁島、堪察加半島南部、西伯利亞與朝鮮半島東部的魚種。牠們因為在繁殖時雄魚嘴部變成鉤狀，且體側出現如櫻花的紅色斑塊，故而得名。學者推測，這種神奇鱒魚應該是在更新世時的末次冰盛期，因全球海水降溫，從北方高緯度地區拓遷到臺灣近海，並從西部河川進入島內。然後，由於冰河期結束，間冰期到來，升溫的海水阻斷了櫻花鉤吻鮭洄游至北方的路徑，進而被封於臺灣的高山地區，成為陸封的孑遺亞種。[6]

櫻花鉤吻鮭的橫空出世，讓臺灣高山在動物學者眼中成為孕育生物之謎的驚奇之地。然而對植物學者來說，早在櫻花鉤吻鮭現蹤之前，臺灣高山早已為一干日本研究人員帶來滿滿驚喜。一九〇〇年，日籍人類學者鳥居龍藏與森丑之助進行了著名的臺灣最高峰探險，旅程中所採集的一批高寒植物標本，在抵達東京帝國大學植物學教室

6　櫻花鉤吻鮭並不是唯一一種因冰河／間冰循環而被陸封的鱒魚，在墨西哥下加利福利亞半島（Baja Califonia）的聖彼德羅馬蒂爾山（Sierra San Pedro Martir）也有一種叫尼爾森虹鱒的鉤吻鮭屬物種因氣候變遷而被陸封在海拔五百至二千公尺的溪流中。

後，驚豔了教室裡諸多師生，其中一種籟簫屬物種被總督府以總督兒玉源太郎之姓命名兒玉菊（現稱為尼泊爾籟簫），成為日本殖民政府向外宣傳臺灣之美的素材。一九〇六年，森丑之助在第三次玉山採集途中，於海拔三千六百公尺附近發現臺灣的奇蹟之花——玉山薄雪草。菊科的薄雪草在中國大陸稱為火絨草，薄雪也好火絨也好，這些形容都生動描述它最吸睛的形態特徵——叢聚在花序外，披著潔白絨毛的總苞片。由於薄雪草主要分布在歐洲阿爾卑斯山脈、東亞的喜馬拉雅山和橫斷山以及日本列島，能在亞熱帶小島上發現薄雪草，對當時的日本植物學者來說是意想不到的禮物。

彼時，來自臺灣高山的植物標本悄悄激起東京帝大一位植物學學生對臺灣的興趣，他的名字叫早田文藏，未來將被後人稱為臺灣植物分類學之父。早田氏花了十年時間，命名、發表一千六百餘種臺灣維管束植物，為臺灣植物學研究打下基礎。一九〇六年，他在國際植物學界發表了成名代表作。早田氏根據小西成章採自臺灣中部烏松坑山的針葉樹標本，以臺灣為名在《林奈學會植物學期刊》發表了一個裸子植物新種——臺灣杉。由於這個新種形態奇特，無法歸類至當時任何一個裸子植物的屬，早田氏也同時將臺灣杉作為屬模式建立了裸子植物新屬「臺灣杉屬」（*Taiwania*）。自從加入登山社，我便常聽到早田文藏的名字，尤其是偷聽森林系學長姐認植物時，他們口中往往會說出這是早田氏某某，或早田某某，一開始我還以為早田是臺灣某處的地名呢。一直要到我考上森林學研究所，和早田文藏遺留下來的植物寶藏才開始有愈來愈多交集。

因為喜歡爬山，研究所指導教授決定乾脆讓我去進行一類叫作小檗的高山植物分類學研究。這個題目聽起來平淡無奇，但其實充滿挑戰。小檗屬多數物種都分布在深山或高山，且因為全身帶刺又不漂亮，除了臺灣小檗和玉山小檗兩個廣布種之外，其餘十一個物種的標本都極為少見，各種基礎資訊也相對不明。因此，指導教授希望藉著我的登山能力，去臺灣山裡把小檗屬的物種多樣性好好調查清楚，而我也因此和早田文藏正式有了交集。由於很多小檗都是早田文藏所發表，調查其撰寫的發表文獻以及模式標本即成為我碩士班研究的第一件差事。

有趣的是，在這個過程裡，我發覺早田文藏對臺灣山地植物的生物地理起源頗有見地。在他所著的《臺灣高山植物誌》，羅列了山地原生植物共二千一百九十九種，並調查它們之中哪些和鄰近地區物種是相同的。這個創舉，也許可以算是臺灣高山生物地理學研究的濫觴。而在他的初步統計裡，臺灣山地植物和中國大陸華南地區共享的物種最多（四九％），這個結果和之前斯氏的動物地理學觀點似乎不謀而合。不過，經過一百多年的研究，如今植物學者已證實，早田文藏當年的統計，結果並不全然正確。隨著各地植物誌相繼出版，研究人員發現，臺灣山地植物特有率其實比日治早期的研究數據要高，尤其是中高海拔地帶的物種，特有率有隨海拔升高而增加的趨勢。另外，儘管的確存在許多和中國大陸華南地區相似的物種，但臺灣的高山事實上是東亞大陸不同地區溫帶與高山植物的交匯之所，不只華南地區，亦有中國大陸華中與華北地區的近緣物種，一如本島的動物相。

來自東亞大陸的各類生物是如何前往臺灣的？沈中桴博士一九九七年曾提出一個有趣的假說。基於臺灣的地理位置，他認為上次冰盛期時（約二萬六千年前始），東亞大陸東緣的廣大陸棚區因海平面下降而出露（包含東海陸棚、臺灣陸橋、南海陸棚），其上存在至少兩條各類生物遷徙來臺的「高速公路」。第一條是從越南北部經海南島的東西向路徑（南方高速公路），而另一條則是從朝鮮半島經黃海及東海的南北向路徑（北方高速公路）。能夠使用南方高速公路的生物大多是熱帶或亞熱帶植物，以及來自中南半島的動物類群，而使用北方高速公路的生物則多是溫帶植物和古北動物區的動物類群。由此來看，因為北方高速公路的存在，臺灣山地植物尤其中高海拔地帶，存有和中國大陸華南以外區域的近緣物種，似乎也就合理許多。

之二　時光嬗變中的東海

大瀛海岸古紀州，山石萬仞插海流。徐市求仙乃得死，紫芝老盡使人愁。

元．吳萊〈聽客話熊野山徐市廟〉

司馬遷在《史記》曾留下秦朝方士徐福（亦寫為徐市）橫渡東海求取長生不老藥的故事，這則軼聞千年來激起了中國、日本兩地許多文人雅士的想像及討論。所謂東海，指的是長江出海口以南、歐亞大陸以東的大片海域。它南接臺灣海峽，東臨太平洋，並以日本九州和琉球群島為界。徐福最終入海求仙，一去不返。有些傳說認為他攜帶一批人馬抵達了日本列島，傳授當地人中藥醫術，成為大和民族祭祀的神道教神祇。徐福之後數千年間，往來東海之人有增無減，這片內緣海既隔離同時也串連起四周的文明與人群——唐朝時期的遣唐使、明朝時的海盜集團，以及近代搭著炮火而來的歐美船艦。這片海洋人來人往，從不寂寞。

但在文明之前呢？舊石器時代的古人類可能已知東海並非僅是一片海洋，它同時也是一塊連接八荒四方的陸地。自地球在五百萬年前進入更新世後，全球氣候逐步進入冰河進退循環。每當循環至冰河期，東海海平面便會因為大面積的冰棚出現而下降。若下降幅度超過一百公尺，即有很大一部分出現陸地。也因此，東海的另一個名字其實就是東亞大陸棚，意即東亞大陸東緣暫時被海水覆蓋的土地。

東海之路

地質年代的第四紀（Quaternary），陸化的東海據信也曾多次化為一處交通要道，但穿梭其間的不是人類，而是各類陸域動、植物。當時於此往來的植物譜系裡，有些類群的後代至今仍留存在臺灣的山裡，只是多數人並不知曉，像是紅檜。

一九〇一年，跨入新世紀伊始，日本東京帝國大學植物學教授松村任三在《植物學雜誌》上正式發表紅檜，並將其鑑定為扁柏屬的物種。扁柏屬，其拉丁名 *Chamaecyparis* 由希臘文的矮小（chamai）與柏樹（kuparissos）二字組合而來，意為低矮的柏樹。但在臺灣，人們都知道紅檜並不矮小，反而是最著名

扁柏屬現生與滅絕物種分布圖與親緣關係

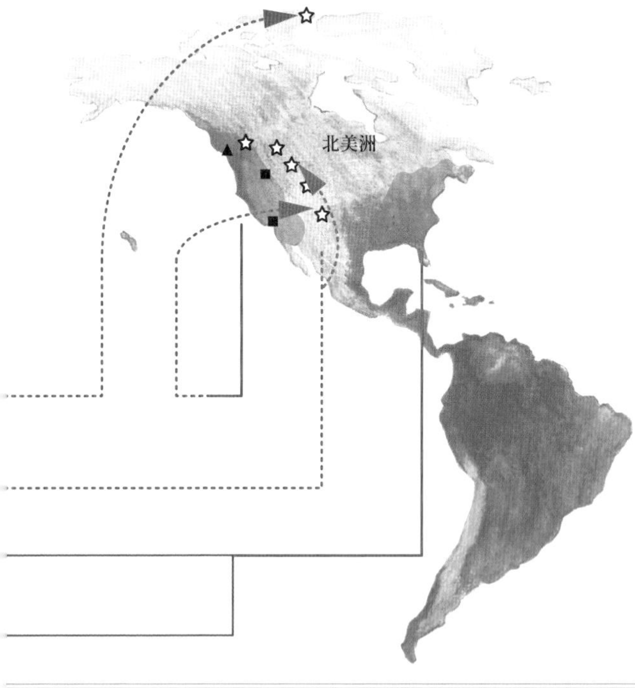

福建柏（游旨价攝）

柳志昀重繪，來源：Incomplete lineage sorting and local extinction shaped the complex evolutionary history of the Paleogene relict conifer genus, Chamaecyparis (Cupressaceae). *Molecular Phylogenetics and Evolution* 172: 107485 (2022).

的巨木樹種。上個世紀，紅檜一度被稱為「東亞第一巨木」，有人甚至認為它可與北美洲的巨杉相媲美。身為日本人，紅檜當然也引起松村教授很大的興趣，因為在大和民族的歷史裡，扁柏屬的木材自古以來就被專門用於神社與貴族屋邸的建設，是最上等的建材。而當時全世界僅知日本列島和北美洲有扁柏屬的分布，[7]日本植物學者萬萬沒有想到，小小的臺灣島居然也有扁柏奇蹟。松村教授在發表文獻中提到，紅檜的形態和扁柏屬內的兩個日本特有種——日本花柏和日本扁柏——各有相似之處，彷彿像是它們的中間形態物種（species intermedia），似乎暗示了紅檜源於日本列島的可能性。

時至今日，許多東亞植物學者基於

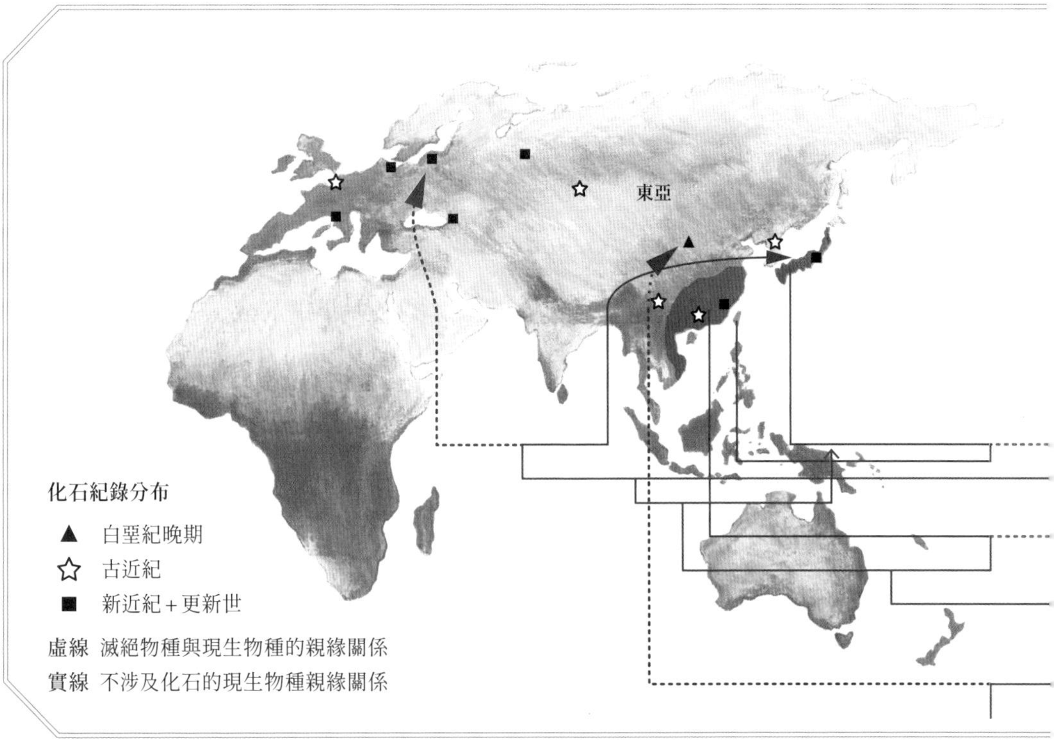

7　扁柏屬下有兩個日本特有種：日本扁柏與日本花柏；而北美洲則另有兩個特有種：美國尖葉扁柏和美國扁柏。

日本花柏與紅檜之間的親緣性，亦較為支持紅檜起源於日本列島。但在古生物學者眼中，紅檜的生物地理起源沒那麼簡單，反而更像個大哉問，而其中的原因正是因為東海。根據化石紀錄，扁柏屬的物種至少在白堊紀晚期就已存在於東亞大陸與北美洲，爾後在古近紀時期（六千五百萬年前至三千五百萬年前）又出現在古歐洲，之後才是新近紀（二千五百萬年前至約一百八十萬年前）時期的日本和東亞大陸東緣。近期，扁柏屬的分類學發生了一個變動，曾經作為其姊妹屬的福建柏屬也被併入扁柏屬中。這個原先只包含一個現生物種的柏科類群，在東亞大陸南部有著廣泛且零星的分布。此分類處理不僅重塑了扁柏屬的全球分布，也讓植物學者理解到，東海四周的東亞地域其實自古至今一直有扁柏屬的分布。也因此，我們不難想見，在東海退卻的時候，扁柏屬物種應該也可以藉著出露的東海大陸棚，從東亞大陸前往臺灣，而非只有從日本列島而來的這個可能性。

紅檜的案例點出一個研究臺灣植物起源的難處——東海障礙。由於當今東海大陸棚是一片海洋，在無法從海底挖掘植物化石的情況下，大陸棚上曾經有哪些植物存在仍舊處於未知。少了這條線索，我們很容易過度簡化生物地理的歷史。就像過往學者若只專注在日本花柏與紅檜間的形態性，因而認為紅檜起源於日本列島，就會忽略花柏在過去地質年代裡可能不只在日本列島，或許它也分布在東海大陸棚，也存在於東亞大陸上，只是前者我們還未挖到化石，而日本花柏在後者的族群已然滅絕。但當年來到臺灣的，可能正是這些看不見的日本花柏族群。幸好雖然研究仍少，但植物學者的確探查到一些珍貴植物，它們並不像日本花柏，可能只留下局限在某地的族群。相對的，它們或以近緣物種的形式，或以同種不同族群的狀態在東海四周的地域分布著。就像大不列顛島上的巨石柱收藏著古代文明的祕密，環形分布於東海四周的近緣植物物種，也為我們保留了東海之下的生物祕密。

在臺灣的高山上有一種美麗精緻、與眾不同的植物，它的名字叫作高山鐵線蓮。鐵線蓮屬[8]的許多物種是全球園藝家或植物園收藏家的最愛，而臺灣很有意思的，也是一座鐵線蓮之島，包含變種共有二十二個分類群。其中，特有種屏東鐵線蓮優雅動人，絕美異常，是著名的景觀植物。不過，雖然名聲比較不響亮，但對登山人來說，高山鐵線蓮之美絲毫不遜於屏東鐵線蓮。外觀上，高山鐵線蓮的花形猶如一個小鈴鐺，花筒是神祕又優雅的紫色，裡頭簇生著金黃色的雄蕊。還記得第一次在南湖大山圈谷見到它時，實在太興奮，趴在地上便是一陣瘋狂拍照。由於每次按快門都得屏住呼吸，高山本就缺氧，快門按愈多次，吸的氧氣就愈少，頭也就愈來愈暈疼，感覺自己都快得急性高山症了。當時，我曾好奇高山鐵線蓮這麼美麗的物種是從何處而來？因為儘管我沒有看過臺灣所有的鐵線蓮物種，但我很確定它和大部分山下的鐵線蓮物種形態不大一樣。它的花朵是奇特的筒狀，而且還是直立的小灌木。

無奈的是，長久以來一直未能找到相關文獻，直到二〇二三年春天，一份最新的

8　鐵線蓮屬是毛茛科的一屬，多年生植物，多為攀緣灌木，共三五五種，廣布世界多數地區，特別是亞洲和北美洲。

鐵線蓮屬相關研究問世，研究人員清楚地揭示高山鐵線蓮是屬於一個叫大葉鐵線蓮組(Sect. *Tubulosae*)的成員，是鐵線蓮屬下一個東亞特有的譜系。從大葉鐵線蓮組的分布圖可以發現，這個組的九個分類群環繞著東海四周分布，包括日本列島、朝鮮半島、東亞大陸東部地區以及臺灣。其中，高山鐵線蓮和臺灣中海拔的一種稀有鐵線蓮物種「臺灣草牡丹」互為姊妹群，然後這兩個大葉鐵線蓮組成員又與日本列島的三個大葉鐵線蓮組成員形成獨特的一支譜系，再與朝鮮半島的物種呈現出最近的親緣關係。最終，臺灣、日本列島與朝鮮半島這些東海東緣的成員，和東亞大陸的大葉鐵線蓮組成員共同構建了大葉鐵線蓮組。在這樣層層關係裡，很明顯可以推出大葉鐵線蓮組應該是從東亞大陸起源，爾後一路東擴。最有意思的是，在定年分析中，研究人員發現大葉鐵線蓮組現生物種大多是在更新世時期誕生的。這個時間點暗示了東海的重要性，不論是通過東海大陸棚前往日本列島或臺灣，或是因為受到東海的隔離而各自在日本列島或臺灣種化，東海的海陸變遷都深深影響著大葉鐵線蓮組的物種分化歷史。

雖然高山鐵線蓮十分美麗，但曾經留意過它的人可能不多，畢竟它生長在深山之中。記得有次和登山社的夥伴們探勘丹大山東稜，在一處被臺灣鐵杉林圍繞的溪谷中，發現一片長滿高山鐵線蓮的山壁，頓時興奮萬分，但同伴們卻毫不停留，直接路過。我總想著，如果當時我已經知道高山鐵線蓮有趣的地理分布的話，不知道能不能因此讓他們駐足片刻。

鐵線蓮屬大葉鐵線蓮組在東亞的現代地理分布圖

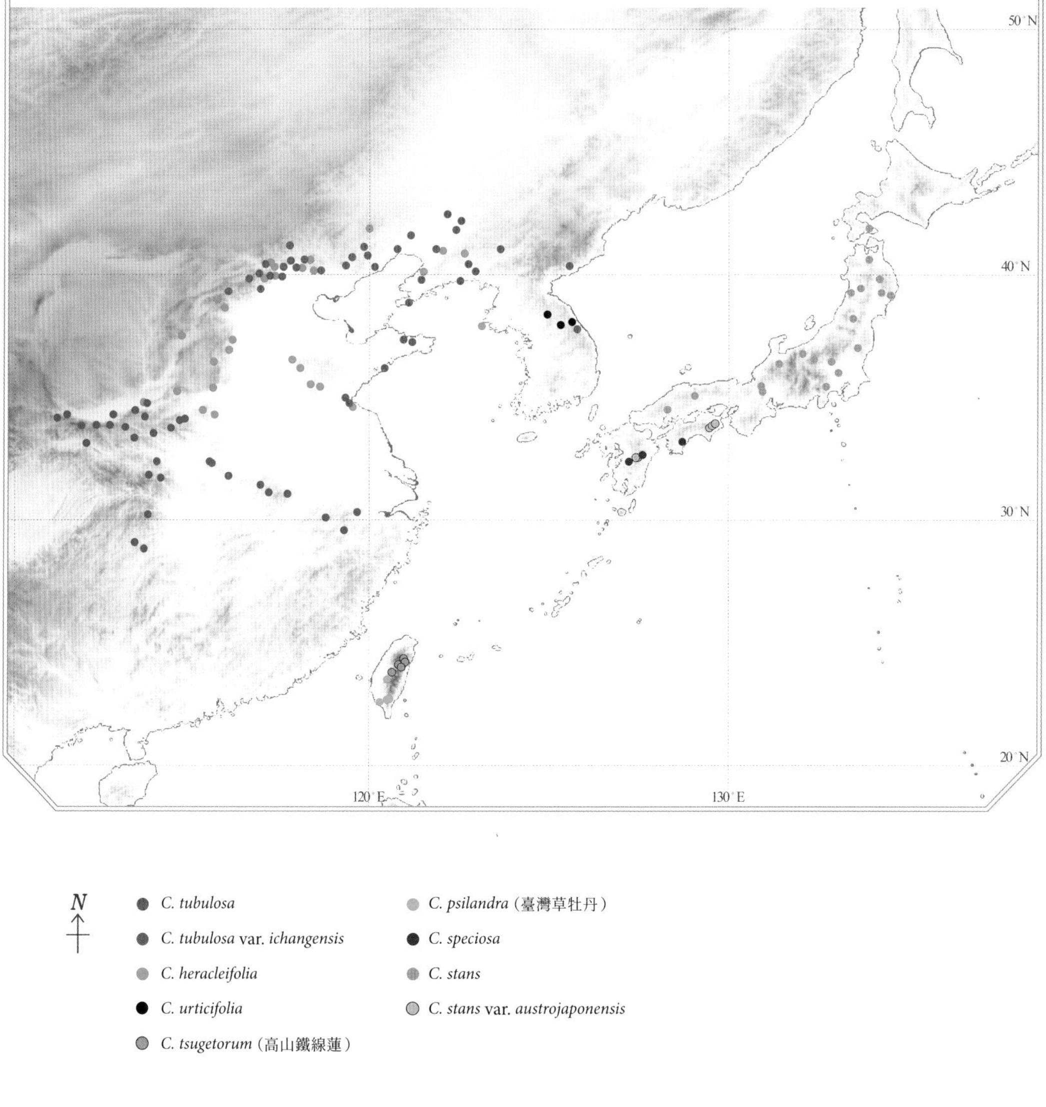

柳志昀重繪，來源：Phylogeny and Historical Biogeography of the East Asian *Clematis* Group, Sect. *Tubulosae*, Inferred from Phylogenomic Data. *Int. J. Mol. Sci*.24(3): 3056 (2023).

上左　在丹大山區偶遇的高山鐵線蓮山壁（游旨价攝）　上右　屏東大漢山的屏東鐵線蓮（鄭元皓攝）
下　與高山鐵線蓮互為姊妹群的臺灣草牡丹（鄭元皓攝）

不過除了高山鐵線蓮，環形分布於東海四周的近緣植物，事實上也有所謂的明星類群，譬如臺灣高山上最吸睛的蘭科植物——喜普鞋蘭。這個屬的每個物種都極其美麗，也都無時無刻不受到蘭花賊的覬覦。從蘭花生理學來看，高山特有種蘭花環境要求高，難以養育，所以我很難理解為什麼會有人想要盜採，也許只是無知登山者的暴殄天物。若是如此，如果告訴這些人這些蘭花的獨特之處，是否就能讓他們放過喜普鞋蘭一馬？

臺灣有四種喜普鞋蘭屬的物種，其中，臺灣喜普鞋蘭花葉俱美，是許多植物愛好者夢寐以求的拍攝物種。它的外形極似分布在日本列島、朝鮮半島與東亞大陸的日本杓蘭。而透過ＤＮＡ分析，研究人員確認了臺灣喜普鞋蘭和日本杓蘭之間的親緣關係，但也因為兩者之間遺傳組成差異較大，認為臺灣喜普鞋蘭可以界定成獨立的物種。事實上，雖然關係極近，但日本杓蘭是一種溫帶蘭花，分布所在地的冬季都十分寒冷，而臺灣喜普鞋蘭則常見於中低海拔，有時甚至在石灰岩地區與高密芒草堆裡。這樣的物種生育地組合，對那些熟悉日本杓蘭並愛其優雅的愛好者眼中，應該是很難想像的視覺震撼。

臺灣喜普鞋蘭（楊智凱攝）

不過，關於臺灣喜普鞋蘭的地理起源地，研究人員從目前的遺傳資料尚無法推論出來。有意思的是，在物種分布模型的模擬中，如今臺灣北部海域中有一大片適合日本杓蘭生長的區域，那裡可能正是臺灣喜普鞋蘭和日本杓蘭共同祖先前往臺灣的前哨站。如果不是因為東海障礙，從生長在該處的族群的遺傳資訊中，我們應該有能力去追溯它和東亞大陸或日本列島上的哪些日本杓蘭族群關係更近了吧。

臺灣產喜普鞋蘭的有趣分布

臺灣喜普鞋蘭之外，其餘三種臺灣原生喜普鞋蘭的分布形式較為一致，且從親緣關係的角度來看，它們的傳播歷史也與東海大陸棚較無關聯。原本，在臺灣高山負有盛名的奇萊喜普鞋蘭，曾經被認為是大花杓蘭的臺灣族群，而大花杓蘭的分布與日本杓蘭有些雷同，主要在東亞東北部、朝鮮半島、日本列島，若算入臺灣的族群，就又是東海環形分布的模式。不過最近臺灣的蘭花研究人員發現奇萊喜普鞋蘭與大花杓蘭的關係較遠，反而和生長在橫斷山的褐花杓蘭、毛杓蘭和大葉杓蘭等共同組成一個單系群，其和各地的大花杓蘭互為姊妹群。基於這個結果，奇萊喜普鞋蘭如今也被移出大花杓蘭，並且獨立被界定成一個新物種（*C. taiwanalpinum*），拉丁文種小名意即「臺灣高山地帶」，而中文名則沿用大家習慣的「奇萊喜普鞋蘭」。

在日本杓蘭的物種分布模型的模擬裡，相比橫斷山，臺灣喜普鞋蘭和日本杓蘭共同祖先使用東海之路的可能性稍微高了些。但奇萊喜普鞋蘭則似乎將原鄉指向了橫斷山，而這也許才是多數臺灣產喜普鞋蘭屬物種的情況，臺灣喜普鞋蘭反而是特例。

在另一組歐洲研究團隊的結果中，臺灣的黃花喜普鞋蘭（或稱寶島喜普鞋蘭）和橫斷山的綠花杓蘭互為姊妹群，而小老虎七（對葉杓蘭）則本身就是間斷分布在橫斷山和臺灣、日本列島的廣泛分布物種。黃花喜普鞋蘭是臺灣十分神祕且有名的蘭花物種，曾經因為珍稀性而蒙受極大的盜採壓力，其分布地點都被極度保密。記得在橫斷山參加蘭花賞花團時，團中喜愛蘭花的成員就非常嚮往來臺灣看野生的黃花喜普鞋蘭，不過讓我印象深刻的是，當時友人便曾提及：「寶島喜普鞋蘭不就是只有一朵花的綠花杓蘭嘛。」由於我一直好奇黃花喜普鞋蘭的近緣物種是誰，尤其在我見到綠花杓蘭之後，我就更想知道答案是否真是如此。如今在最新的研究裡，它的確和綠花杓蘭親緣關係相近，心中宿願終得暫時得解。[9]

上　毛杓蘭（游旨价攝）

下　奇萊喜普鞋蘭（楊智凱攝）

9　親緣關係研究依據取樣嚴謹度、分類鑑定、使用的DNA片段、分析方法等等因素的影響，同一類群不同研究之間可能產出的親緣關係會有所衝突，因此最好將每次的研究成果視為一種假說。待未來研究成果積累多了，再來綜合討論並做出階段性的定論。

日本杓蘭與臺灣喜普鞋蘭的東亞分布圖

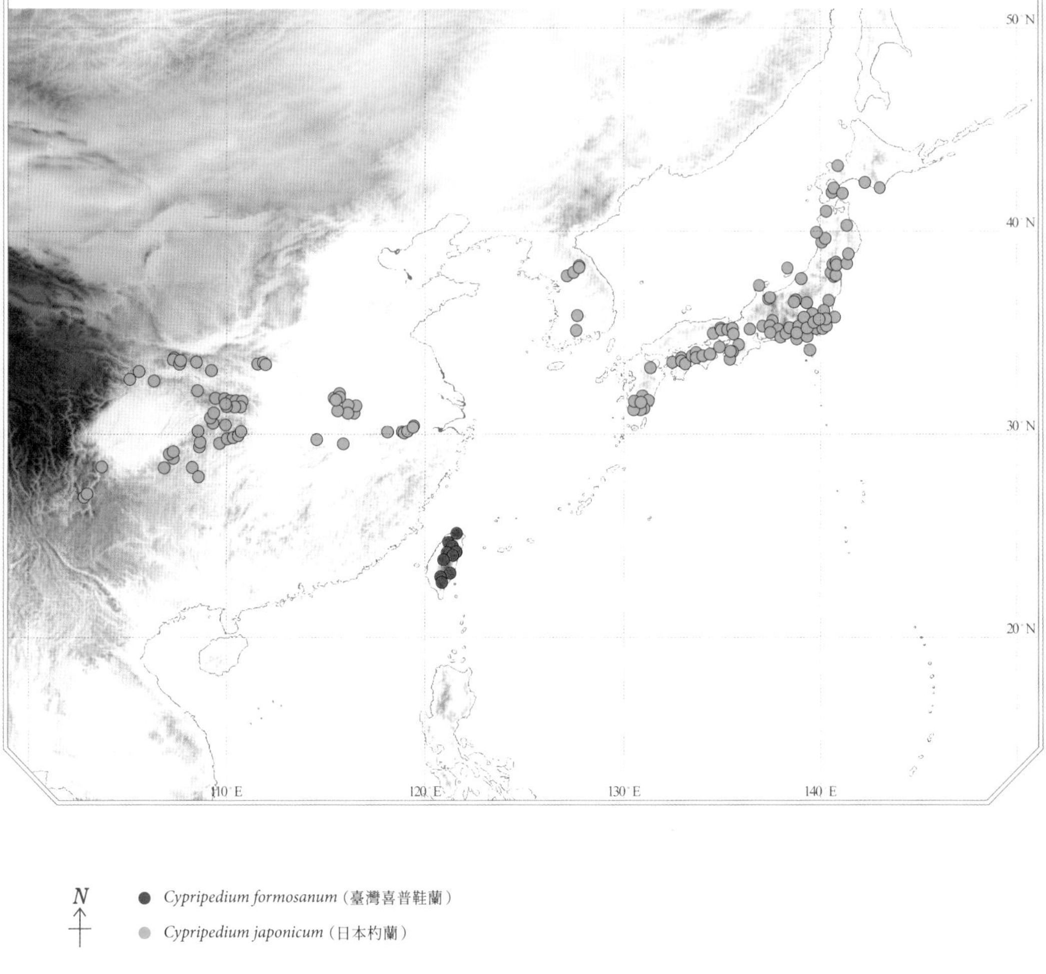

柳志昀重繪，來源：Phylogeography of the endangered orchids *Cypripedium japonicum* and *Cypripedium formosanum* in East Asia: Deep divergence at infra- and interspecific levels. *Taxon* 71 (4) : 733–757(2022).

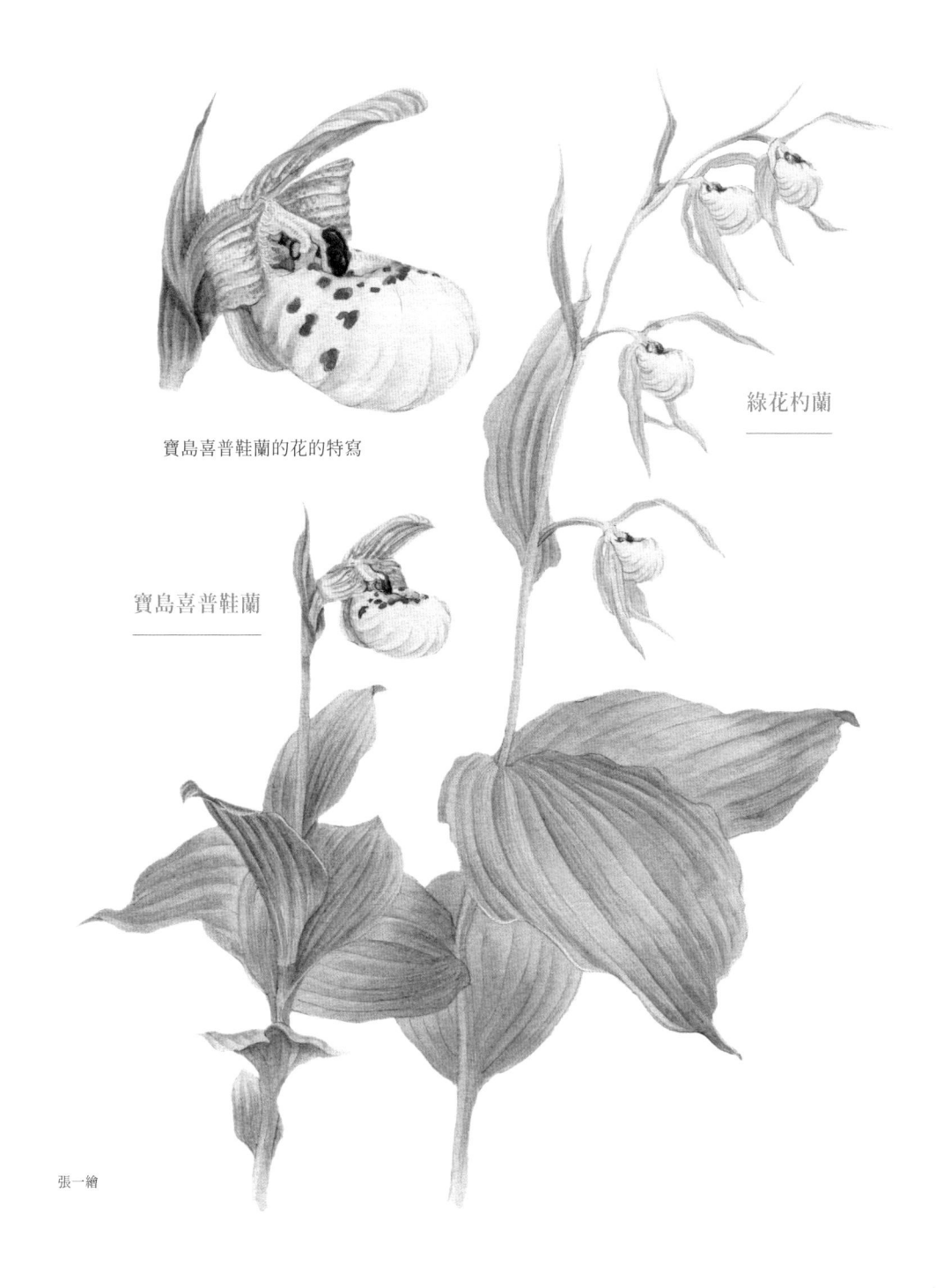

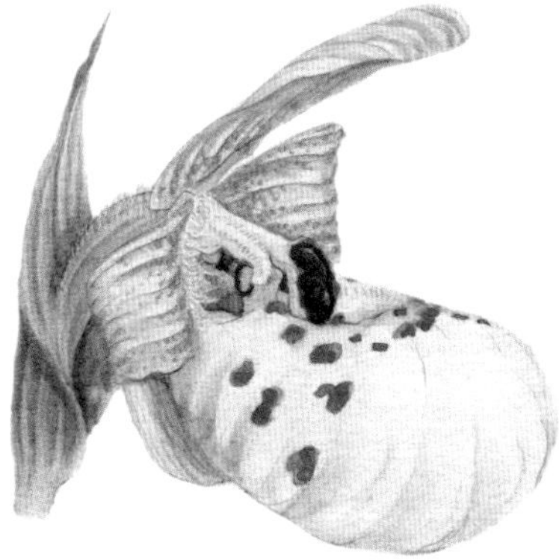

寶島喜普鞋蘭的花的特寫

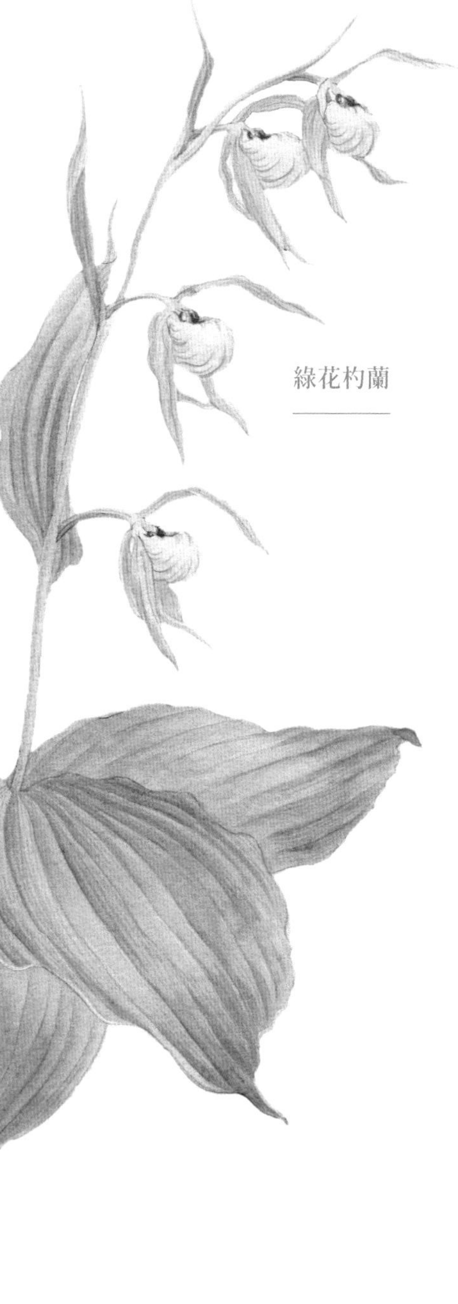

張一繪

琉球支路

在二十世紀上半葉，研究臺灣植物的日本學者就發現，某些原本特有於家鄉的珍稀植物（譬如說昆欄樹[10]）在臺灣亦有分布，甚至族群數量還更多。由於從地理距離來看，臺灣和東亞大陸較近而與日本列島較遠，因此當時學者傾向認為在臺灣出現的日本特有種，應屬特例，兩地之間的植物相共享程度不太可能太高。然而早田文藏的《臺灣高山植物誌》清楚揭示，與臺灣共享物種第二多的地區竟然是日本列島（四二％），僅次於中國大陸華南地區。這份數據讓許多人重新思考臺灣與日本植物相的可能關聯，也讓早田文藏推測，或許臺灣和日本列島間在冰河時期曾有陸橋相連供兩地植物交流。

早田文藏推論的陸橋，與早先十九世紀後期斯文豪等人推測的臺灣陸橋不同，最有可能是如今的琉球群島。[11]這串東海的細長島鏈，位於日本列島九州島與臺灣之間，南北縱跨將近一千三百公里，包含北、中、南三大島嶼群。雖然總島嶼面積不大，卻擁有相當豐富的原生植物相，有近二千三百種植物以琉球群島為家。根據動植物化石紀錄，古琉球群島從大約上新世起就曾多次作為日本列島與臺灣島間生物傳播的廊道。雖然如今被茫茫大海所覆蓋，但在更新世冰河時期地勢較高的古琉球群島便會化為一系列綿

10 朝鮮半島和濟州島是否有天然分布的昆欄樹族群仍有爭議。

11 早田文藏將臺灣植物依照海拔分布，分為低地帶、低山帶、中山帶以及高山帶四個區塊，當時，早田認為臺灣低地帶植物和中國、琉球相當類似，特有種並不多，因此認為低山帶以上才有臺灣獨特的植物值得研究，因此研究主要以低山帶到高山帶植物為主。早田文藏研究臺灣植物的視角，並不局限於臺灣，他放眼世界，以更廣泛的視角瞭解臺灣的植物相。例如，在瞭解臺灣低地帶和低山帶植物後，他進一步與中國、中南半島和馬來西亞的山地比較，高山帶則與喜馬拉雅山、中國的青藏山脈等地植物做比較，進行植物地理學分析，釐清臺灣植物與其他區域的異同。

長的海上山脈，一如坐落在四國島與本州間瀨戶內海上的島橋，成為某些日本溫帶生物使用的傳播橋梁。甚至，在最近一次冰盛期，古琉球群島大幅出露海平面，可能因此引導了日本列島的植物以跳島的方式前往臺灣。在東海大陸棚的存在下，古琉球群島也許可以被視為東亞生物傳播來臺的一條支路，主要使用者是原生於日本列島的物種。

森氏黃連是特產在臺灣中北部雲霧林帶裡的早春山花。[12]研究人員從DNA分析裡發現森氏黃連和日本列島產的五葉黃連是姊妹物種，而它們又與日本列島其他特有的越路黃連等物種屬於同一個家族。在後續的定年分析裡，研究人員發現，五葉黃連和其他日本列島產黃連至少在二百七十萬年前就已分家，而森氏黃連和五葉黃連則在一百三十多萬年前開始分化。這個時間序列不僅暗示五葉黃連和森氏黃連的最近共同祖先可能是在這兩個年代之間來到臺灣，也由於此黃連譜系遺傳和形態上都與東亞大陸的黃連屬物種不同，且琉球群島目前仍有五葉黃連的族群，研究人員因而認為森氏黃連最有可能是曾經通過琉球群島，源於日本列島植物譜系的後代。

不過，想要確認哪些植物使用過琉球支路並不是一件容易的事。在最近一次冰盛期，儘管東海大陸棚與古琉球群島以琉球海槽相隔，但地緣上仍十分靠近，且當時九州島也緊貼著東亞大陸，因此日本列島的原生植物若能傳播至臺灣或東亞大陸，除了琉球支路之外亦有東海之路可行。如前所述，僅用現生物種來推斷使用琉球支路的植

12　黃連屬是毛茛科裡一個只有十五個物種的小屬，中藥材裡著名的「黃連」，就是黃連屬植物的根製成，具有消炎解熱以及抗菌與降血糖等特殊功效。

物類群甚有難度，也容易簡化結論。以昆欄樹為例，這個物種的分布從日本列島南部的四國島、九州島到琉球群島、臺灣一線排開，人們很容易就直覺猜想，昆欄樹是藉由琉球支路在日本列島與臺灣之間交流。然而ＤＮＡ分析的結果並非如此。

研究人員依據葉綠體ＤＮＡ的遺傳資訊驚訝地發現，作為連結的琉球群島，其昆欄樹族群的遺傳多樣性不僅比臺日兩地低，某些族群還和臺灣的族群共享相同的遺傳組成，反倒更像結果是琉球群島的昆欄樹族群源於臺灣。[13]而日本列島的昆欄樹族群在遺傳組成上多樣性很高，且和臺灣與琉球群島的族群存有不小差異，因此研究人員難以斷言彼此的交流方向以及誰才是誰的起源地。不過，借鑑紅檜的例子，當我們一併考慮化石紀錄後，新的線索也就呼之欲出。在新生代的化石紀錄裡，昆欄樹的分布比現今還要廣闊（東亞大陸和北美洲都有紀錄），東亞大陸甚至還孑遺同屬昆欄樹科的水青樹屬物種。依據這樣的地緣關係，日本列島的昆欄樹似乎更有可能是原本分布在東亞大陸以及日本列島上的昆欄樹族群的後代，才會和臺灣與琉球群島的族群在遺傳組成如此不同。對昆欄樹而言，琉球群島應該不是臺灣與日本列島間的傳播橋梁，儘管如此，這個結果卻也揭示出另一個有趣現象，那就是以臺灣作為起源地，植物往琉球群島方向的擴散。

二〇二二年，一個臺灣植物分類學的熱門新訊便與此有關。長久以來被視為特有種的臺東蘇鐵，研究人員發現和琉球蘇鐵（俗稱蘇鐵）之間存有頻繁的基因交流。在

13 在生物地理學研究，遺傳多樣性的組成與分布是用來推斷生物分化與傳播歷史的重要線索。

東海大陸棚與琉球群島相對位置

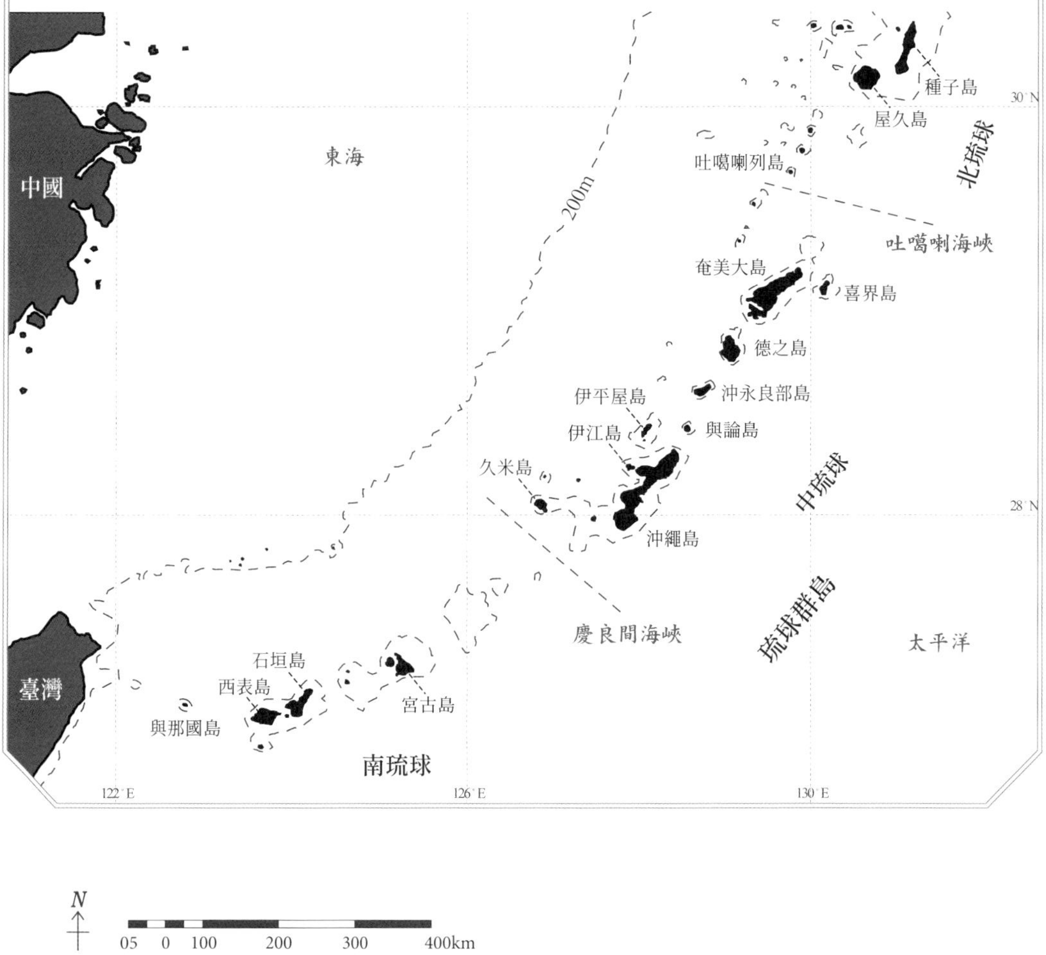

柳志昀重繪，來源：Pleistocene human remains from Shiraho-Saonetabaru Cave on Ishigaki Island, Okinawa, Japan, and their radiocarbon dating. *Anthropological Science* Vol. 118(3): 173–183 (2010).

支序學的概念下，其遺傳組成不具備得以界定為獨立物種的特殊性，因而被併入琉球蘇鐵，成為後者在臺灣的族群。[14]這個分類處理當下不僅撼動許多人的既往印象，也因為臺東蘇鐵本身是知名度很高的植物，引發不少討論。然而物種學名變動實屬分類學工作日常，臺東蘇鐵的案例只是重新提醒世人，就算是大眾熟悉的物種本身仍可能存在分類問題。撇除學名搬移激起的波瀾，這篇研究事實上還有許多有意思的論點。以生物地理學來說，這個研究的有趣之處在於試圖解答琉球蘇鐵的臺東族群與北琉球群島族群間是如何產生基因交流的。其實，一如不同大洲之間移民所導致的遺傳交流，琉球蘇鐵之間的基因交流也可以經由個體的傳播而產生。然而，一開始令人有些不解的是，根據取樣個體間遺傳組成的遠近，研究人員發現臺東的琉球蘇鐵（原臺東蘇鐵）竟和琉球蘇鐵在九州島鹿兒島地區和北琉球群島地區的族群密切相關，而非和地理距離跟臺灣較近的先島諸島相關。為什麼臺東的琉球蘇鐵跳過南琉球群島地區而跟北琉球群島的琉球蘇鐵有所交流？

身為島嶼居民，臺灣與日本的研究人員在腦海中想到一股可以幫助臺東的琉球蘇鐵接觸北琉球群島親族的自然力量。它不存在於陸地或島嶼，而是在臺灣東部的海水中——黑潮（Kuroshio Current）。黑潮是全世界最強勁的海流之一，許多人應該都曾聽過黑潮發電，說明黑潮的力量強勁到足以用來運轉發電機。

14 事實上，根據遺傳分析，臺灣的琉球蘇鐵族群（原臺東蘇鐵）擁有較高的遺傳多樣性，也擁有比較高比例的古老基因型，因此現生於各地的野生琉球蘇鐵更傾向是從臺灣擴散出去的。那麼為什麼不把琉球蘇鐵改成臺東蘇鐵？這樣似乎更能彰顯出起源地的資訊。這是因為在分類學的框架裡，一個物種的命名需要根據植物學大會制訂的命名法規，法規中規定，歷史上先出現的名字有優先權，而臺東蘇鐵的學名發表晚於琉球蘇鐵，因此是前者併入後者之下，成為後者的異名。

在過去一百五十萬至二百萬年裡（更新世時期），它持續地從菲律賓東部經過臺灣東部近海，並沿著琉球群島西側往東北方流動，在冰河期時亦然（注意，就算在冰盛期，琉球海槽也未陸化）。儘管種子不耐海水，但研究人員已知蘇鐵屬許多物種可以利用具有無性繁殖能力的球芽來拓殖他處。而他們也發現，生長在臺東海濱的琉球蘇鐵許多個體通常可以找到球芽。雖然沒有實驗證明琉球蘇鐵球芽在海水中的存活時間，我們也不清楚球芽若由臺東出發，抵達北琉球群島要花多少時間，但我們或許可以參考關於舊石器時代古人類學的研究資料來推測問題的答案。

東京大學的人類學者海部陽介與合作者為了推論古人類的遷徙，利用可被

臺東蘇鐵，主要分布於臺東縣紅葉溪上游及海岸山脈海拔三百至九百五十公尺的懸崖或叢林中。（楊智凱攝）

衛星追蹤的浮具（植物研究人員將其視為與琉球蘇鐵球芽相似之物），連續測量一九八九至二〇一七年裡黑潮的流向以及強度。他們之所以做這個實驗，原本是為了檢測黑潮是否曾經限制古人類向太平洋進發的航旅，但研究結果卻意外啟發了植物學者。在海部博士等人的研究裡，許多浮具在半個月內便抵達了北琉球群島的海域。如果是在季風季，黑潮流速更快的時刻，只要琉球蘇鐵的球芽可以在海水中存活至少半個月，它們就很有可能完成自臺灣到北琉球群島的拓殖之旅，並與目的地的族群發生遺傳交流。

琉球蘇鐵自更新世以來的傳播歷史，對我來說無疑大大豐富了東海四周地區生物地理學的內涵。這個例子再次

琉球蘇鐵又名蘇鐵，原生於日本九州、琉球群島、臺灣臺東。日本鹿兒島縣的奄美大島上的安木屋場的「琉球蘇鐵群生地」擁有約六萬棵蘇鐵，蔚為奇觀。（楊智凱攝）

證明，植物雖然不會動，但是它們傳播種實、花粉或無性繁殖體的方式無比傑出。一如更新世的野生動物，東海大陸棚不論是海洋還是陸地都可以是植物的通道，而琉球群島更是一個獨特的地理單元，將臺灣與那些源於東亞大陸，但特化於日本列島的譜系串聯在一起。

意外歧路

相較如今舟船來來往往的東海，冰河期時東海大陸棚上，生物遷徙的路線似乎也比想像的複雜多樣。但是透過上述的動、植物案例，我們可能會誤以為使用東海之路的生物，都是起源於東亞北方溫帶地區或是西處內

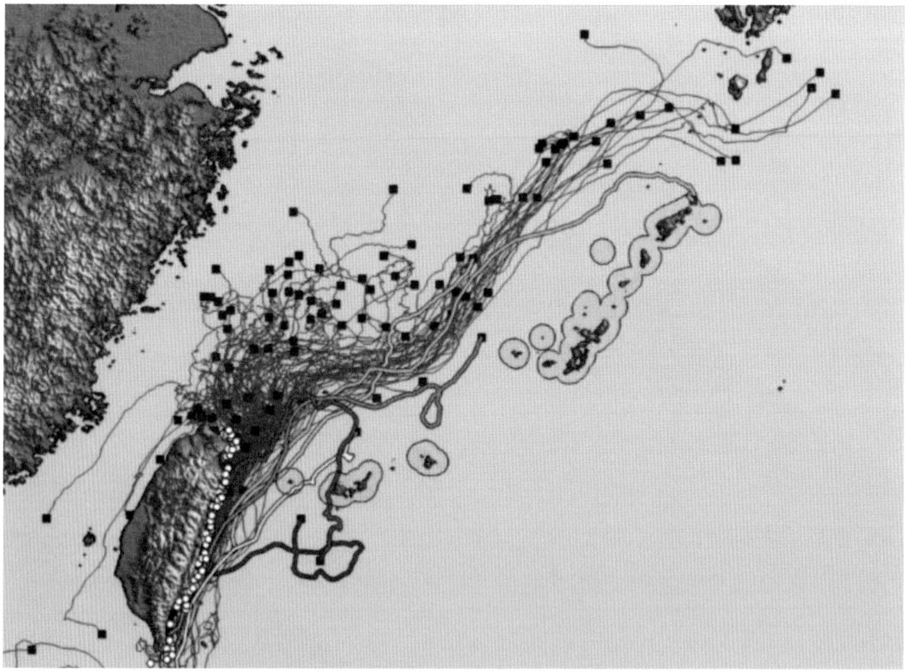

利用浮具與衛星系統所追溯出的黑潮流動路徑

來源：Palaeolithic voyage for invisible islands beyond the horizon. *Scientific Reports* Vol 10: 19785 (2020).

陸的高山地帶，事實上並非如此。在已知的東海環形分布的植物類群裡，有極少數十分奇特的例子，它們雖然是通過東海之路前往臺灣，但似乎並不是起源於東亞，反而是令我們意想不到的地方。瞭解這些奇特來源的山地植物，也許會為你打開對臺灣高山新的想像。

在一萬二千英尺之上，山邊變得綠草茵茵，在那裡翻白草、落新婦、石松、沙參十分繁盛。我找到一小塊沼澤地，那裡生長著一群美麗的花朵，有藍色的山蘿蔔、黃色的金絲桃、佛甲草和紫羅蘭色的酢醬草，紅色的疑似柳葉菜屬的植物和雪白的繡線菊，花季雖已過但仍有一些殘花呢。

在早田文藏的《臺灣高山植物誌》裡，他節錄了一小段一九〇五年十月二十八日，川上瀧彌等人攀登玉山的登山紀錄，用以介紹臺灣高山的植被，並在書中鉅細靡遺地描述了在三千公尺以上的一處小角落。如果你曾見過相關物種，想必能在腦海中描繪出一片靜謐且優雅的小花園，而其中代表藍色的山蘿蔔（早田文藏後來正式命名為臺灣特有種玉山山蘿蔔），至今也是許多登山者喜愛的高山花卉，它的藍帶點紫色，不像亞熱帶高山的天空那樣靛青，卻透出溫潤舒緩的氣息。此外，逐點由外而內綻放的小花，像是蕾絲花邊上的裙擺，十分精緻。玉山山蘿蔔在臺灣高山上並不算少見，雖然不會形成一大片花海，但依然是夏季高山上最吸睛的一種花卉。這些年，當我在橫斷山進行野外考察時總會納悶，許多生長在臺灣高山上的植物譜系我都找到了，卻未曾見過像玉山山蘿蔔的植物。最近，我好奇地調查了文獻，這才發現，原來玉山山蘿蔔所屬的藍盆花屬有著十分有趣的地理分布格局。它主要有三個分布中心：東亞、南歐和南非！這種奇特的跳躍分布形式，吸引了很多生物地理學者的興趣。加上在南歐，藍盆花屬的物種有著各式綺麗花色，是很受歡迎的花藝素材，因此探究它的起源與傳播也就更讓人著迷。最終，研究人員仍然是靠著DNA分析的

玉山山蘿蔔。不同於臺灣的稱法，在日本旅行時，曾聽友人將藍盆花屬的物種稱作松蟲草。此名稱由來有許多說法，其中一說是它的花朵在開完花後的外形很像日本傳說中的一種海妖（海坊主）的頭。另一說，是指藍盆花屬物種花瓣落下後的模樣長得像一種叫作松蟲鉦的日本鑼形狀。這種樂器因為發出的聲響似松蟲（一種棲居在松樹上的蟋蟀）而得名。（張之毅攝）

結果找到可能的答案。這之中，很幸運的是玉山山蘿蔔也有被採樣到，讓我們得以一窺玉山山蘿蔔何以不在橫斷山卻在臺灣的祕密。

綜觀東亞的藍盆花屬物種分布，我們再次看見熟悉的東海環形分布（但範圍更廣，亦包含了更北邊的日本海），臺灣的物種也仍然分布在環圈的最南限。但有趣的是，和玉山山蘿蔔最近緣的物種是分布在朝鮮半島與東亞北方的窄葉藍盆花，而非日本藍盆花。這樣的關係雖然不像臺灣喜普鞋蘭所揭示的，但一個關鍵之處在於，橫斷山與其附屬山脈都沒有藍盆花屬的物種，加上定年結果顯示玉山山蘿蔔大概是在三百萬年前走上自己的物種演化之路，這個年代和分布限制暗示了玉山山蘿蔔和窄葉藍盆花的共同祖先最有可能是從東亞北部經由東海之路來到臺灣。想來真是不可思議，在鄰近島嶼還有東亞地區見不到的植物，在臺灣的高山上卻是每年都在美麗地綻放。

最後，這個研究還有一點值得注意，在取樣的東亞藍盆花譜系裡，所有物種可以追溯到的共同祖先，其出現的年代是在上新世之初（約五百萬年前）。這是一個全球即將變冷且季節性變化大幅增加的時代，也暗示來到東亞的藍盆花物種可能是一類能夠耐低溫和半乾旱氣候的譜系。有了此般與生俱來的特性，也許藍盆花才得以進一步爬上臺灣的高山。不過更有意思的是，DNA分析指出，南歐地中海一帶的藍盆花譜系居然前後各自衍生出了東亞和南非的譜系，也就是說南歐是這兩地物種的生物地理起源地。也就是說，當利用DNA追溯玉山山蘿蔔的身世時，居然可以一路追到地中

藍盆花屬全球分布圖

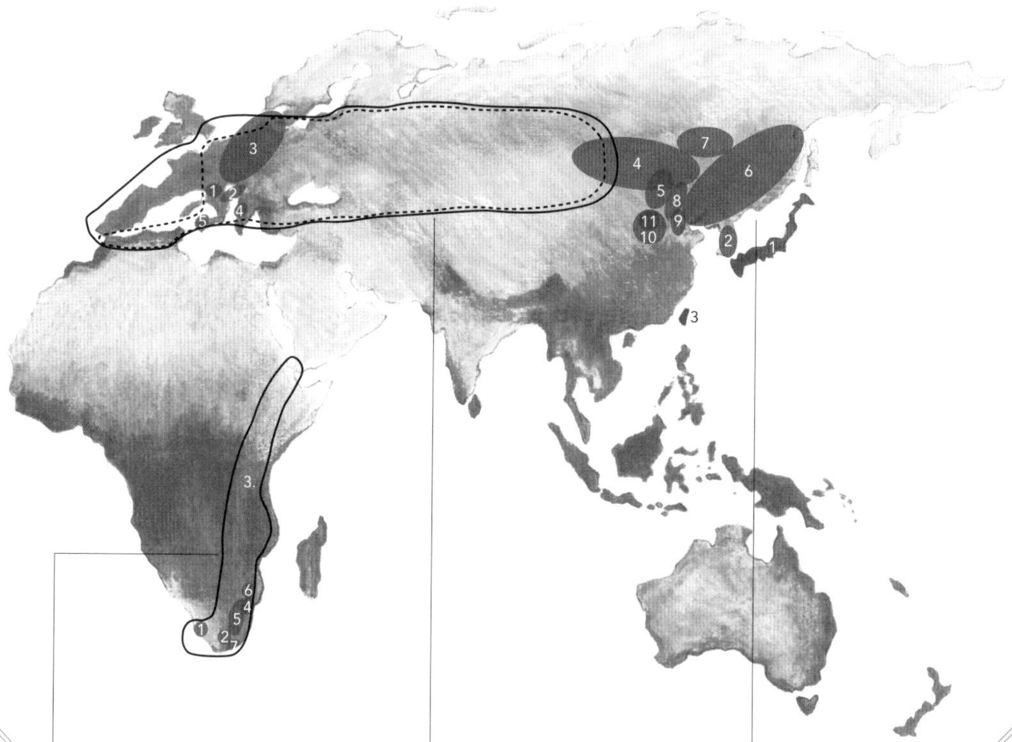

1. *S. africana*
2. *S. tysonii*
3. *S. canescens*
4. *S. beukiana*
5. *S. drakenbergensis*
6. *S. angustiloba*

S. columbaria s.s.（實線）

1. *S. vestina*
2. *S. silenifolia*
3. *S. canescens*
4. *S. tenuis*
5. *S. parviflora*

S. columbaria s.l.（實線）
S. ochroleuca s.l.（虛線）

1. *S. japonica*
2. *S. mansenensis*
3. *S. lacerifolia*（玉山山蘿蔔）
4. *S. comosa*
5. *S. austromongolica*
6. *S. lachnophylla*
7. *S. hairalensis*
8. *S. tschiliensis*
9. *S. hopeinsis*
10. *S. superba*
11. *S. togashiana*

S. columbaria s.s.（實線）
S. ochroleuca s.s.（虛線）

柳志昀重繪，來源：The historical biogeography of *Scabiosa* (Dipsacaceae): implications for Old World plant disjunctions. *Journal of Biogeography* 39: 1086–1100 (2012).

海地區，我真沒想過這兩處地方能有生物上的關聯。想想大多數的東亞植物是在東亞本地起源，地中海起源的植物譜系十分少見。而這條專屬藍盆花屬、從南歐出發來到東亞的奇特路徑，其中一個終點居然是臺灣。另一方面，藉由比較南歐譜系如何傳播到南非的過程，我們也可以瞭解到每個地區都有自己獨特的生物地理路徑與廊道。在南非藍盆花譜系的例子裡，研究人員推測，扮演橋梁連結南非與南歐的地區就是東非大裂谷。雖名為裂谷，事實上是一個擁有連綿高山和高原的區域。一如東海大陸棚，這個地貌的變遷對南非來說，是影響並豐富它們自然史的重要關鍵。

除了玉山山蘿蔔，臺灣還有一種能追溯回地中海的物種——臺灣馬桑。由於馬桑屬是比藍盆花屬更古老的植物譜系，通過它的連結能帶我們前往的時空尺度也比藍盆花屬更遼闊。這種植物在臺灣山區不算少見，分布的海拔也很廣。它的果實看來十分可口，如果你剛好有點肚子餓，可能會因此忍不住想摘下幾顆來吃，但可千萬不能這樣做，因為臺灣馬桑是臺灣原生植物中數一數二的劇毒植物。馬桑屬的馬桑毒素會通過刺激大腦皮層引起興奮、痙攣、嘔吐等一系列中毒症狀，嚴重可致命。據傳原住民族會將臺灣馬桑的汁液塗在箭簇上狩獵，跟使用烏頭的方式一樣。然而，這種臺灣第一危險的有毒植物，卻有著詭譎不凡的身世。只要將視角轉移到馬桑屬的世界分布，便能窺得箇中奧祕。

馬桑屬是馬桑科裡的唯一成員，以奇特的全球間斷分布形式為植物學者所知。在西半球，它出現在中美洲墨西哥高地和南美洲安地斯山脈，在東半球，它除了在地中海西緣周邊地區和新幾內亞島各有一個物種，另在東亞有一小群物種，但在紐西蘭馬桑屬竟又奇怪地分化出一大群特有種。這樣的分布格局在生物地理學者眼裡簡直怪到難以解釋。[15]目前關於馬桑屬地理分布格局的成因依然沒有定論，但研究人員透過DNA分析明確地將馬桑屬分成北半球和南半球兩大支序。其中的北半球支序，我們再次看到類似藍盆花屬分布的模式：地中海、東亞、日本列島與臺灣。只是和藍盆花屬不同，馬桑屬在東亞的分布是泛

有毒的臺灣馬桑（楊智凱攝）

15 馬桑屬在南半球呈現出間斷於紐西蘭與南美洲的奇特格局。在達爾文生活的十九世紀，當時的博物學者可能會假設這些間斷分布的地點之間都存在過失落的陸橋。但在二十世紀下半葉板塊構造理論問世後，那時的學者可能會改而猜測馬桑屬物種的奇特分布是岡瓦納古大陸的裂解造成的。不過近期的DNA定年分析結果顯示，南半球馬桑屬各主要譜系的分化年代都在新生代後期，彼時南半球海陸位置跟現在已非常接近，因此馬桑屬在南半球的間斷分布格局並不是岡瓦納古大陸的遺產。

馬桑屬全球分布圖

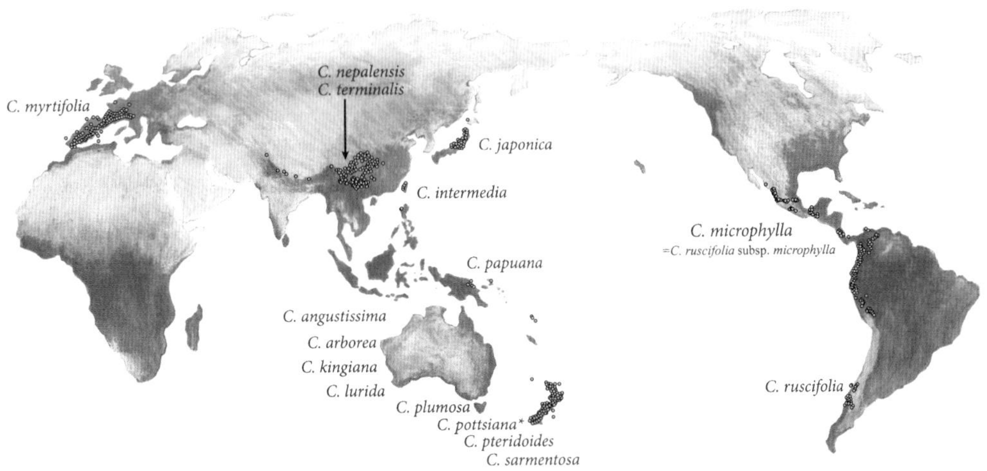

柳志昀重繪，來源：Early evolution of *Coriariaceae* (Cucurbitales) in light of a new early Campanian (ca. 82 Mya) pollen record from Antarctica: Evolution of Coriariaceae. *Taxon* 69: 87-99 (2020).

青藏高地，而不是東亞北方。由於喜馬拉雅山曾是過去許多植物學者提過跟臺灣山地植物有所關聯的地區，這樣的分布格局不禁讓我好奇，臺灣馬桑究竟是和東亞哪個物種關係較親近？

有趣的是，不同的研究都驗證臺灣馬桑和日本馬桑的關係最近。根據前面的案例，這是否暗示臺灣馬桑也是使用東海之路或琉球支路的成員？答案也許沒有我們想像的那麼簡單。

跟前述案例都不同，研究人員發現，日本馬桑跟臺灣馬桑的分化時間是在中新世後期（大約九百萬年前）。而在這個地質年代裡，東亞大陸棚不僅可能沒有出露過，甚至臺灣也只是一個小小的島嶼，沒有高山的存在。臺灣馬桑的祖先又如何能在那時定居臺灣？巧合的是，沒想到研究裡代表臺灣馬桑的個體居然不是來自臺灣，而是來自菲律賓的呂宋島（聖湯莫斯山，Sto Tomas）。我這才發現，原來臺灣馬桑不是特有種，在呂宋島也有一小群族群。而呂宋島的地質歷史比臺灣古老，因此在中新世後期，日本馬桑和臺灣馬桑的共同祖先可能先因緣際會到呂宋島，並在臺灣島劇烈隆升之後才又從呂宋島來到臺灣。這樣的傳播路徑乍看雖然有些奇怪，但在得知紐西蘭島的鴞鸚鵡會食用馬桑屬的果實後，似乎變得有些道理。因為也許東亞也存在著可以食用馬桑屬果實的遷徙性鳥類，讓這些傳播得以實現。[16]

雖然在北半球，至今是哪些鳥類可能取食馬桑果實，甚或是牠們是否會遷徙，遷

16 雖然鴞鸚鵡不會飛，但其可食用馬桑果實仍代表鳥類演化出抵抗其毒性的可能性，或許在紐西蘭之外，有能夠飛行的鳥類可以食用馬桑。

徙的路徑為何我們都不清楚。但是試想，如今我們也能觀察到迷路到臺灣的迷鳥，不論鳥類是否曾在中新世晚期固定往返呂宋島與日本列島，終究不能排除這樣的可能性。在大自然裡，我們原本懂的事就少，不懂的事多，自古以來人類就是在大自然的各種可能性中探索、成長，只要耐心和常保好奇心，我想總有找到真相的那一刻。

The historical biogeography of *Scabiosa* (Dipsacaceae): implications for Old World plant disjunctions. *Journal of Biogeography* 39: 1086–1100 (2012).

Pleistocene glaciations, demographic expansion and subsequent isolation promoted morphological heterogeneity: A phylogeographic study of the alpine *Rosa sericea* complex (Rosaceae). *Scientific Report* 5: 11698 (2015).

Newly discovered native orchids of Taiwan (XIV). *Taiwania* 64(4): 339-346 (2019).

Spatiotemporal maintenance of flora in the Himalaya biodiversity hotspot: Current knowledge and future perspectives. *Ecology and Evolution* 11(16): 10794-10812 (2019).

Palaeolithic voyage for invisible islands beyond the horizon. *Scientific Report* 10:19785 (2020).

New insights into biogeographical disjunctions between Taiwan and the Eastern Himalayas: The case of *Prinsepia* (Rosaceae). *Taxon* 69(2): 278-289 (2020).

The natural history of the genus *Cypripedium* (Orchidaceae). *Plant Biosystems* 155(1): 1-25 (2020).

Early evolution of Coriariaceae (Cucurbitales) in light of a new early Campanian (ca. 82 Mya) pollen record from Antarctica. *Taxon* 69(1): 87-99 (2020).

Name and scale matter: Clarifying the geography of Tibetan Plateau and adjacent mountain regions. *Global and Planetary Change* 215: 103893 (2022).

Divergence with gene flow and contrasting population size blur the species boundary in *Cycas* Sect. *Asiorientales*, as inferred from morphology and RAD-seq data. *Frontiers in Plant Science* 13: 824158 (2022).

Incomplete lineage sorting and local extinction shaped the complex evolutionary history of the Paleogene relict conifer genus, *Chamaecyparis* (Cupressaceae). *Molecular Phylogenetics and Evolution* 172: 107485 (2022).

Phylogeography of the endangered orchids *Cypripedium japonicum* and *Cypripedium formosanum* in East Asia: Deep divergence at infra- and interspecific levels. *Taxon* 71(4): 733-757 (2022).

Phylogeny and historical biogeography of the East Asian *Clematis* Group, Sect. *Tubulosae*, inferred from phylogenomic data. *International Journal of Molecular Sciences* 24(3): 3056 (2023).

第六章

通往遠古群山與大陸的島嶼

（下）

橫斷山篇

之三 橫斷山眺望

冰河期時，東海大陸棚上生物傳播的路徑錯綜複雜，似乎隱藏著各種可能性。但彼時整個東亞，植物遷臺之路並非只限於東海，對高山植物而言，它們另有一條源自東亞內陸、借道群山的遷徙路徑。它起始於橫斷山，途經雲貴高原、南嶺或秦嶺、大巴山，然後跨過陸橋化的臺灣海峽，最終抵達臺灣島的高山。關於此條路徑，東亞的植物學家大約是在二十世紀上半葉開始察覺到它的存在，最初的重要線索來自於不連續分布在東亞內陸和臺灣之間的植物類群，比如臺灣杉。

一九〇六年，早田文藏發表臺灣杉屬，其中只有臺灣杉一個種，起先被認為是臺灣特有譜系。但在一九三九年，研究人員竟相繼從橫斷山和雲貴高原發現臺灣杉的族群，[1]並在東亞地區找到第三紀的臺灣杉化石。這些跡象都顯示，在過去的地質年代裡臺灣杉曾從橫斷山一路分布到臺灣，不像今天這樣不連續分布。甚至，不只臺灣杉，學者如今更已找到八十多個類似臺灣杉般分布的獨特類群，橫跨了不同的生活型（草本、木本等）和演化譜系。（見章末表一）

為了解釋這種間斷分布的成因，一個關於橫斷山的植物曾透過東亞的山廊遷往臺灣的假說遂而誕生。在這個假說設想的情境裡，冰河期由於全球平均氣溫陡降，東亞

1　部分學者認為其應該獨立成臺灣杉屬下的另一個物種——禿杉。

亞熱帶地區三千公尺以下的山嶺成為高山植物生長的適宜環境，使橫斷山植物向東亞東部的中低海拔地區遷徙。然而隨著間冰期來臨，全球氣溫回升，這些海拔不夠高的山脈失去了高山植物的生存環境，高山植物逐漸滅絕；唯有臺灣島的高山，遺世獨立，成為保存這些東遷植物的最後避難所。如今，高山植物的這條遷徙之路如同一條「古道」，路徑雖存，卻再無物種得以使用。而孑遺在臺灣的橫斷山植物譜系，更有如矗立在島嶼三千公尺高山上的自然圖騰柱，彰顯這段獨特的植物遷徙史，與橫斷山的原鄉遙遙相望。

喜馬拉雅與它的影子之山

在二十世紀，關於橫斷山—臺灣間斷分布的謎團，主要圍繞在臺灣島和橫斷山、喜馬拉雅山與青藏高原的地質史。譬如因臺灣島的抬升史尚未明朗，臺灣海峽作為陸橋連結東亞的年代，從中生代晚期白堊紀（約一億四千五百萬年前至六千六百萬年前）到新生代第三紀（約五百萬年前）都有人推測。也因不瞭解橫斷山的地理與地質，許多人在臺灣山林熱切探索著「喜馬拉雅」成分，而不是「橫斷山」成分。這些知識的缺乏使上個世紀提出的諸多假說與解釋目前都亟待檢測。

關於臺灣與喜馬拉雅山之間的生物性連結，在二十世紀早期博物學者筆下時有所聞。他們在遊歷山區的博物紀錄裡，經常不期然地提到「喜馬拉雅」這個令人感到有些突兀的地名。記得我也是在大學時代，從鹿野忠雄的《山、雲與蕃人》第一次看到這種說法。當時我對喜馬拉雅山的瞭解不深，除了很難想像這種生物性連結的存在，也不禁好奇，難道只有臺灣的高山有這種現象？鹿野忠雄的家鄉，也是群山之島的日本就沒有？可惜，當我試圖進一步尋找答案，我發現臺灣關於喜馬拉雅山的報導和資料並不多。一直要到我攻讀研究所，開始接觸英語文獻，對喜馬拉雅山的知識才有了顯著的增長。

作為世界上最高的山脈和全球生物多樣性熱點，喜馬拉雅山在歐美國家備受關注，從網路空間到實體書籍，有關這座山脈的大量資料不勝枚舉。而在琳瑯滿目的資訊中，我想著，既然鹿野忠雄說的是生物相之間的連繫，對於喜馬拉雅山，我或許可以先從瞭解其生態環境入手。透過文獻查閱，我很快就發現喜馬拉雅山的生態環境與臺灣有著不小的差別。其中，又以降水的地理分布模式最明顯。在喜馬拉雅山，南坡受到海洋季風的滋潤，整體環境十分溼潤，適合植物生長；北坡則因為雨影效應[2]，相對乾旱。而臺灣，由於全島都位於海洋季風的勢力範圍，加上島嶼面積小，不同地區的降水差異性並沒有像喜馬拉雅山那樣大。此外，假若依據生態與地理學者的觀點，將喜馬拉雅山分成東、西、中三個區域，位於內陸的西喜馬拉雅山區，整體氣候又比中喜馬拉雅和東喜馬拉雅山區更為乾旱，而東喜馬拉雅

2 雨影效應（rain shadow effect）是指在迎風坡，水氣沿著地形抬升凝結降雨，背風坡則因氣流下沉，溫度不斷增高，空氣難以飽和，所以降水較少，形成雨影區。

山因為獨特的氣候與地貌條件，[3]年降水最高。簡單來說，喜馬拉雅山的氣候類型比臺灣複雜，倘若臺灣真與喜馬拉雅山之間存有生物相的連繫，從生態環境的角度來看，肯定也只是和部分區域有關，而非整座山脈。

以對植物生長至關重要的年降水量來看，唯有東喜馬拉雅山區能與臺灣相較。這片山域受惠於地貌與季風系統的影響，降雨與降雪量都十分驚人，不僅雪線上孕育多條冰河，迎風坡則是一片豐美的山地溫帶森林。二〇一〇年，我幸運得到一個機會前往東喜馬拉雅山區西界的樟木鎮進行植物考察。當時我環顧四周群山以及樟木鎮坐落的山溝，景色與臺灣高山乍看之下有些相似，然而若進一步細看，又馬上能發現這個相似性沒有預期驚人。很明顯的，此地的各種地形、地貌，規模都遠勝於臺灣。在樟木鎮，山彷彿長得更高，河谷也切得更深，森林無比濃密，高山上的雪也似乎更白。之後，當我們一行走進海拔二千三百多公尺的溼潤森林裡，開始認真找植物後，我對東喜馬拉雅山區的陌生感才因眼前所見之物而慢慢消除，取而代之的是種「似曾相識」的感覺。當其他人在搜尋喜馬拉雅山的特有種，我的目光卻被一些形態上，與臺灣中海拔雲霧林裡相似的植物類群所擄獲，例如落新婦屬、秋海棠屬、肺形草屬、莢迷屬、繡球屬等。[4]這些屬的物種是我以前爬中級山時經常遇到的植物，如今，它們竟成為我在樟木鎮串連喜馬拉雅山和臺灣的生物標誌，令人不可思議。

3　相關內容可見〈後記——橫斷之花〉。

4　在整個喜馬拉雅山裡，中喜馬拉雅東部和東喜馬拉雅山區因為鄰近東亞與印度，原生的植物譜系和這兩個地區較親近，在物種組成上也會跟臺灣比較相近。而中喜馬拉雅西部和西喜馬拉雅山區，則因為靠近中亞與地中海，跟東亞的植物譜系交流較少。

上　位於東喜馬拉雅山區的樟木鎮，擁有濃密的溼潤森林。讓人聯想臺灣中海拔的雲霧林。（游旨价攝）

右　在林下、路邊，攀援於灌叢上的肺形草屬物種。（游旨价攝）

二〇一〇年的樟木鎮之旅，是我人生第一次親身體會過去博物學者筆下的自然連繫，也讓我有段時間，對臺灣與喜馬拉雅山之間的生物性連結深信不疑。儘管是後見之明，當我此刻認真回想，不知是否因無心，還是出於對二十世紀初博物學者的嚮往，我似乎一直沒有考慮一種可能性——會不會，鹿野忠雄也跟我們一樣，對喜馬拉雅山、或對整個東亞內陸的高山系統都瞭解不深呢？和臺灣高山生物相的連繫最深的，會不會不是東喜馬拉雅山區，而是鄰近的山脈？隨著全球科學社群近年愈來愈關注泛青藏高地，我意識到許多新出爐的研究結果似乎都在日益增加我的疑問。尤其是二〇二〇年，著名的《科學》(*Science*)雜誌刊載一篇探討泛青藏高地植物物種多樣化形成歷史的研究，裡頭清楚揭示，雖然喜馬拉雅山的物種多樣性很高，但其現生高海拔的植物譜系係多由鄰近區域移入，且很大一部分就是源自比鄰的橫斷山。

根據地質與化石證據，現代橫斷山的部分山體可能早在三千萬年前就已存在，且已具有高山及山地氣候分帶，遠遠早於喜馬拉雅山抬升的時間。在十八個高山植物的代表類群演化史裡，研究人員驚奇發現它們在三千多萬年前曾有過一波大規模的物種分化現象。倘若其他高山植物也經歷類似的演化歷史，當時橫斷山的高海拔地帶很有可能已是一處百花爭放，植物類群豐富的所在。在喜馬拉雅山高山植物的起源上，橫斷山顯然是源點，而喜馬拉雅山是匯點。如此，臺灣山地跟喜馬拉雅山相似的植物種類是不是也能在橫斷山上找到？甚而，會不會橫斷山也是臺灣高山植物起源的一處源點？這些說法似乎也不無可能。事實上，這篇研究也大大點醒我，在探討不同地區的植物親緣性時，不能單憑形態相似這個線索來推論。而在樟木鎮，我只靠著「似曾相識的感覺」就認為臺灣與喜馬拉雅山之間的植物關係較為親近，確實過於武斷。

不過最意想不到的是，當我想查閱有關橫斷山與臺灣間生物連結的資訊時，卻發現相關文獻甚少。即便橫斷山在近十年來，已成為全球山地生物多樣性研究的熱點。但在臺灣植物的研究裡仍然沒沒無名，就像是被喜馬拉雅山巨大的山影所遮蔽一般。

木格措畔，冷杉、落羽松林下盛開的報春花。（游旨价攝）

喜馬拉雅山區的地理和氣候特徵

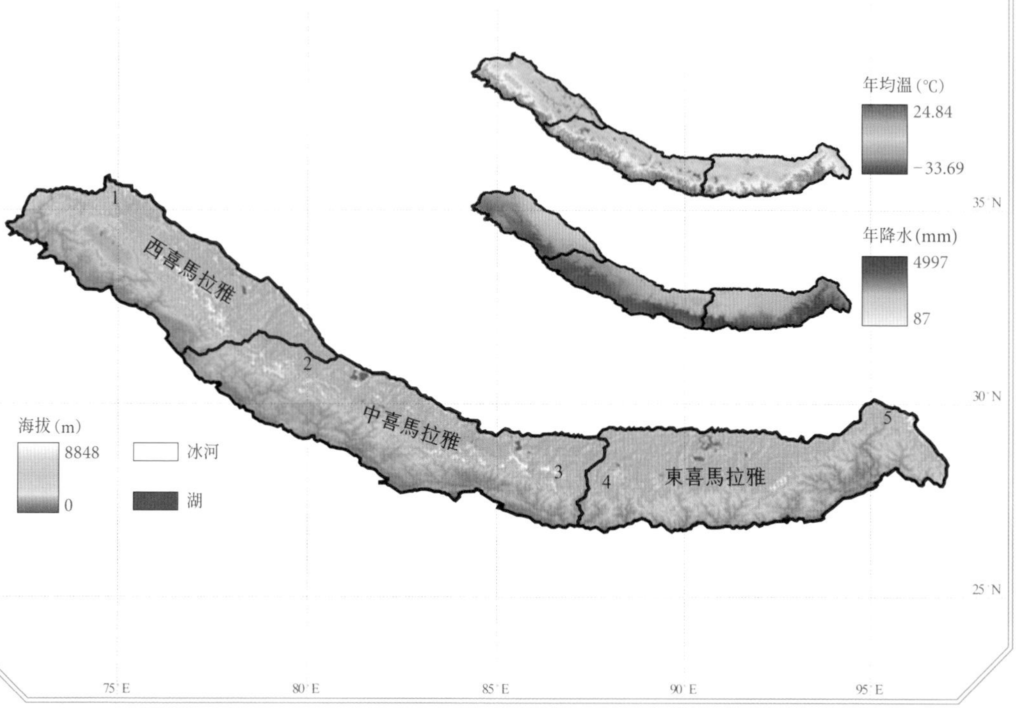

▲ 喜馬拉雅山山峰標示

1. 南迦帕巴峰 8125m
2. 喀美特峰 7756m
3. 聖母峰 8848m
4. 干城章嘉峰 8586m
5. 南迦巴瓦峰 7782m

N

0 150 300 600 900 1200km

柳志昀重繪，來源：Spatiotemporal maintenance of flora in the Himalaya biodiversity hotspot: Current knowledge and future perspectives. *Ecology and Evolution* 11(16): 10794-10812 (2019).

當時有些博物學者頂多會以「中國西南山地」稱之，但他們所指之地是否屬現代橫斷山的範疇，確實難以確認。不論地理位置也好，生物種類也罷，坊間與網路關於橫斷山的資訊都顯得複雜凌亂。橫斷山究竟是怎樣的一片山域？難道我又得自英語文獻從頭開始爬梳跟調查了嗎？

喜馬拉雅山的植物

保守估計，喜馬拉雅山可能有超過一萬種維管束植物，其中近三分之一是特有種。高山上大量特有種的形成，被認為與喜馬拉雅山的造山運動以及其後伴隨而來的氣候動盪有關。在西喜馬拉雅山區（或稱外喜馬拉雅），寒冷的高原沙漠是高海拔地區最具特色的生態景觀。生長在此的植物不僅要耐寒還得特別能耐旱，主要以圓柏屬、麻黃屬或是一些禾本科類群為主。而中喜馬拉雅山區則是多座著名的八千公尺巨峰所在，聖母峰、希夏邦馬峰等高山所創造的碎石坡以及冰河地貌，讓這個地區特有種比例特別高。

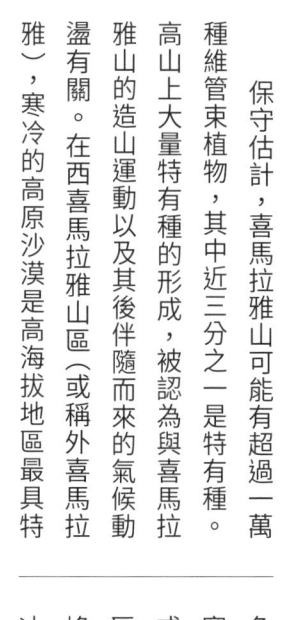

尤其是冰河邊緣的冰緣帶，更是塔黃、雪兔子（部分物種俗稱雪蓮花）和綠絨蒿（俗稱喜馬拉雅罌粟）等明星植物分布的熱點。東喜馬拉雅山區緊鄰橫斷山，山域跨越的緯度範圍也較廣，不像中喜馬拉雅和西喜馬拉雅地區狹長。這裡氣候溫暖潮溼，是物種多樣性最高的區域。

如今，愈來愈多分子親緣關係的研究顯示，喜馬拉雅山高山植物的生物地理起源與臺灣相似，可能源自四面八方。儘管傳播的細節仍有不明之處，但學界已經為此重建出一個宏觀尺度的生物地理學情境。在中新世時，喜馬拉雅曾經歷一段被稱作「物種多樣性真空」的年代。彼時，由於喜馬拉雅山尚

俗稱喜馬拉雅的藍色罌粟，攝於不丹境內的喜馬拉雅山區。（伊東拓朗攝）

上　塔黃，喜馬拉雅山區的明星植物。（伊東拓朗攝）　下　不丹喜馬拉雅產鳳毛菊屬（臺灣稱青木香屬）雪兔子亞屬的物種。這個亞屬因植株多帶有絨毛，被稱為「雪球植物」。（伊東拓朗攝）

未隆起至現代高度，歐亞大陸亞熱帶地區受到行星風系的影響，盛行較為乾旱的氣候，植物多樣性並不如現在的高。中新世之後，喜馬拉雅山造山運動轉趨激烈，當山脈整體海拔抬升到四千公尺以上後，來自印度洋的水氣被阻擋在喜馬拉雅山之南，並為南坡帶來降水。在整體環境日趨溼潤，且愈來愈適合山地植物生長的情況下，來自鄰近山脈的植物譜系也開始遷入喜馬拉雅山。其中，中亞高地或地中海沿岸山脈的類群，因為地緣關係，大多遷入西喜馬拉雅山區；同理，來自橫斷山或東亞北溫帶地區的植物類群則傳入東喜馬拉雅山區。此外，位於喜馬拉雅山北側的岡底斯山脈[5]是另一個時常被忽略的喜馬拉雅山的植物地理起源地。

這座雄偉山脈早在六千萬年前就已達到三千公尺以上的海拔，並可能擁有獨特的高山植物相。可惜因為青藏高原的旱化，古老岡底斯山脈上原生的高山植物目前可能大多已滅絕。如今，想要推測哪些喜馬拉雅山的高山植物可能源於岡底斯山脈，並不容易。在沒有現生物種的情況下，研究人員只能仰賴稀少的化石證據。但化石可遇不可求，唯有更多化石順利出土，這個謎題的答案才有可能揭曉。

5 岡底斯山脈位於喜馬拉雅山脈以北並與之平行，全長約一千六百公里，西起喀喇崑崙山脈東南部的薩色爾山脊，東延伸至納木措西南，與念青唐古拉山相接。岡底斯山脈是青藏高原內的重要地理界線，其北側是氣候寒冷乾燥的羌塘高原，南側是相對溫暖涼爽的藏南谷地。岡底斯山脈亦是眾多大河的發源地，山脈北峰流出的森格藏布（獅泉河）是印度河正源，西面朗欽藏布（象泉河）是印度薩特累季河，源於喜馬拉雅山與岡底斯山間的當卻藏布（馬泉河）是雅魯藏布江的發源地。

東喜馬拉雅地區年降水豐富，每到季風季河水洶湧，森林沐浴在細雨與霧氣中。（游旨价攝）

喜馬拉雅山在更新世前，高山植物可能的起源地與傳播模式

第一波（黑色箭頭）主要發生在始新世和漸新世（約五千萬到三千萬年前），而第二波（紅色箭頭）發生在早中新世至中中新世（二千三百萬到一千萬年前）。在中新世晚期（大約八百萬年前）橫斷山的地形異質性增加後，出現了愈來愈多的多樣化，隨後物種從橫斷山向喜馬拉雅山傳播（綠色箭頭）。
備注：箭頭大小與傳播物種的數量成正比。

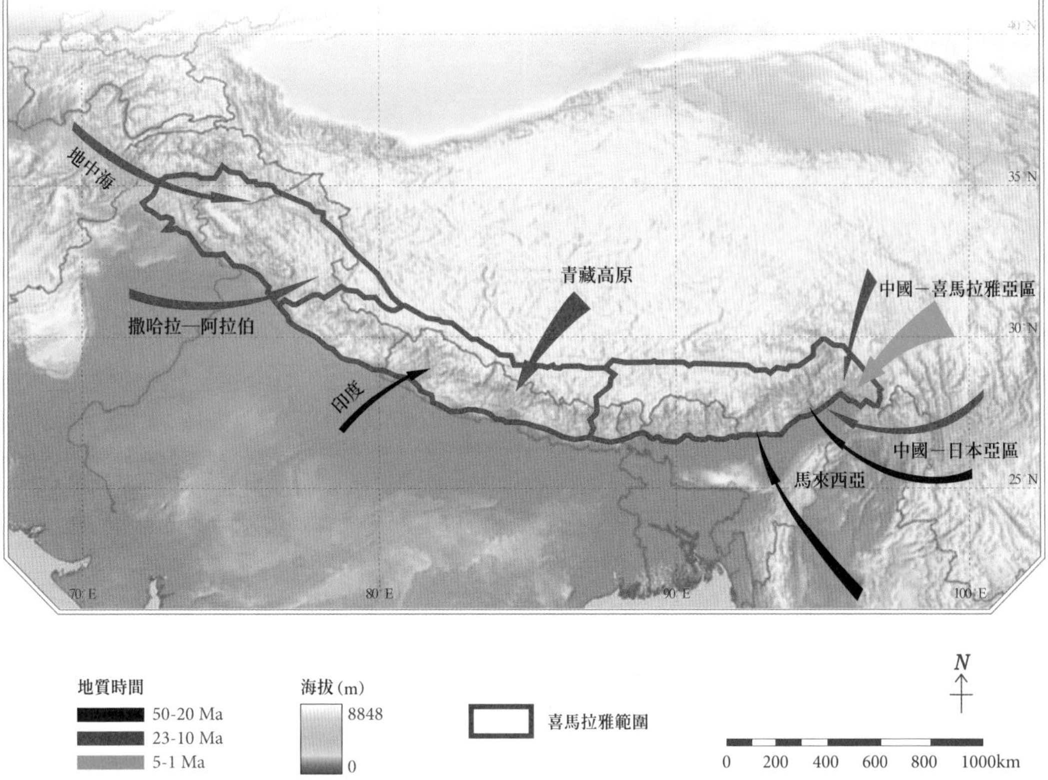

柳志昀重繪，來源：Spatiotemporal maintenance of flora in the Himalaya biodiversity hotspot: Current knowledge and future perspectives. *Ecology and Evolution* 11(16): 10794-10812 (2019).

喜馬拉雅山區的河谷，遠處可見七千多公尺的道拉吉里副峰，此屬於喜馬拉雅中段，在巨大的雪峰之下，是眾多特有物種的生育地。(雪羊攝)

高山植物的理想國

位於亞洲東部，由青藏高原、喜馬拉雅山和橫斷山所構成的廣大山域可能是世界上現存面積最大的高海拔地帶，孕育著地球上最豐富的高山植物種類。其中，與青藏高原、東喜馬拉雅山山區比鄰的橫斷山，曾經一度在國際植物學中披著神祕面紗，如今卻是探討北半球溫帶與高山植物演化的焦點地區。在許多研究人員眼中，橫斷山是一個神奇的地方，特別是在植物學與園藝學方面。二十世紀初，歐美園藝界曾派遣許多植物獵人到橫斷山調查植物資源，他們在這裡蒐羅各式奇麗花草和英俊樹木，在西方園藝界中創造出歷久彌新的東方風潮。而橫斷山，也是著名的植物獵人威爾森將中國稱為西方花園之母的原因之一。歐美園藝界對橫斷山的興趣其來有自，據保守估計，橫斷山光是開花植物種類就超過一萬二千種，包含三千三百個以上的特有物種與變種以及九十個特有屬。最重要的是，一些重要的園藝植物譜系，像是杜鵑花屬、報春花屬、馬先蒿屬、龍膽屬等，在橫斷山都有超過一百個種類，成為園藝公司與植物獵人覬覦的珍寶。

現今，來自橫斷山的美麗植物已經在歐美國家繁衍生息，當引種的歷史劃上句點，人們也開始深入探討，為何橫斷山擁有如此豐富的物種多樣性？這也是此時此刻，東亞植物學家最關切的研究議題之一。在前面提到的《科學》期刊上發表的關於泛青藏高地的研究中，研究人員透過分析地質歷史、物種分化歷史以及化石分布，歸納出兩個對物種多樣性至關重要的非生物性因素。因素一，是橫斷山部分地區存在著年代久遠的高海拔地帶；因素二，則是從晚中新世開始，東亞季風系統的逐漸增強。前者的重要性在於為山地植物的多樣化提供了充足的演化時間，而後者則是為橫斷山的植被發展帶來必要的水氣。當我們跟隨著文章中的研究人員，進一步比對橫斷山、青藏高原和喜馬拉雅山脈的造山時序，以及高山植物對應的演化歷史，對於這兩個非生物因素是如何促進了物種多樣性的發展也就更加清楚。

首先，研究人員透過追溯橫斷山植物譜系的起源時間，發現約在三千萬年前，如今分布在泛青藏高地的高山植物代表類群中，有一些類群已率先出現在橫斷山，並具有較高的物種多樣性。這個發現似乎暗示我們，橫斷山目前的高物種多樣性可能本身就源自於一個良好的開端，儘管目前研究人員還無法確定當時在橫斷山上形成的植物譜系來自何處。在隨後的三千萬年至一千七百萬年前的時期，橫斷山整體的海拔持續上升，研究人員也發現橫斷山地區一直保持著較高的物種分化速率，也就是新物種持續地、相對快速地從這個地區誕生。這種速率，研究人員推測，可能是由於山體隆起所導致的環境異質性增加（相關內容參見第四章）。約在一千五百萬年前，鄰近青藏高原中部的隆起，為橫斷山的山地植物帶來了出乎意料的演化新契機。受到青藏高原的影響，來自太平洋的東亞季風強度增強（相關內容參見第三章），將更多的水氣帶往橫斷山區。隨著年降水量的增加，橫斷山的地形逐漸被塑造成高山深谷的模樣，山區整體的環境異質性也進一步增大。這些連鎖反應持續作用，直到冰河循環期之前，將橫斷山的物種多樣化速率一直維持在較快的節奏上。

最後，約二百五十萬年前，地球進入冰河進退循環期。北半球多數高山山脈上的植物，正因為山岳冰河的擴張，而面臨著滅絕威脅之際，橫斷山得天獨厚，因為所處的緯度帶，以及東亞獨特的地緣歷史，山地植物相整體來說並沒有發生大規模的滅絕事件。同時，橫斷山的南北走向為生長在緯度較高的橫斷山北部山區的植物，提供了一個往南部溫暖地區傳播的機會。它們的種實靠著動物、風或水等自然營力，被帶往了南方的避難所。簡單來說，綜觀整個北半球，各地山脈三千萬年以來的植物演化史，橫斷山對山地植物來說儼然是一處絕無僅有的理想國。

橫斷山—臺灣間斷分布

自從東亞大陸發現了臺灣杉，東亞植物學者對橫斷山、臺灣兩地間的植物親緣性極感興趣，尤其是對喜馬拉雅山生物相特別關注的日本學人。著名的博物學者原寬[6]就曾在《尼泊爾喜馬拉雅的動植物相》（*Fauna and flora of Nepal Himalaya*）一書中提到臺灣與尼泊爾之間令人感到有趣的植物連繫。由於這兩地共有的物種一個都沒出現在日

6　原寬（1911-1986）是日本植物學家，出生於東京神田區。曾任日本植物學會會長，以及昭和天皇的植物學研究顧問，從一九六〇年代開始，原寬每年定期帶著學生前往東喜馬拉雅地區考察並出版植物紀錄。

本，在原寬這樣迷戀喜馬拉雅山的人眼裡，臺灣人著實比日本人幸運許多。然而，值得注意的是，過往研究人員因為受限於對泛青藏高地各地理單元的有限理解，在研究中經常將橫斷山（或其部分地區）稱為「東喜馬拉雅」、「青藏高原東南部」，或「中國西南山地」、「中國西部」。整個二十世紀，橫斷山在科學社群中（尤其是臺灣的研究人員間）一直披著神祕面紗，就像躲在「喜馬拉雅山」和「青藏高原」的影子裡，沒有人能真的看清。

二十世紀下半葉，伴隨愈來愈多的案例發表，針對臺灣高山植被裡的「橫斷山成分」，本書將以「橫斷山—臺灣間斷分布」稱之，以除魅過往文獻中該成分被誤解為「喜馬拉雅成分」的情況。所謂「間斷」（disjunction），是指一群生物（一個物種的不同族群之間或一群血緣關係非常接近的物種）的分布，被高山、沙漠、海洋等地理屏障所阻隔而產生不連續分布的狀況。習慣上，各種間斷分布都以地理區來命名，譬如東亞—北美間斷分布、北美—南美間斷分布。近二十年來，隨著DNA分子親緣關係學的蓬勃發展，愈來愈多的植物間斷分布格局相繼被驗證與發現，其中不乏一些生物界裡最讓人感到不可思議的案例，譬如東亞—南美安地斯山間斷分布，在全球一萬三千多個種子植物（seed plant）[7]屬裡，只有十餘個屬呈現出這種洲際間斷分布現象。這些植物類群被發現僅存在於東亞亞熱帶、南美洲亞熱帶地區，宛如相互「跳躍」在太平洋最遠的彼端，讓那些總認為植物是不會動的人，感到百思不得其解。雖然在植物

7 種子植物，是由可產生種子的植物類群組成，屬於有胚植物的一個子類群。主要分為裸子植物和被子植物兩大類，以往又稱為顯花植物，但因為裸子植物沒有真正的花，顯花植物的稱呼因而有些不恰當。

界，洲際間斷分布總是特別吸引研究人員的注意，但高山的獨特生態特性使得研究人員對於全球尺度上，植物在不同高山之間的間斷分布亦相當關注。在某些東亞植物學者眼裡，橫斷山—臺灣間斷分布這個涉及了高山島與內陸高山的間斷就是十分迷人的一種格局。可惜，目前被深入探討過的橫斷山—臺灣間斷分布植物類群仍非常少（比例不到百分之五）。但通過這些珍貴的案例，研究人員已足夠意識到，參與橫斷山—臺灣間斷分布的類群，從來源地、路徑到形成年代上都有細節上的差異，這種間斷分布現象遠比我們想像的複雜。

橫斷山植物傳臺之路的前哨站——秦嶺、大巴山

三萼花草是種林下的小草本，儘管在許多人眼中它可能並不起眼，但對我而言，它是高山上真正的植物祕寶。記得以前在合歡山野外實習時，助教會用三萼花草的「臭味」作為案例介紹敗醬科，但其實如今我早已無法憶起三萼花草的「敗醬」味，甚至三萼花草在新的被子植物分類系統中也已被轉移到忍冬科。後來我基於好奇查了它的地理分布，才對這種小草產生深刻印象。在東亞境內，三萼花草的分布主要在橫斷山，但在其西側的東喜馬拉雅山區，與東側的秦嶺和大巴山一帶亦有分布。除了這些山地，三萼花草像是穿越了任意門般，橫空出現在臺灣島的高山。這種奇特的分布格

局引起某些東亞學者的關注，因為三萼花草所屬的雙參屬，早先被認為是泛青藏高地的特有屬。但顯然，三萼花草在臺灣的存在直接讓這個屬不再是這片山域的特有居民。

三萼花草是如何來到臺灣的？研究人員透過DNA的親緣分析發現，在東亞大陸上，臺灣的三萼花草親緣最近的族群竟然並非分布在橫斷山境內，而是於其東側的秦嶺、大巴山上（而秦嶺、大巴山的族群則源自橫斷山）。依據DNA所推估的分子時鐘分析，臺灣與秦嶺、大巴山族群分家的時間大約落在四百萬年前，上新世中期前後。彼時全球氣候正逐步劣化，變得又冷又乾，四季分界也比此前的中新世分明。但對三萼花草這種高山植物來說，由於本身早已適應高山又冷又乾的環境，這個古環境的劣化事件反而讓它有向四處傳播的機會，包括東遷臺灣。但令人有些不解的是，當研究人員利用物種分布模型，重建三萼花草於上一次冰河最盛期，在橫斷山與秦嶺、大巴山之

合歡溪步道的三萼花草，花朵小得非常不起眼。（張之毅攝）

三萼花草的橫斷山－臺灣間斷分布圖

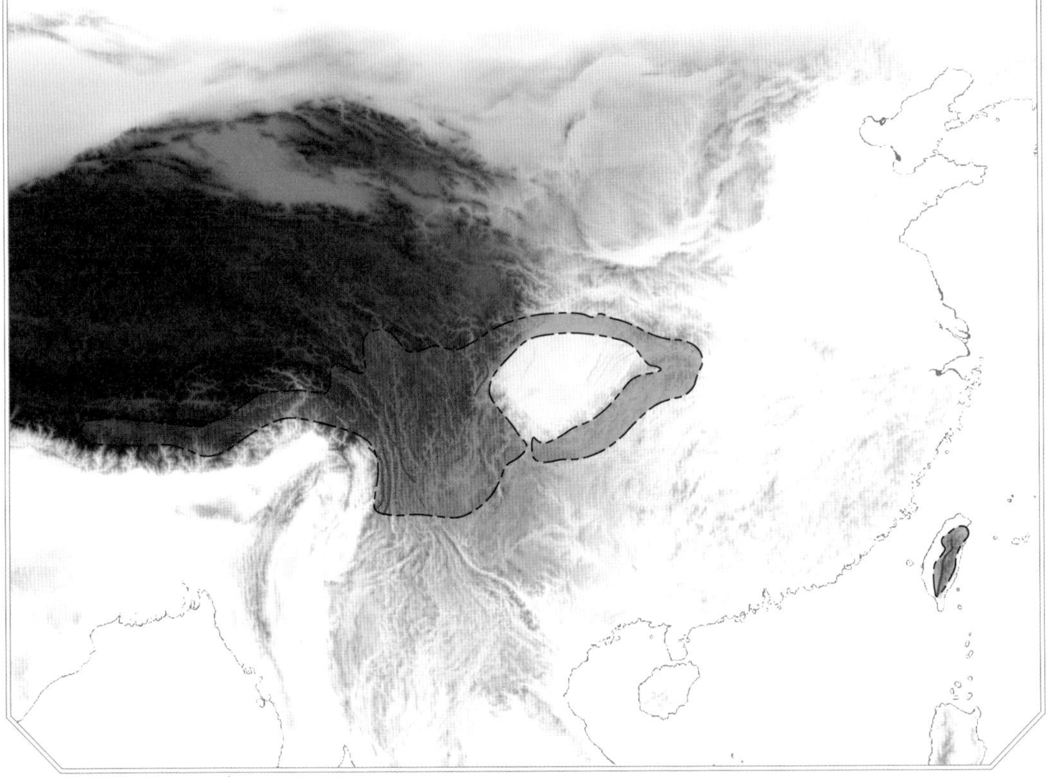

柳志昀重繪，來源：Long-distance dispersal or postglacial contraction? Insights into disjunction between Himalaya–Hengduan Mountains and Taiwan in a cold-adapted herbaceous genus, *Triplostegia*. *Ecology and Evolution* 8(2): 1131-1146 (2018).

外的分布範圍，他們發現秦嶺、大巴山以東的地域都不存在適合三萼花草生長的環境，反而在東亞南方，從橫斷山南部始，經南嶺、臺灣陸橋[8]至臺灣西南部一帶，有著一片三萼花草的可適生長區。

這條路徑雖然因為連續性比較高，更有可能是三萼花草祖先族群所使用的遷臺廊道，但如前所述，臺灣三萼花草的祖先族群卻源於秦嶺、大巴山。三萼花草為何不使用南方的路徑而使用了北方的哨站，令研究人員十分困惑。甚至，研究人員也覺得納悶，三萼花草如何跨過秦嶺、大巴山以東的不適生存區「跳」來臺灣。所幸，通過對三萼花草種實特徵的觀察，研究人員發現，這種小草具有細小、輕量的胞果[9]，可以靠著風力之類的自然營力，經由「長距離傳播」(long distance dispersal) 機制[10]傳播來臺。有意思的是，研究人員近期也發現，同樣使用秦嶺與大巴山作為前往臺灣的前哨站的橫斷山植物可能還不只一種。薔薇科的玉山薔薇，這種在臺灣高山上有高山玫瑰美稱的明星植物，為我們提供了另外一種秦嶺、大巴山和臺灣的傳播版本。

橫斷山植物傳臺之路的跳板——武夷山

在泛青藏高地及鄰近的秦嶺、大巴山與太行山構成的廣大山域中，廣布著一

8 更新世起，臺灣陸橋在海侵與陸化之間反覆輪迴。每當海峽陸域化，它便化身為一座陸橋，成為植物遷臺的通道。

9 胞果 (utricle) 是被子植物的一種果實類型，和瘦果 (achene) 類似，其成熟果實的果皮發育成薄膜狀，乾燥且不開裂。

10 相關內容可以參考《通往世界的植物》第二章。

種叫作絹毛薔薇的山地薔薇花，它的花容清新可愛，是東亞許多薔薇愛好者的最愛。由於天然分布範圍廣，絹毛薔薇在各地出現不少形態上有點差異的地理亞族群，對薔薇愛好者來說，把這些長相微異的族群的形態都看過或拍過一輪，就是人生莫大的樂趣。而在臺灣的高山上，絹毛薔薇也存在一個變種——玉山薔薇。雖然早田文藏在初鑑定時並沒有看出它跟絹毛薔薇的關聯，但是依然指出它和分布於泛青藏高地的小葉薔薇、藏邊薔薇十分相似，暗示了間斷分布的格局。

目前，分類學者將絹毛薔薇中最主要的七個形態類型，分別界定成不同的變種。但因為它們之間常存有中間形態，有些分類學者也傾向將它們統稱為「絹毛薔薇複合群」，意即這群植物的分類學仍需要進一步的探索。而玉山薔薇是該複合群中唯一分布在島嶼的譜系，也是薔薇愛好者的絹毛薔薇清單上最難蒐集的一種。通過DNA的親緣分

太平溪源營地的玉山薔薇（游旨价攝）

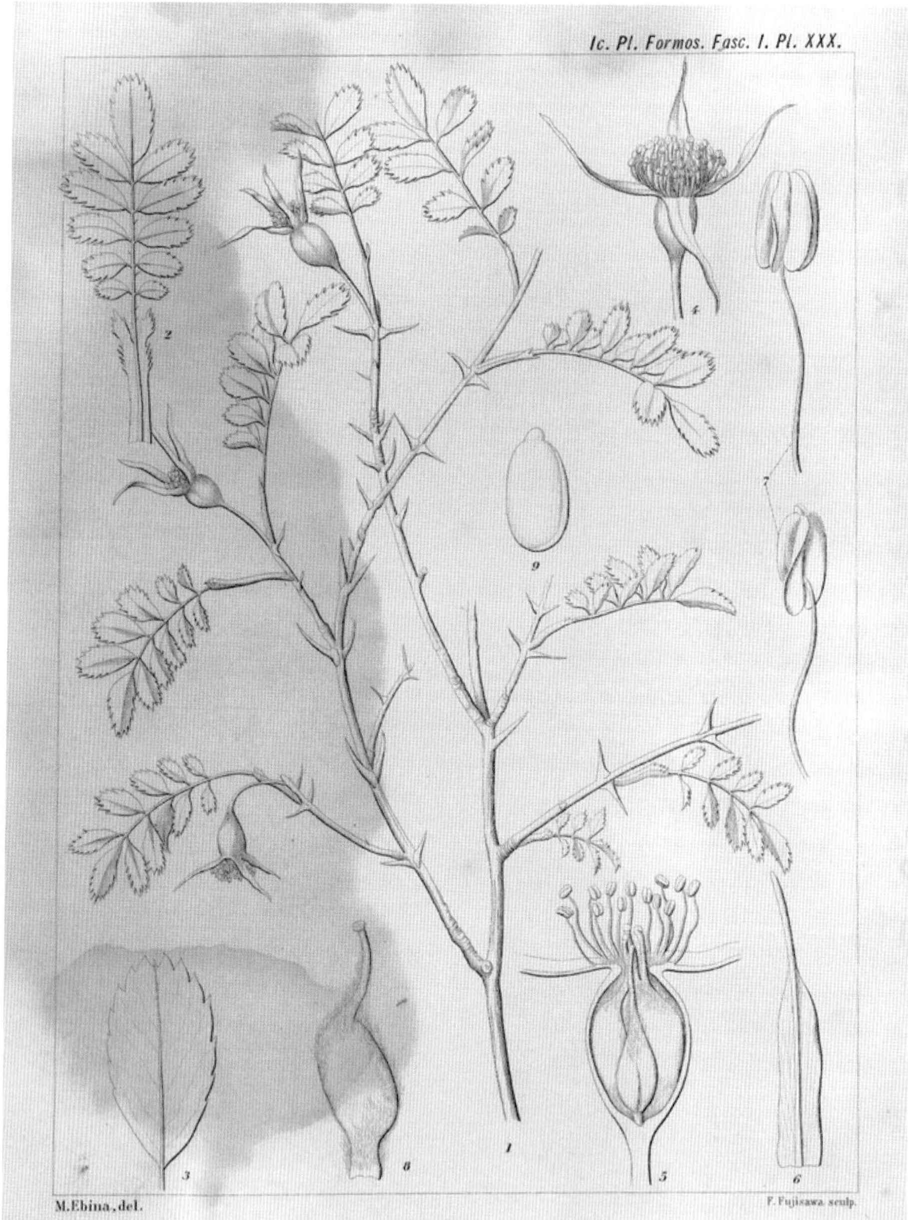

玉山薔薇圖譜，出自早田文藏《臺灣植物圖譜》第一卷。
來源：臺灣植物資訊整合查詢系統

絹毛薔薇複合群葉綠體DNA單倍型譜系圖

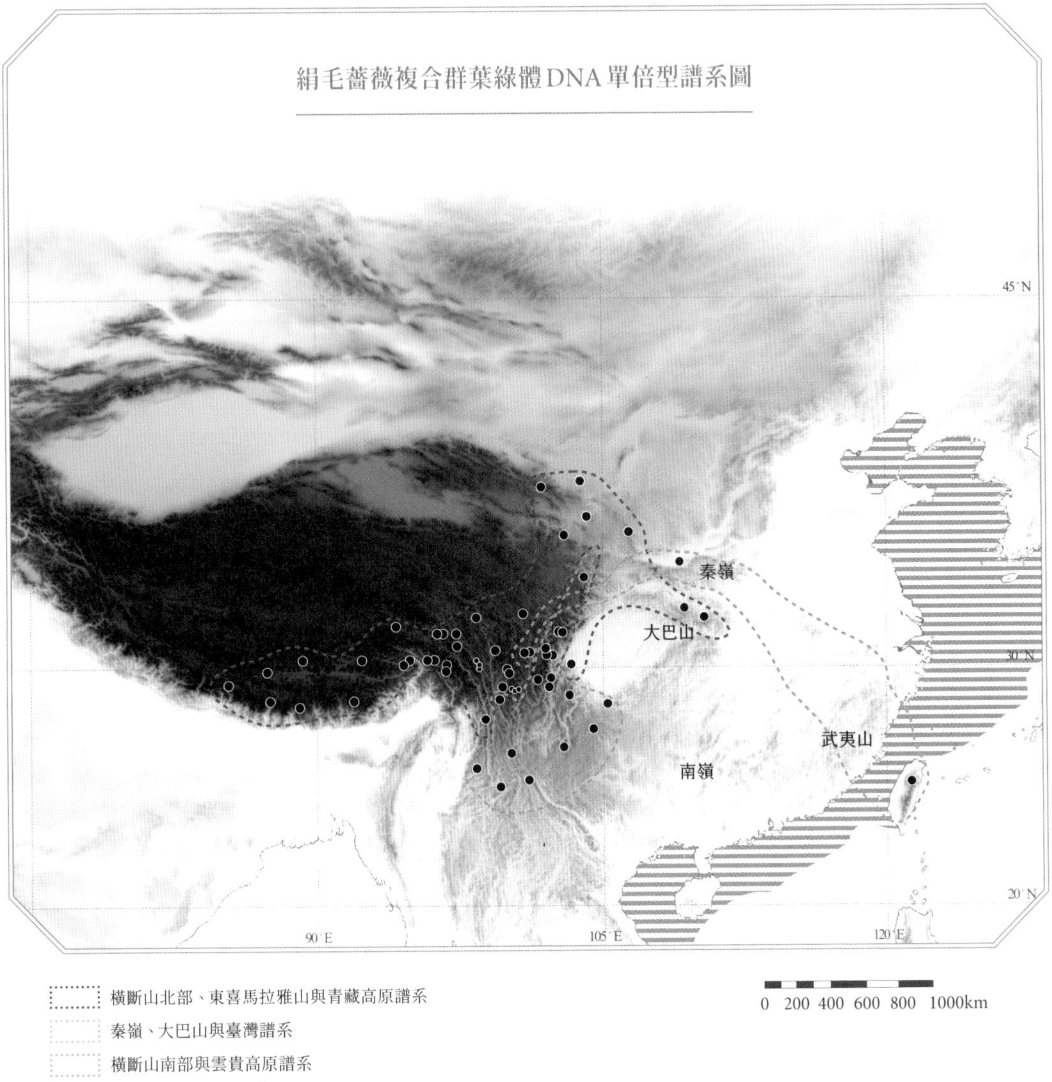

柳志昀重繪，來源：Pleistocene glaciations, demographic expansion and subsequent isolation promoted morphological heterogeneity: A phylogeographic study of the alpine *Rosa sericea* complex (Rosaceae). *Scientific Reports* 5: 11698 (2015).

析，研究人員發現，在現存的絹毛薔薇複合群裡，玉山薔薇和秦嶺、大巴山的族群親緣關係最近，然後才是跟橫斷山和東喜馬拉雅山區的族群。這種親緣關聯看似跟三萼花草相似，但在接下來的物種分布模型的分析中，卻呈現了與三萼花草大相逕庭的有趣結果。在上一次冰河最盛期時，絹毛薔薇不像三萼花草，它在秦嶺、大巴山以東沒有適合生長的地方，反而在以武夷山為中心的山域中，存在著大片適合絹毛薔薇生長的環境。也就是說，通過物種分布模型的預測，儘管如今武夷山一帶沒有絹毛薔薇，但在冰河期時卻可能有。由於武夷山介於臺灣與秦嶺、大巴山之間，所以絹毛薔薇的遷臺過程，極有可能就是自秦嶺、大巴山的前哨站，然後再以武夷山為跳板抵達臺灣。在間冰期，臺灣的絹毛薔薇族群因為與東亞大陸各地的族群之間少有交流，漸漸走向形態分化之路。

在東亞大陸，絹毛薔薇在某些生育地裡，可以形成優勢植物，譬如在青藏高原可見的絹毛薔薇灌叢植被。（黃健攝）

橫斷山植物傳臺之路的長廊——南嶺

在三萼花草和玉山薔薇的案例裡，秦嶺與大巴山似乎是橫斷山植物前往臺灣的重要中繼點，但在上新世以來的橫斷山植物大遷徙中，雖稱不上條條大路通臺灣，但也不會只有一條路徑。在目前被研究人員深究的三種橫斷山－臺灣間斷分布植物裡，最後一個類群就呈現了與三萼花草、玉山薔薇截然不同的傳播路徑。這個植物雖也是薔薇科的，但中文名裡不帶薔薇，而是乍聽起來有點奇怪的「假皂莢」。皂莢，本是一種豆科植物，而「假」皂莢之所以得名，是因為小枝的葉腋上也生有一根銳刺，長得跟皂莢的刺有些相似之故。

塔塔加的假皂莢（楊智凱攝）

在中國大陸，假皂莢所屬的植物譜系另有其名——扁核木。「扁核」係指其花朵中的子房，呈現扁斜狀。在橫斷山，扁核木屬有一個物種——青刺尖，是納西族東巴文化[11]中重要的民俗藥物。二十世紀初，孤傲的美籍奧地利探險家洛克（Joseph Rock）[12]在橫斷山的麗江長居二十七年，不僅在當地採集動植物，也為世人記錄神祕的東巴文化。青刺尖正是洛克收藏的東巴植物寶藏之一。外觀上，青刺尖有著凶狠的尖刺，納西族人將其視為護身符且裝飾在家中，據信能夠將危險或惡靈阻絕在外。此外，據東巴經書以及《滇南本草》所載，青刺尖具有優良的抗菌消炎能力。納西族人若受到刀傷時，會去周圍山上採青刺尖來治療。但或許在納西族眼中，青刺尖最珍貴的一種產物是青刺尖油。春末夏初，當青刺尖果熟，納西族會從果實中取出種子，然後用自製的榨油機製作青刺尖油。這種植物油若用於臉頰或手掌，可以預防或治療皮膚乾裂的症狀；若拿它梳髮，則可以保持頭髮烏黑油亮，有時，納西族人甚至會酌量生飲，據說能使身體強壯有活力。青刺尖油目前在中國大陸已有商業販賣，也被稱為「青刺果油」。

青刺尖是納西族的萬靈丹也是吉祥物，但他們或許猜想不到，青刺尖竟有一個姊妹物種生長在遙遠的臺灣高山，它就是假皂莢。當年，早田文藏在寫《臺灣植物圖譜》時就已意識到假皂莢和喜馬拉雅地區的青刺尖形態十分相似。二〇一九年，研究人員通過物種分布模型的預測，發現在上一次冰河最盛期，整個東亞大陸南方都是青刺尖可能分布的範圍。青刺尖在這段期間，有可能從橫斷山一路順著東亞南部的雲貴高原、南嶺，再通過臺灣陸橋

11　納西族是中國少數民族，聚居地分布在橫斷山的麗江及其毗鄰地區。東巴文化是納西族的傳統文化，因東巴教而得名。東巴文化的主要傳承者——東巴（智者），是納西族最高級的知識分子，他們大多數都集歌、舞、經、書、史、畫、醫於一身。東巴文化最令世人矚目的是東巴文，它是世界上少數還在使用著的象形文字，被譽為是文字的「活化石」。

12　洛克（Joseph Rock, 1884-1962）出生於維也納，後入美國籍，在一九二〇年前往亞洲探險考察前，洛克曾在夏威夷大學從事植物學研究，並協助建立植物標本館。一九二二至一九四九年，洛克在中國雲南、四川、甘肅東南以及西藏東部度過了漫長的探險考察歲月。

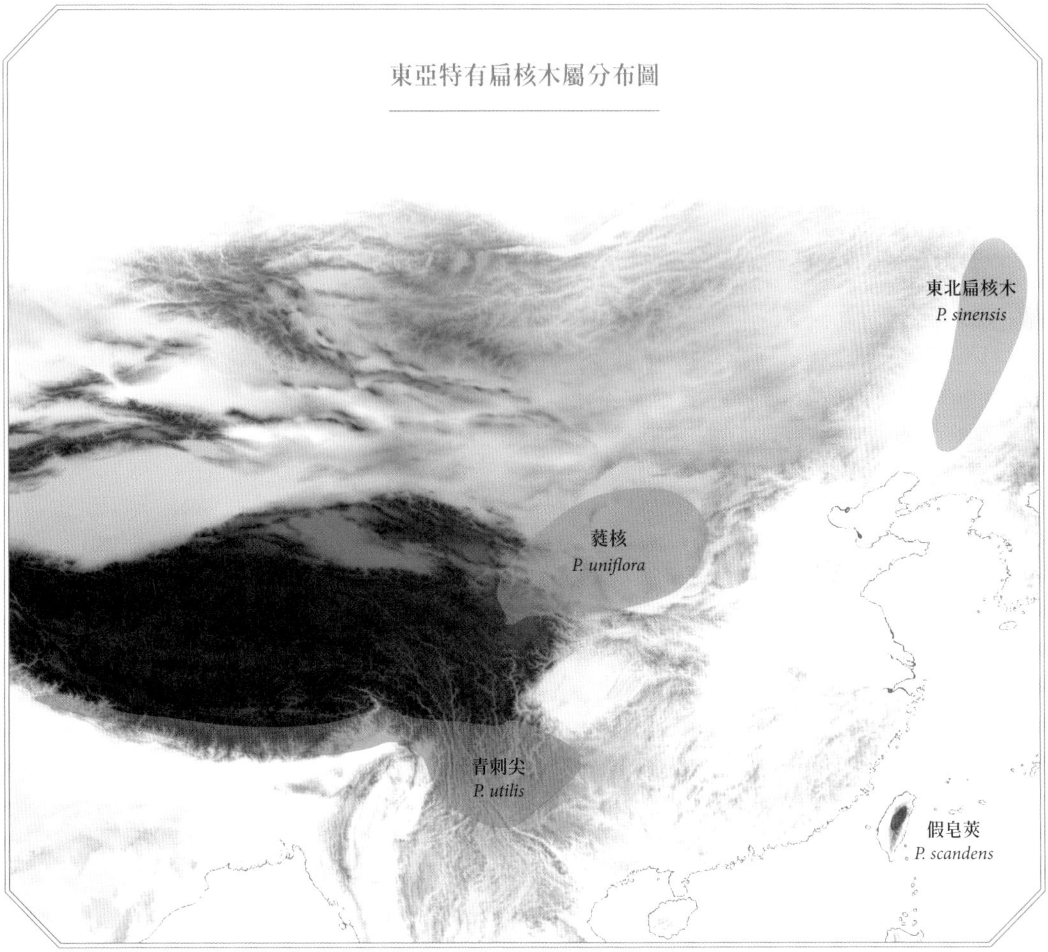

柳志昀重繪，來源：Phylogeographic analyses of the East Asian endemic genus *Prinsepia* and the role of the East Asian monsoon system in shaping a North-South divergence pattern in China. *Frontiers in Genetics* 10: 00128 (2019).

抵達臺灣。有意思的是，這條山廊的地理位置與研究人員在三萼花草案例中所發現的頗為類似，但如前所述，遷臺的三萼花草祖先並未使用之，而假皂莢的祖先使用了。事實上在過去許多研究橫斷山和臺灣間斷分布的學者基於地緣關係，往往假設南嶺是兩個地區間，植物類群交流時最有可能使用的路徑。但從上述三種植物類群的傳播歷史，我們可以清楚發現，秦嶺和大巴山在兩地植物交流的重要性似乎遠比南嶺重要。當然，由於此時此刻，我們對橫斷山－臺灣間斷分布的細節所知有限，南嶺的重要性有可能只是尚未被發現。

呂宋島，臺灣高山植物旅史中失落的環節？

東亞島弧上的植物多樣性及其生物地理起源一直備受植物學者關注。其中，亞熱帶和熱帶大型島嶼（臺灣、菲律賓和馬來群島等）的山地特有植物正是許多學者關注的焦點，尤其是呂宋島。一直以來，這座高山島的植物地理學研究就十分少見，雖然和臺

灣群山相比，它的山脈高度顯得並不突出，最高峰普勒格山（Mt. Pulag）海拔為二九二二公尺，甚至不到三千公尺（雖說菲律賓最高峰阿波火山也只比普勒格山高出三十二公尺）。

但是因為種種特殊地緣與地理因素，呂宋島尤其是北部山岳地區似乎和臺灣、橫斷山和東亞北方的植物譜系存在著生物連結。大概在二十世紀初，美國植物學者梅瑞爾（Elmer Drew Merrill）[13]的《菲律賓開花植物名錄》（*Enumeration of Philippine Flowering Plants*）裡，便已經收錄到一些臺灣山地植物，例如玉山箭竹。大多數臺灣人並不知道，我們高山上常見的矮箭竹原在全世界是一種稀有的生態景觀，而呂宋島的普勒格山頂就是臺灣之外，還能見到這種景致的少數所在。關於這種現象，東亞植物學者李惠林曾提出一個假說，他認為呂宋島的山地植物是從東亞溫帶地區以臺灣為中繼站，經由跳島的方式傳播而來。然而這個假說的問題在於，似乎沒有把臺灣與呂宋島的地質歷史考量進去。

首先，呂宋島雖然自更新世以來就一直是以海島的形式存在，甚至在上一次冰河最盛期也不曾跟任何陸地相連。但由於它存在的時間比臺灣古老許多，因此從時序來看，本身即有可能在臺灣島浮現之前作為東亞山地或溫帶植物傳播的一處驛站。而這點之所以重要，在於它反而有可能成為臺灣山地植物相的一個來源地而非只是外逸的地點之一。不過，整體來說，呂宋島北部與中央地區的山地，海拔二千八百公尺以上的地帶並不多，且其上高峰大都經由火山活動所形成，目前學者對它們的古海拔與噴發歷史都不甚瞭解，因此仍難以斷言呂宋島是否會有比臺灣高山更

13 梅瑞爾（Elmer Drew Merrill, 1876-1956）美國植物學者，在菲律賓工作二十餘年，是亞太地區公認的植物學權威。在他的職業生涯中，撰寫了近五百份出版品，發表約三千個新種植物，並累積了超過一百萬份標本。

呂宋島最高峰普勒格山頂的矮玉山箭竹原
來源：Joanne Caselyn/Wikimedia Commons

古老的植物譜系存在。此外，馬來植物區系的物種對呂宋島的山地植物組成影響也很大，譬如普勒格山中海拔最著名的生態景觀卡西亞松林，其外表也許可類比為我們山上美麗的臺灣二葉松林，但卡西亞松卻是不折不扣的熱帶松樹譜系，和分布於東亞大陸及臺灣的臺灣二葉松生物地理來源不同。在中南半島，卡西亞松和橫斷山的雲南松有基因漸滲[14]的雜交帶，並演化出思茅松。[15]但呂宋島與臺灣僅以巴士海峽相隔，為什麼卡西亞松就沒有來到臺灣呢？臺灣山地植物相之於呂宋島，究竟是一個源點還是匯點？這些問題至今沒有答案，呂宋島宛如臺灣山地植物旅史中失落的環節，也似乎等不到臺灣人的關注。

14 基因漸滲（introgression）是指兩物種的雜交後代與親本反覆回交，而把某一親本的性狀帶至另一親本。
15 基於遺傳組成的比例，研究人員傾向認為其仍是卡西亞松，只是當地混入雲南松遺傳成分的族群，思茅松與卡西亞松就有些類似琉球蘇鐵和臺東蘇鐵的情況。

迎客之島也是中途之島

橫斷山與臺灣島植物相不僅是平行發展的關係，更具有深刻的同源性。自從知道這層關聯後，我就莫名開始著迷於全球的植物間斷分布現象。或許是因為從小就認為植物是不會動的生物，所以常常覺得動物比植物有趣。但在橫斷山－臺灣間斷分布的例子裡，植物的傳播總在我腦海中浮現非常動態的畫面。像是小檗、青刺尖翻山越嶺的東遷之旅，雖然耗時百萬年，卻仍讓我感覺它們似乎像我一樣喜愛登山。而通過長距離傳播機制來旅行的植物更是顛覆我的刻板印象。它們似乎輕輕鬆鬆就跨越許多地理障礙，尤其靠著傳播能力特別強大的媒介（颱風、季風、海流或是遷徙能力突出的鳥類），它們甚至可以走得比動物更遠、更深、更快。長距離傳播的能力，對我進一步探索臺灣山地植物的原鄉極為重要，箇中緣由和圍繞在臺灣陸橋的生物地理假說有關。

上個世紀，以陸橋作為連繫東亞與臺灣的假說不只流行於臺灣動物相的起源，也同樣被許多研究人員用來解釋臺灣山地植物相的起源。然而讓人不解的是，不論是從物種分布模型的模擬，抑或是從澎湖海溝撈出的化石都明白表示，更新世冰河期時的臺灣陸橋，其氣候並不適合大多數高山生物的生存。彼時徜徉在陸橋之上的，是犀牛、象、四不像鹿和水牛這類大型生物。在這樣的環境條件下，高山生物是否真的能一步步「走」過，或一棵棵「長」過陸橋通往臺灣，我認為仍十分值得商榷。我也曾一度對玉山小檗如何傳播至臺灣的過程感到困惑。因為如果要援用陸橋說，我始終很難想像玉山小檗與古象生活在一起的畫面。最終，我仍是透過認識經由長距離傳播來到臺灣的山地植物才找到解答。

事實上，小檗屬的拉丁文屬名*Berberis*（詞源：berry）意指漿果，這說明小檗的種實傳播者最有可能是鳥類，而鳥類正是促成許多植物長距離傳播的生物媒介。由於目前臺灣山地上不乏分布著一些和橫斷山、秦嶺與大巴山相同或親緣關係相近的鳥

不只植物呈現間斷分布，臺灣與中國西南山地在鳥類也有親緣關係，由上而下為冠羽鳳鶥、臺灣（酒紅）朱雀與灰鷽。
（白欽源攝）

種，這個事實不僅暗示東亞大陸的鳥種也如植物一般，曾經東遷臺灣，也暗示了小檗或許是跟著這些鳥類一同遷臺的。[16]因為，假若這些鳥類在旅程中取食了小檗漿果，小檗的種實便有機會跨越臺灣陸橋上的不適生區抵達臺灣。若真如此，此般鳥類與植物一同遷臺的機緣，似乎說明臺灣如今山地生物相的樣貌與物種組成，可能是涉及跨類群、多物種的大規模生物群落傳播事件。事實上，當年鹿野忠雄徜徉於臺灣高山時，便常指出臺灣山上的動物類群和喜馬拉雅山似乎關係密切。從東亞東遷臺灣的山地或溫帶生物們，有可能是以一個生物群落的規模一起遷徙而來的，就像是從東亞帶來一整片森林以及所孕育的生命。因為唯有這樣，似乎才能解釋現今臺灣島上為何出現這麼多跨越類群與橫斷山近緣的物種。

如今，跨類群、多物種的報導愈來愈多，涵蓋的生物類群也可能比我們想像的廣，在中國大陸華中地區就有一則與臺灣有關的昆蟲案例值得探討。分布於東亞的寬尾鳳蝶[17]，目前只在華中地區與臺灣各有一個亞種。這類大型蝴蝶外形冷豔高貴，是全球知名的珍稀蝶種。由於寬尾鳳蝶的幼蟲僅取食樟科檫樹屬物種的葉片，也因此，檫樹的分布格局對於寬尾鳳蝶的分布格局擁有決定性的影響。有意思的是，全世界現存只有三種檫樹，分別是北美洲的北美檫樹、東亞的華中檫木和臺灣檫樹，[18]而華中檫木和臺灣檫樹彼此的親緣關係又近於各自跟北美檫樹的關係。這似乎暗示了，臺灣寬尾鳳蝶的演化和檫樹屬自東亞東遷臺灣的傳播歷史應該大有

16 和中國大陸西南山地有親緣關係的鳥類包含林下鳥種如藪鳥，或活動於樹梢的白耳奇鶥、冠羽鳳鶥，在樹幹的茶腹鳾等種類。在高海拔山區則有臺灣（酒紅）朱雀、灰鷽、火冠戴菊鳥和岩鷚等北溫帶的鳥種。

17 在最新的分類學研究裡，東亞特有的「寬尾鳳蝶屬」，應當被視為「美洲鳳蝶亞屬」（*Pterourus*）的同物異名。

18 檫樹屬的地理分布是著名的東亞－北美間斷分布，如同扁柏屬，相關細節可參閱《通往世界的植物》第一章。

關聯。而類似的蟲樹「互動」所牽連出的生物地理歷史，在臺灣還有一個案例：著名的殼斗科樹種臺灣山毛櫸與夸父璀灰蝶（*Sibataniozephyrus kuafui*）。

夸父璀灰蝶是臺灣晚近才發現的蝴蝶新種，發表的研究人員自述這個新種的確認花了大約十年的時間。原因是牠們的活動週期難以捉摸，通常只會在日出時刻大量湧現。研究人員為了尋找牠，經常得要摸黑上山等待日出，其過程有如「夸父追日」般辛苦且充滿傻勁，因而將這種蝴蝶以夸父命名。如同臺灣寬尾鳳蝶與臺灣檫樹的情緣，夸父璀灰蝶是僅依靠臺灣山毛櫸而生的蝶類。

但是不像臺灣檫樹，臺灣山毛櫸並不是特有種，它在中國大陸華中與西南地區也有分布。既然夸父璀灰蝶的幼蟲僅取食臺灣山毛櫸，研究人員因而假設夸父璀灰蝶這個物種應該也是源於東亞地域中，那些也取食臺灣山毛櫸的璀灰蝶物種。然而，DNA證據卻拒絕了這個假說，研究人員發現夸父璀灰蝶居然和日本列島產的富士璀灰蝶親緣關係最近，而後者的宿主不是臺灣山毛櫸，而是只產於日本列島的日本山毛櫸和圓齒山毛櫸。這讓研究人員大感不解——夸父璀灰蝶的姊妹種竟然不是分布在東亞

夸父璀灰蝶
來源：Peellden/Wikimedia Commons

大陸，為什麼？他們於是提出一個假說，依照富士璀灰蝶和夸父璀灰蝶有最近共同祖先的狀況，夸父璀灰蝶的演化有可能是受到宿主轉移的現象所引發的。因為，當這兩個物種的最近共同祖先從日本列島遷徙到臺灣後，由於臺灣沒有日本山毛櫸和圓齒山毛櫸，只有臺灣山毛櫸，因此只有那些能夠取食臺灣山毛櫸的個體才能在臺灣延續命脈，而這個宿主轉移的過程最終促使夸父璀灰蝶的特有化。在最近一篇山毛櫸屬的親緣關係與生物地理學研究裡，研究人員揭示了臺灣山毛櫸和圓齒山毛櫸之間其實有較為近緣的關係（日本山毛櫸則明顯屬於另外一個譜系），讓昆蟲研究人員先前所提出的假說變得更有可能了。畢竟，在親緣關係相近的樹種間轉移宿主似乎更為容易。

綜合上述這些案例，以及橫斷山—臺灣間斷分布的三種植物、玉山小檗的島傳，它們全都可以引導我們到一種思維：臺灣作為一座海島，不僅是能接納各方物種的島嶼，也是可以發生各種傳播可能性的島嶼。至今，追尋臺灣島生物相起源的工作仍在進行，也面臨許多挑戰。其中一個重要的問題在於，臺灣島中高海拔山區僅有百萬年左右的歷史，許多用來分析遺傳分化程度較大物種的分子技術，在研究年輕的臺灣山地特有種時成效不彰。不過，現代生物科技日新月異，這個問題的解決方案並不難，最難的還是在於這些問題或議題是否有人關注與認識。此外，藉由來到臺灣的植物譜系，我們也獲得重新思考特有種意義的契機。當我們聚焦在特有種的在地性與臺灣價值時，是否因此忽略臺灣島和臺灣生物蘊藏的所有可能性。想像使用南島語系的各族以臺灣為跳板，航向充滿挑戰的未知遠洋，臺灣的特有物種有天也可能不再是臺灣特有之物，因為它們跟（我們）人類一樣，天生嚮往遠方。

甚至，你現在也許不難想像，許多臺灣植物譜系其實已在路上，只是失敗者一如被遠方吞沒的南島語系民族，不會被歷史所記載，亦不會留下痕跡；但也有些旅程因緣際會在研究人員的探究下被察覺了，例如臺灣的琉球蘇鐵往琉球群島的擴散漂流。不過在呂宋島的例子裡，我們雖然猜測臺灣有山地植物譜系前往呂宋島的高山，但至今沒有辦法證實。除了因為基礎研究仍在進行，讓人感到悲傷的是，也因為受到人為的開發和氣候變遷的威脅，呂宋島山岳地帶跟臺灣一樣，許多原生山林正慢慢喪失。以往你可能會質疑，為什麼要保育那些對人類「看似」沒有益處的植物種類，當然以生態系健康的角度來看，每一個物種都是重要的。但也可以試想，若有天呂宋島的高山植物們因為氣候變遷或人類干擾都滅絕了，地球或未來的人們將喪失或無從知曉呂宋島—臺灣之間的關聯。畢竟地球與我們過往生命中的任一時刻，都可能是超越我們理解的存在。我們人類自己，不也是終其一生在追求自己、家族的記憶，甚至宏觀一些，我們也問人類從何處，又為何而來？這些問題的答案絕對不僅僅局限在我們這個物種或個體本身，也與環境與其他物種有關，隨著全球氣候變遷帶來的威脅，會有愈來愈多人理解到這一點。

最後，回到生物地理學。在我們認識地球各式繽紛多樣的生命之旅裡，島嶼始終扮演著重要角色，達爾文與華萊士各自在加拉巴哥群島與馬來群島受到啟發而演繹出演化論，威爾森（Edward Osborne Wilson）與羅伯特・麥克阿瑟（Robert MacArthur）[19]在巴拿馬的珍珠群島試驗生物地理學理論，而臺灣這座高山島，憑藉著獨特的島嶼山地生物相，為我們所提供的亦是一處山地生物知識的頂尖教室。希望這本書讓更多人對高山、生物地理學有興趣，期待有天臺灣除了是世界知名的地質、海洋科學研究中心之外，也能成為全球山地生物演化研究的一處重鎮。

19 E. O. 威爾森（Edward Osborne Wilson, 1929-2021）與羅伯特・麥克阿瑟（Robert MacArthur, 1930-1972）兩人一九六三年在《演化》（*Evolution*）期刊首次發表了島嶼生物地理學的理論，一九六七年又出版了《島嶼生物地理學理論》（*The Theory of Island Biogeography*）一書進行系統論述。

Pleistocene glaciations, demographic expansion and subsequent isolation promoted morphological heterogeneity: A phylogeographic study of the alpine *Rosa sericea* complex (Rosaceae). *Scientific Reports* 5: 11698 (2015).

Long-distance dispersal or postglacial contraction? Insights into disjunction between Himalaya–Hengduan Mountains and Taiwan in a cold-adapted herbaceous genus, *Triplostegia*. *Ecology and Evolution* 8(2): 1131-1146 (2018).

Phylogeographic analyses of the East Asian endemic genus *Prinsepia* and the role of the East Asian monsoon system in shaping a North-South divergence pattern in China. *Frontiers in Genetics* 10: 00128 (2019).

Spatiotemporal maintenance of flora in the Himalaya biodiversity hotspot: Current knowledge and future perspectives. *Ecology and Evolution* 11(16): 10794-10812 (2019).

Ancient orogenic and monsoon-driven assembly of the world's richest temperate alpine flora. *Science* 369(6503): 578-581 (2020).

中文名	分布區域	備注
臺灣杉	橫斷山、雲貴高原、武夷山、臺灣	
新竹油菊	橫斷山、臺灣	
小葉秋海棠	橫斷山、雲貴高原	近緣種
岩生秋海棠	臺灣	近緣種
玉山小檗	臺灣	姊妹種
紫莖小檗	橫斷山	姊妹種
假酸漿	喜馬拉雅山、橫斷山、臺灣	
柳狀野扇花	喜馬拉雅山、臺灣	
三萼花草	喜馬拉雅山、橫斷山、臺灣、印尼	
倒卵葉裂緣花	臺灣	姊妹種
團岩扇	橫斷山	姊妹種
川西喜冬草	橫斷山	姊妹亞種
臺灣愛冬葉	臺灣	姊妹亞種
高山越橘	臺灣	姊妹亞種
蒼山越橘	橫斷山	姊妹亞種
(刺葉)高山櫟	橫斷山、秦嶺、臺灣	
巒大當藥	橫斷山、雲貴高原、臺灣	
長刺茶藨子	橫斷山、祁連山	近緣種
臺灣茶藨子	臺灣	近緣種
長果茶藨子	橫斷山、祁連山	近緣種
球花香薷	橫斷山、臺灣	
掌葉野藿香	喜馬拉雅山、橫斷山、臺灣	
丁座草	喜馬拉雅山、橫斷山、臺灣	
紫花鹵麟草	喜馬拉雅山、臺灣	
腰只花	橫斷山、臺灣、呂宋島	
高山蓼	喜馬拉雅山、橫斷山、臺灣	
小白頭翁	喜馬拉雅山、橫斷山、臺灣	
雞爪草	橫斷山、臺灣	
串鼻龍	喜馬拉雅山、橫斷山、臺灣	
鐵線蕨葉人字果	橫斷山、雲貴高原、臺灣	
微毛爪哇唐松草	橫斷山、臺灣	
玉山金梅	喜馬拉雅山、橫斷山、臺灣	
泡葉栒子	橫斷山、雲貴高原、臺灣	
矮生栒子	橫斷山、臺灣	
高山栒子	橫斷山、臺灣	
華西小石積	橫斷山、雲貴高原、臺灣	
假皂莢	臺灣	姊妹種
扁核木	喜馬拉雅山、橫斷山	姊妹種
鬼懸鉤子	喜馬拉雅山、臺灣	
楔葉五蕊莓	喜馬拉雅山、橫斷山、臺灣	
中華柳	橫斷山、雲貴高原	姊妹種
褐毛柳	臺灣	姊妹種
白毛柳	臺灣	姊妹種
玉山柳	臺灣	姊妹種
臺灣山柳	臺灣	姊妹種
稀齒樓梯草	橫斷山、臺灣	
絨莖樓梯草	橫斷山、雲貴高原、臺灣	
蠍子草	橫斷山、雲貴高原、臺灣	
水雞油	橫斷山、雲貴高原、臺灣	

表一　目前已知分布於泛青藏高地（橫斷山為主）與臺灣山地的植物名錄

	科名	科名中文	學名
裸子植物	Cupressaceae	柏科	*Taiwania cryptomerioides*
雙子葉植物	Asteraceae	菊科	*Chrysanthemum lavandulifolium* var. *tomentellum*
	Begoniaceae	秋海棠科	*Begonia parvula*
	Begoniaceae	秋海棠科	*Begonia ravenii*
	Berberidaceae	小檗科	*Berberis morrisonensis*
	Berberidaceae	小檗科	*Berberis purpureocaulis*
	Boraginaceae	紫草科	*Trichodesma calycosum*
	Buxaceae	黃楊科	*Sarcococca saligna*
	Caprifoliaceae	忍冬科	*Triplostegia glandulifera*
	Diapensiaceae	岩梅科	*Shortia rotundifolia*
	Diapensiaceae	岩梅科	*Shortia uniflora*
	Ericaceae	杜鵑花科	*Chimaphila monticola* subsp. *monticola*
	Ericaceae	杜鵑花科	*Chimaphila monticola* subsp. *taiwaniana*
	Ericaceae	杜鵑花科	*Vaccinium delavayi* subsp. *delavayi*
	Ericaceae	杜鵑花科	*Vaccinium delavayi* subsp. *merrillianum*
	Fagaceae	殼斗科	*Quercus spinosa*
	Gentianaceae	龍膽科	*Swertia macrosperma*
	Grossulariaceae	茶藨子科	*Ribes alpestre*
	Grossulariaceae	茶藨子科	*Ribes formosanum*
	Grossulariaceae	茶藨子科	*Ribes stenocarpum*
	Lamiaceae	唇形科	*Elsholtzia strobilifera*
	Lamiaceae	唇形科	*Rubiteucris palmata*
	Orobanchaceae	列當科	*Boschniakia himalaica*
	Orobanchaceae	列當科	*Lathraea purpurea*
	Plantaginaceae	車前科	*Hemiphragma heterophyllum*
	Polygonaceae	蓼科	*Polygonum filicaule*
	Ranunculaceae	毛茛科	*Anemone vitifolia* var. *matsudae*
	Ranunculaceae	毛茛科	*Calathodes oxycarpa*
	Ranunculaceae	毛茛科	*Clematis grata*
	Ranunculaceae	毛茛科	*Dichocarpum adiantifolium*
	Ranunculaceae	毛茛科	*Thalictrum javanicum* var. *puberulum*
	Rosaceae	薔薇科	*Argentina leuconota*
	Rosaceae	薔薇科	*Cotoneaster bullatus*
	Rosaceae	薔薇科	*Cotoneaster dammeri*
	Rosaceae	薔薇科	*Cotoneaster subadpressus*
	Rosaceae	薔薇科	*Osteomeles schwerinae*
	Rosaceae	薔薇科	*Prinsepia scandens*
	Rosaceae	薔薇科	*Prinsepia utilis*
	Rosaceae	薔薇科	*Rubus wallichianus*
	Rosaceae	薔薇科	*Sibbaldia cuneata*
	Salicaceae	楊柳科	*Salix cathayana*
	Salicaceae	楊柳科	*Salix fulvopubescens* var. *fulvopubescens*
	Salicaceae	楊柳科	*Salix fulvopubescens* var. *tagawana*
	Salicaceae	楊柳科	*Salix taiwanalpina* var. *morrisonicola*
	Salicaceae	楊柳科	*Salix taiwanalpina* var. *taiwanalpina*
	Urticaceae	蕁麻科	*Elatostema cuneatum*
	Urticaceae	蕁麻科	*Elatostema parvum*
	Urticaceae	蕁麻科	*Girardinia diversifolia*
	Urticaceae	蕁麻科	*Pouzolzia sanguinea* var. *elegans*

中文名	分布區域	備注
雲南岩芋	橫斷山、臺灣	
喜馬拉雅盔蘭	喜馬拉雅山、橫斷山、臺灣	
杉林溪盔蘭	橫斷山、臺灣	極似大理鎧蘭
小喜普鞋蘭	橫斷山、臺灣	
綠花杓蘭	橫斷山	近緣種
寶島喜普鞋蘭	臺灣	近緣種
大葉杓蘭	橫斷山、華北	近緣種
毛杓蘭	橫斷山	近緣種
褐花杓蘭	橫斷山	近緣種
奇萊喜普鞋蘭	臺灣	近緣種
波密斑葉蘭	喜馬拉雅山、橫斷山、臺灣	
玉山一葉蘭	喜馬拉雅山、橫斷山、臺灣	
南湖山蘭	喜馬拉雅山、臺灣	
高砂羊茅	喜馬拉雅山、橫斷山、雲貴高原、臺灣	
玉山箭竹	橫斷山、臺灣、呂宋島	
寬葉冷蕨	喜馬拉雅山、橫斷山、臺灣	
腺鱗毛蕨	橫斷山、臺灣	
頂囊擬鱗毛蕨	橫斷山、臺灣	
藏布鱗毛蕨	橫斷山、秦嶺、臺灣	
鋸齒葉鱗毛蕨	喜馬拉雅山、橫斷山、臺灣	
玉龍蕨	橫斷山、臺灣	
高山耳蕨	橫斷山、臺灣	
黑鱗耳蕨	喜馬拉雅山、臺灣	
南湖耳蕨	喜馬拉雅山、橫斷山、臺灣	
寬片膜蕨	喜馬拉雅山、橫斷山、臺灣	
玉山瓦葦	喜馬拉雅山、橫斷山、臺灣	
高山鳳了蕨	喜馬拉雅山、橫斷山、臺灣	
高山珠蕨	喜馬拉雅山、橫斷山、臺灣	
蜘蛛岩蕨	喜馬拉雅山、橫斷山、臺灣	

組名／亞組名中文	分布區域	臺灣產物種
瓦氏組	橫斷山、臺灣	臺灣所有常綠性小檗皆屬之
著生杜鵑組	橫斷山、臺灣	臺灣的物種為著生杜鵑
類著生杜鵑亞組		
小龍膽組	橫斷山、臺灣	除臺灣龍膽、臺東龍膽、竹林龍膽之外之物種
燈臺報春組	橫斷山、臺灣	玉山櫻草

（胡嘉穎製表）

	科名	科名中文	學名
單子葉植物	Araceae	天南星科	*Remusatia yunnanensis*
	Orchidaceae	蘭科	*Corybas himalaicus*
	Orchidaceae	蘭科	*Corybas shanlinshiensis*
	Orchidaceae	蘭科	*Cypripedium debile*
	Orchidaceae	蘭科	*Cypripedium henryi*
	Orchidaceae	蘭科	*Cypripedium segawae*
	Orchidaceae	蘭科	*Cypripedium fasciolatum*
	Orchidaceae	蘭科	*Cypripedium franchetii*
	Orchidaceae	蘭科	*Cypripedium smithii*
	Orchidaceae	蘭科	*Cypripedium taiwanalpinum*
	Orchidaceae	蘭科	*Goodyera bomiensis*
	Orchidaceae	蘭科	*Hemipilia cordifolia*
	Orchidaceae	蘭科	*Oreorchis micrantha*
	Poaceae	禾本科	*Festuca leptopogon*
	Poaceae	禾本科	*Yushania niitakayamensis*
蕨類	Cystopteridaceae	冷蕨科	*Cystopteris moupinensis*
	Dryopteridaceae	鱗毛蕨科	*Dryopteris alpestris*
	Dryopteridaceae	鱗毛蕨科	*Dryopteris apiciflora*
	Dryopteridaceae	鱗毛蕨科	*Dryopteris redactopinnata*
	Dryopteridaceae	鱗毛蕨科	*Dryopteris serratodentata*
	Dryopteridaceae	鱗毛蕨科	*Polystichum glaciale*
	Dryopteridaceae	鱗毛蕨科	*Polystichum lachenense*
	Dryopteridaceae	鱗毛蕨科	*Polystichum piceopaleaceum*
	Dryopteridaceae	鱗毛蕨科	*Polystichum prescottianum*
	Hymenophyllaceae	膜蕨科	*Hymenophyllum simonsianum*
	Polypodiaceae	水龍骨科	*Lepisorus morrisonensis*
	Pteridaceae	鳳尾蕨科	*Coniogramme procera*
	Pteridaceae	鳳尾蕨科	*Cryptogramma brunoniana*
	Woodsiaceae	岩蕨科	*Woodsia andersonii*

	科名	科名中文	屬名	屬名中文	組名 / 亞組名
雙子葉植物一組	Berberidaceae	小檗科	*Berberis*	小檗屬	Sect. *Wallichinae*
	Ericaceae	杜鵑花科	*Rhododendron*	杜鵑花屬	Sect. *Vireya*
					Subsect. *Pseudovireya*
	Gentianaceae	龍膽科	*Gentiana*	龍膽屬	Sect. *Chondrophylla*
	Primulaceae	報春花科	*Primula*	報春花屬	Sect. *Proliferae*

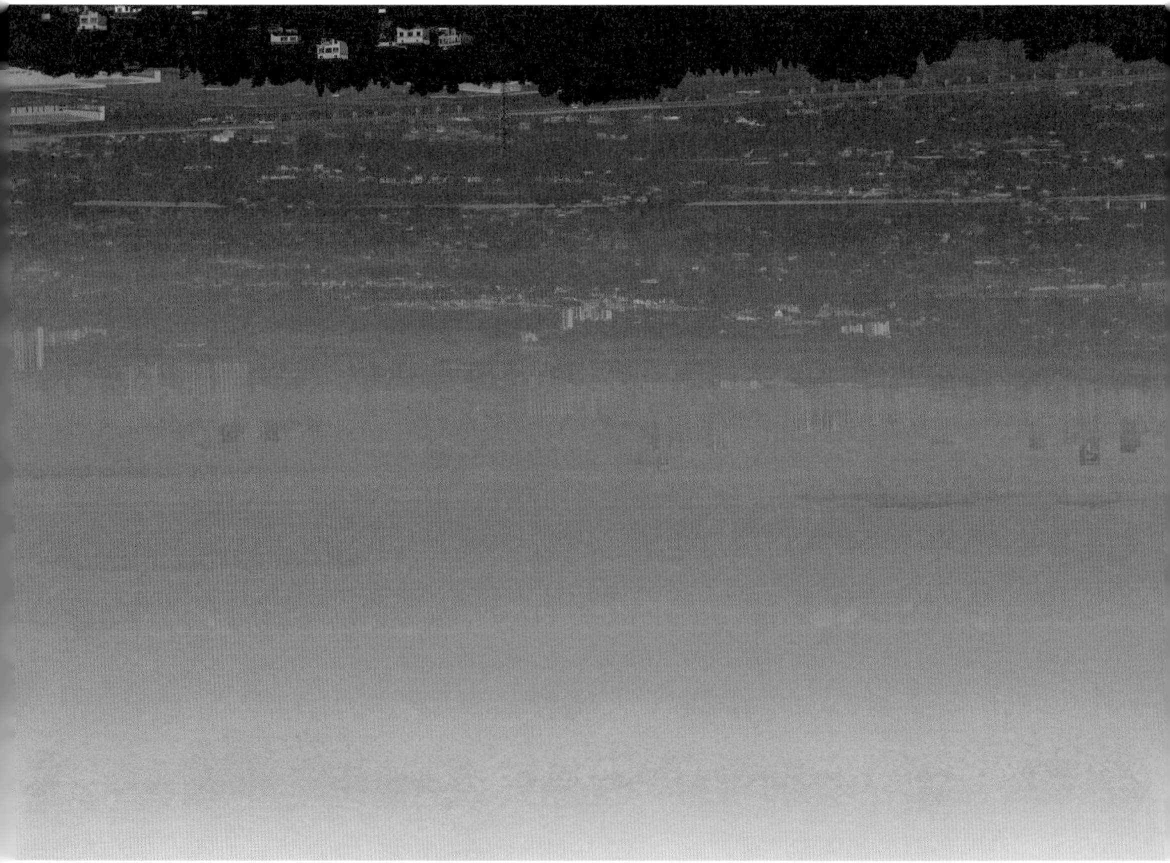

成都遙望貢嘎山，遠處最高的雪峰即為蜀山之王。（鄒滔攝）

後記

橫斷之花

橫斷山的大地

初夏時節，當島嶼告別了持續數週的梅雨，山上的天空透著水洗般的湛藍。臺灣高山上繁花似錦，各色高山植物經過了雨水的滋潤在陽光下盡情舒展花容。初夏，是我最喜歡的季節，也是山神舉行年度花宴的時刻。然而，很長一段時間以來，我對於臺灣高山上許多美麗植物的故鄉一無所知。它們所牢記的歲時規律，其實是承自家園的生命史印記。過去十多年，在我研究小檗的過程裡，那個高山植物的原鄉逐漸褪下神祕的面紗，它的名字叫作橫斷山，曾是十九世紀歐美植物獵人口中的一個神奇之地，著名植物學者威爾森口中西方花園的母親（mother of gardens）。威爾森曾說：「歐美近代的花園文化一直深受中國的恩惠。從早春的連翹和玉蘭破蕾的綻放，到夏季的牡丹與薔薇，秋季的菊花，中國對世界花園資源的貢獻有目共睹。花卉愛好者從中國獲得今日玫瑰的母本，包括茶玫瑰和茶玫瑰的雜交種，還有溫室的杜鵑和報春花，而果樹種植者則獲得了桃、橙、檸檬、奇異果和葡萄柚等美麗又美味的水果資源。」他更認為，在美國或歐洲沒有一處花園沒有來自中國的植物，而其中最美麗的喬木、灌木和草本與藤本類群皆來自橫斷山（中國西南山地）。

橫斷山是一片位於青藏高原東側，四川盆地以西的廣闊山區。在大約五千萬年前，印度板塊自岡瓦納大陸分離，並沿著東北方向往歐亞大陸緩慢推進。往後三千萬年間，兩大板塊逐漸靠近、碰撞，在猛烈的擠壓中，青藏高原拔地而起。而板塊擠壓所釋放的巨大能量，也在青藏高原的東部傳遞開來，將揚子板塊以西的山脈逐漸推擠成南北的走向，遂而成為今日橫斷山的前身。

從衛星地圖上俯視如今的橫斷山，六條南北走向的大河將山區切割成七座山脈以及

山神的花宴，雪山白木林與特有種雪山翻白草。（游旨价攝）

深邃綿長的峽谷，之間繁複的山稜迷走四方，海拔梯度上鑲嵌著多樣的氣候類型。地理上橫斷山由東至西分別是**岷山山脈**、**邛崍山脈**、**大雪山脈**、**沙魯里山脈**、**芒康山脈**、**他念他翁山脈和伯舒拉嶺**。其中夾在雅礱江和金沙江之間的沙魯里山脈，就像臺灣島的中央山脈，位處橫斷山核心且範圍也最遼闊。山區平均海拔在四千公尺，比玉山之巔要高，主峰為六二〇四公尺的格聶神山，著名的雀兒山、玉龍雪山、哈巴雪山、理塘高原都在此山脈上。

沙魯里山脈東側，位於雅礱江與大渡河之間是大雪山脈，範圍雖然不及沙魯里山脈，但其主峰貢嘎山有蜀山之王之稱，亦是橫斷七脈中最高峰，海拔高達七五五六公尺。其東側與大渡河谷的海拔落差近六千四百公尺，完美體現了橫斷山山高谷深的地貌特色。此外，山脈南部的海螺溝冰河，是世界上少見的低海拔冰河，目前冰河下沿的邊緣可至海拔二八〇〇公尺，直接流入山區森林，形成亞熱帶罕見的冰河、森林並存的奇景。大雪山脈以東，邛崍山脈的四姑娘山，是臺灣許多登山愛好者進行冰攀與技術攀登的訓練勝地，山脈南側二郎山區，是十九世紀許多歐美植物獵人重點探索的地域，植物資源非常豐富。與邛崍山脈以岷江相隔的是岷山山脈，最高峰雪寶頂，海拔五五八八公尺。從雪寶頂冰河所流下的雪水，在黃龍一帶的石灰岩山區侵蝕出世界知名的九寨溝。鈣華池與石灰岩植物交織的美景，是許多植物學者心中的仙境。威爾森更在岷江河谷留下許多植物冒險的事蹟，他順著岷江河谷一路上溯到黃龍，為西方

上　沙魯里山脈上近期新發現的高山丹霞地貌（黃健攝）　下　貢嘎山區的雪山與盛開的康定木蘭（鄒滔攝）

花園帶回了絕美的帝王百合與黃花杓蘭。

沙魯里山脈以西，同樣並列著三座南北走向的大山。其中，芒康山脈作為**金沙江**（長江上游支流）與**瀾滄江**的分水嶺，與他念他翁山脈夾著瀾滄江（湄公河上游）、而他念他翁山脈又與伯舒拉嶺夾著**怒江**（伊洛瓦底江上游），三座山嶺與沙魯里山脈南端在北緯約二四度附近並列，四山之間相距最窄處只有七十公里（臺北至新竹），形成三江並流大峽谷的奇觀。這三條大峽谷海拔落差超過二千公尺，谷底江水狂哮，兩側危崖聳立，雄偉的冰河坐鎮山巔。有趣的是，南北走向的高山一方面阻擋了來自東喜馬拉雅山南側山麓的水氣，但南北走向的峽谷同時也引入了南方乾熱的印度季風，使其勢力拓展到了三江並流峽谷的所在。因此，在沙魯里山脈以西的大峽谷區，從河谷到雪山，短短的水平距離內即錯落著熱帶、亞熱帶、溫帶、亞極地等氣候。如此環境變異性巨大的所在，孕育了驚人的植物多樣性。

橫斷山的森林

臺灣是地表上難得一見的高山島，加上位於低緯度，山體上依序分布不同的氣候以及對應的植被帶。在臺灣人眼裡，高山峽谷的景觀，植被隨海拔變化的現象是司空見慣，但對於同緯度的高山有多高、峽谷又能有多深，這類有關「程度」的問題就比較沒有概念。其實從生態來看，橫斷山連同鄰近的青藏高原、喜馬拉雅山，本身也可被視為一座巨大無比的島嶼。它的平均海拔不僅遠遠高於周圍地區，生態環境也與它們相異。基於彼此的「島嶼」性質與生物連結，橫斷山顯然是我們進一步理解另一種「自然尺度」下，高山地質與生物演化的天然展覽館。舉例來說，太魯閣峽谷是臺灣最為著名的地質景觀，峽谷落差最大之處約有一千六百公尺。創造出太魯閣峽谷的立霧溪，發源於中央山脈奇萊北峰（海拔三六〇六公尺）與合歡山區之間，一路向東匯集了托博闊溪、慈恩溪、瓦黑爾溪、陶塞溪等支流，穿過峽谷後注入太平洋。從奇萊北峰到太魯閣峽谷，整片太魯閣山區大約九六〇平方公里，據統計有近一千五百個種子植物分類群，其中三十餘種是以太魯閣為主要分布區的特有種，它們大抵出現在高山與中、低海拔石灰岩露頭地區。千里之外的橫斷山，緯度與奇萊北峰差不多的玉龍雪山，是亞洲現存緯度最低的山岳冰河的所在，其主峰扇子陡高達五五九六公尺，與西北側的金沙江虎跳峽大峽谷落差近四千公尺。玉龍雪山山區面積約二六〇平方公里，目前已有近二千九百個種子植物分類群，其中玉龍雪山特有種則有七十餘種。簡單比較，玉龍雪山海拔落差更大，山區面積較小但種子植物多樣性大約高太魯閣山地兩倍。太魯閣山地在臺灣島內是少數植物多樣性較為突出的地區，但在面積近六十萬平方公里的橫斷山，像玉龍雪山般的山地生態系有成千上百。就植物多樣性的角度來看，橫斷山爲山地植物演化所提供的空間，著實大得令人難以想像。

另一方面，位於橫斷山西側，伯舒拉嶺與東喜馬拉雅山接壤的廣闊山地，是上個世紀一些臺灣日籍博物學者心中，或許是地球之母創造臺灣島時所參考的模板。那裡雨水充沛、山高水深，原始森林覆蓋率近八成。山區裡矗立著巍峨的南迦巴瓦峰（七七八二公尺）與加拉白壘峰（七二三四公尺），雪山之下則是被雅魯藏布江切割而出的熱帶叢林大峽谷。這裡是泛青藏高地生物名副其實的植物王國，一個世紀前的許多臺灣日籍學者們的夢想之地。他們雖然一生悉數無緣前往此地，但透過歐美植物獵人的遊記，也察覺到兩地在某種程度擁有近似的植被樣貌——從森林優勢植物的組成，到一些只間斷分布於兩地的物種。這片山域至今來自臺灣人的足跡仍非常稀少，但是通過愛好者的影像紀錄，一窺這片山林的樣貌對我們來說已不若一個世紀前那般困難。

撇除海拔超過五千公尺的雪山，這片山區的平均海拔大抵與臺

東喜馬拉雅山區（察隅）高山碎石坡上的寬口杓蘭（鄒滔攝）

灣高海拔地帶相若。在雪線以下的山地，偶而可見由高山竹類所構成的美麗矮原。[1]說來，玉山箭竹在臺灣高山是山地針葉林和針闊葉混合林下最優勢的灌木物種，喜歡爬高山的人對「密箭竹林」或「極品箭竹海」肯定不陌生。但在橫斷山西部，類似的森林底層是由各類高山竹交織而成，從物種多樣性來看，由其衍生而生的植被景觀多樣性顯然比臺灣山地更加豐富。此外，在臺灣山地，臺灣冷杉與玉山圓柏是構成森林樹線的主要樹種。大面積的冷杉純林雖美麗但並不常見，容易為人觀察的幾處，分布在雪山黑森林、玉山西峰，長年來備受登山社群喜愛。但在東喜馬拉雅山，冷杉林不只面積遼闊，物種也多樣。不同物種形成的冷杉林，外觀各異其趣。譬如在墨脫地區的墨脫冷杉林、吉隆溝的西藏冷杉林、察隅地區的長苞冷杉林。而與冷杉混雜，或多分布在冷杉林帶之下海拔的，是同樣在臺灣山地少見的雲杉林。臺灣雲杉是雲杉屬裡緯度分布最南的物種之一，這也意味著它和家族裡的其他成員相比，更能適應較為溫暖的氣候。分布於東喜馬拉雅山和橫斷山西側的雲杉林，和臺灣雲杉一樣較為偏好分布比較乾旱溫暖的山陽地帶，但是森林的分布與海拔卻比臺灣雲杉更廣更高。雲杉屬英俊筆直的樹型，成為該山域最美麗的森林景觀之一。

雖然雲杉純林在臺灣山地較為少見，但鐵杉林卻非常發達，高山上，臺灣鐵杉占據大片山嶺。由於並非過去林業伐木的主要目標，山林中至今留存的老樹仍多，其樹冠大如天傘，樹姿靈動，是許多山岳攝影者拍攝的主角。武陵四秀的池有名樹即是臺

1 所謂高山竹類，是指適應溫帶氣候的木本竹類（青籬竹族）裡的一個山地譜系。它包括以玉山命名的玉山箭竹屬、矢竹屬、冷箭竹屬等類群。在全球目前有二百多種，除了主要分布地橫斷山，另有少數物種零星出現在東亞島弧、南亞南部和非洲山地。

灣鐵杉，而北大武山稜線上的臺灣鐵杉林，每日午後沐浴在雲海中，冬季掛滿銀白霧淞與雲海共舞的景致，堪稱臺灣山林絕景。雖然臺灣鐵杉與東亞南部廣泛分布的鐵杉關係密切，而後者又與僅分布在喜馬拉雅山與橫斷山西側潮溼地帶的麗江鐵杉、雲南鐵杉近緣，但和東喜馬拉雅山與橫斷山西部的鐵杉林相比，臺灣鐵杉林裡的每棵鐵杉姿態似乎特別靈動、活潑。雖然有可能是我在橫斷山的遊歷太少而妄下的結論，但不論如何，由這三個鐵杉屬物種覆蓋的山嶺，是我們東亞亞熱帶居民所獨享的一種獨特而美麗的森林景觀。

另一方面，中央山脈的丹大山區則分布著大面積的臺灣二葉松林。這種美麗的山地松林，在橫斷山西部和東喜馬拉雅山也有分布，前者主要由雲南松、高山松組成，後者則是不丹松。不丹松是一種比臺灣二葉松更為高大英挺的山地松樹物種，也是東亞少數幾種能長成巨木的樹種。成年的不丹松高大挺拔，平均樹高可達四十公尺以上，在無人侵擾的東喜馬拉雅山的谷地裡，不丹松的大樹組成了壯觀的森林。過去十年來，森林研究人員一直在亞熱帶地區尋找著東亞最高樹，而臺灣杉曾是許多人心中東亞最高樹的候選物種。高聳參天的臺灣杉，在魯凱族口中被稱作「撞到月亮的樹」。然而二〇二二年，墨脫地區的一棵不丹松被測量到七六・八公尺的樹高，一度成為了東亞最高樹。雖然不久之後，此稱號又陸續被一棵同樣生長在此片山區的雲南黃果冷杉（八三・四公尺）以及另一棵生長在臺灣大安溪谷的臺灣杉（八四・一公尺）所取

上　墨脫地區的墨脫冷杉林（黃健攝）　下　波密地區的林芝雲杉林（黃健攝）

代。[2]如今，東喜馬拉雅山與伯舒拉嶺之間的山地，已被確認是臺灣杉、雲南黃果冷杉與不丹松等東亞巨樹物種分布的密集區，它們或混生或組成自己的純林，在層層山谷間隱藏著一棵棵四十公尺以上的巨木。在山林未被林業開發之前，臺灣或許也能見到這樣的巨木森林。如今，我們只能慶幸上蒼仍在東喜馬拉雅山與橫斷山西側間保留這樣一塊祕境。或許我們能在這片山區，尋找由無數臺灣杉巨木所構成的雄偉森林，一個已在我們島嶼消失的地景。

最後，山勢整體比臺灣又陡峭許多的東喜馬拉雅山，高海拔山區除了冷杉林、雲杉林之外，也存在著一種在臺灣無法見到的落葉松林。這是一種極其美麗的針葉森林。每到秋季時分，森林的葉片集體轉黃，將橫斷山與喜馬拉雅山染成一片片彩色的野地。落葉松屬廣泛分布在北半球的溫帶地區，但在這兩片山域生長的主要是紅杉組（*Sect. Multiseriales*）的物種。這是一群特別能夠適應貧瘠的土壤和高山的寒冷氣候的山地針葉樹。一些其他針葉樹無法生存的地方，卻是紅杉組物種可以長成純林的天堂。類似的生育地在臺灣可能只有喜馬拉雅山地杜鵑花和玉山圓柏有本事扎根與繁衍。儘管不知為何，落葉松沒有同其他植物一起東遷臺灣，但它的存在也成為標誌臺灣與橫斷山間景觀異質性的代表。

從衛星圖上來看，東喜馬拉雅山與橫斷山西部的遼闊山地狀似一個漏斗，而它也的確是一個風與水的吸嘴。溫暖的南亞季風攜帶著水氣，被這個由雅魯藏布江

2　七十公尺以上可以被稱作巨木。目前全球最高樹是一棵名叫「亥伯龍神」（取自希臘神話泰坦巨人的名字Hyperion）的北美紅杉，樹高達一一五．九公尺。從全球巨樹群落分布來看，北美西海岸、東南亞婆羅洲、澳洲東南沿海及塔斯馬尼亞島是世界級巨樹密集分布區。近年來，東喜馬拉雅山和橫斷山西側所夾之山區，以及臺灣島則是東亞新的兩處巨木探索熱點地區。

上　中央山脈主脊陷落區大鬼湖畔的臺灣鐵杉林（游旨价攝）　下　墨脫地區的雲南鐵杉林（黃健攝）

上　墨脫地區的不丹松林(黃健攝)　下　東喜馬拉雅山常見的落葉松景觀南方紅杉林(黃健攝)

切割而出的山的吸嘴，一路引導至北方。雨季綿密的雨，跟臺灣的颱風季與迎風山脈時的降雨如出一轍。如此豐沛的年降水量，在東亞南部山嶺上很少出現，卻是臺灣與這片山域之間的環境共性。儘管帶來降水的原因不盡相同，但最終的結果卻是讓兩地保留一些共有而其他地區沒有的植物元素。從物種到植被景觀，橫斷山與鄰近山脈、高原的存在，讓我們開始明白，地球之母是以何處臨摹出臺灣島高山的樣貌，但又在臺灣展現了與原作怎樣不同的創作心思。

臺灣高山上的橫斷山

在臺灣，雖然喜愛高山植物的人並不少，但似乎沒有太多人知曉橫斷山—臺灣植物的間斷分布現象。這層無知，使得我們至今仍未能完全掌握臺灣有哪些類群參與其中。基於現有名錄，玉龍蕨或許是我心中目前最能體現橫斷山與臺灣之間獨特連結的物種。它以橫斷山的玉龍雪山為名，是東亞最耐寒的蕨類之一，全身密被鱗片與長柔毛，完美適應了高寒山地，和常見的蕨類模樣大異其趣。除了臺灣，玉龍蕨目前僅分布在沙魯里山脈上的冰河邊緣地帶。如果你有機會向東亞植物學者提到臺灣有玉龍蕨，他肯定會大為驚奇，如此珍稀的高山植物竟彷彿穿過任意門，橫空出世在太平洋的一座小島上。

玉龍蕨

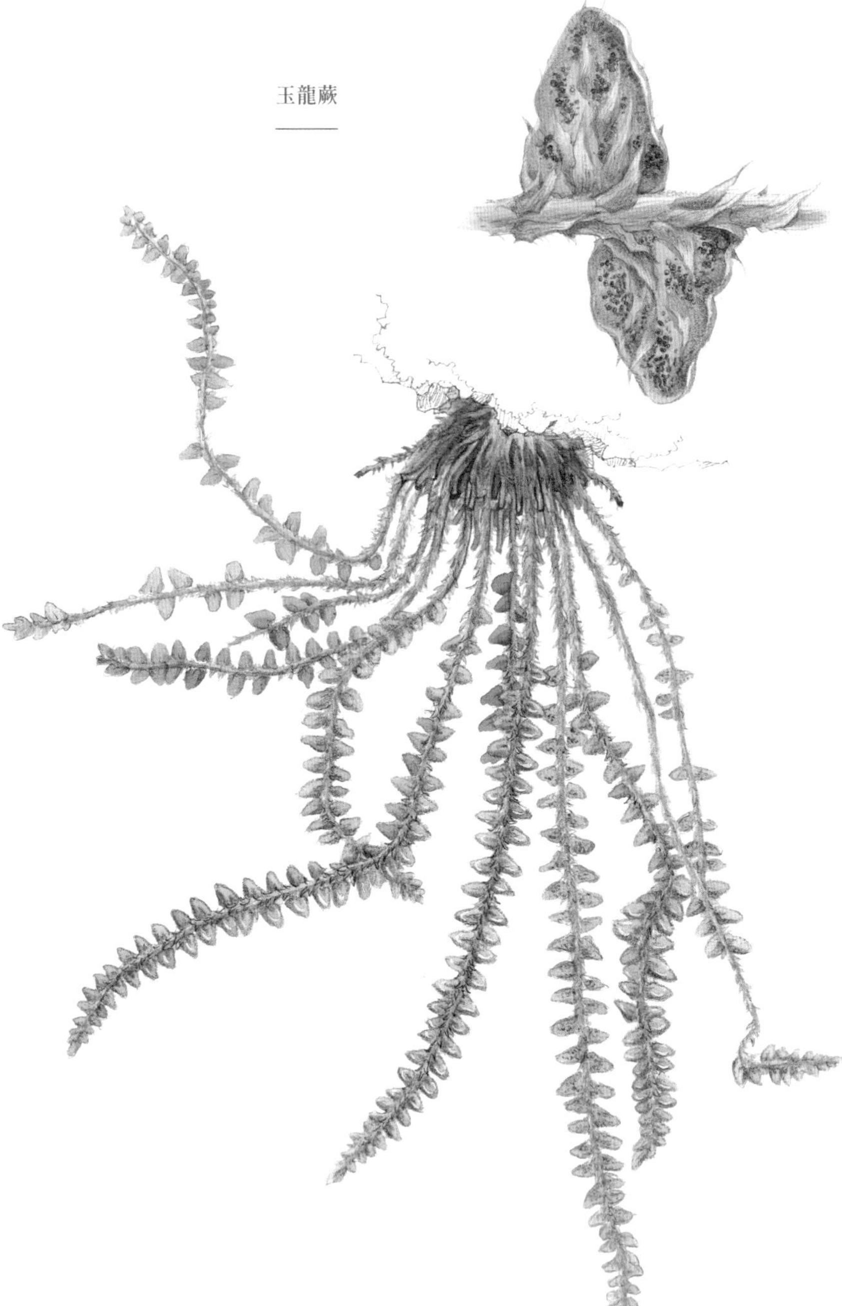

張一繪

上　南湖圈谷中的玉龍蕨（游旨价攝）　下　玉龍雪山的玉龍蕨（游旨价攝）

除了珍稀的玉龍蕨，臺灣高山上也有一群常見的植物極有可能源於橫斷山。譬如，高山繡球藤，每到初夏時分，攀緣在石階或低矮的灌木上，綻放潔白又碩大的美麗花朵。這個物種從東喜馬拉雅山、橫斷山沿著南嶺一路分布到臺灣，所經之處都是愛花人追逐的焦點。而同樣屬於白色花系的銀蓮花屬，有兩個物種跨越千里落腳於臺灣的高山。其中的小白頭翁，山友們肯定不陌生，初秋時分在北部登山時，常常可以在林道或公路旁發現它塞滿白色棉絮的種實。另一種匍枝銀蓮花比較少見，它精巧的白色小花只開在少數幾座高山的溪谷或森林底層，在合歡溪和雪山黑森林可以發現它的身影。

一系列橫跨不同類群的草本高山花卉更與橫斷山關係深厚。像是夏季高山花宴的主角玉山金梅，每年在通往雪山頂的路邊綻放成片黃燦燦的花海。花容妍麗的南湖蔄草和許多愛好者心中的夢幻蘭花——寶島喜普鞋蘭、奇萊喜普鞋蘭，其姊妹類群皆分布於橫斷山與鄰近的雲貴高原。名字十分優雅的玉山櫻草，更是橫斷山、喜馬拉雅山產的報春花屬燈臺報春組唯一分布在泛青藏高地區外的冰河孑遺物種。嬌小的草本植物之外，臺灣高山上亦有許多與橫斷山親近的木本植物。像是在箭竹矮原或岩稜上常見的玉山小檗、秋季高山紅葉主角的巒大花楸。甚至，許多山友心中高山上最有靈性的玉山圓柏，皆是於近百萬年間從橫斷山傳播而來的樹種。還有鋪地蜈蚣屬，臺灣茶藨子、玉山薔薇、假皂莢、神祕的著生杜鵑、常綠杜鵑花亞屬、刺葉高山櫟、柳屬褐毛柳組（*Salix Sect. Fulvopubescentes*）等許許多多的山地木本譜系，祖先可能也都來自於橫斷山與鄰近山地。

關於橫斷山－臺灣間斷分布，許多人或許會將其視為研究人員或植物愛好者滿足個人好奇心所進行的探究。但我一直相信，對於臺灣這座高山島而言，瞭解山地的自然萬物是認識臺灣最直接的一種方式。山從來不該是我們的禁地，在行動與知識上都是。事實上，基於臺灣高山與橫斷山的同質性，各國學者在橫斷山所獲得的研究成果完全可以作為我們研究臺灣山地植物的理論和技術基礎。例如，近期許多學者不約而同將燈臺報春花這個類群作為解開達爾文晚年沉思的異型花柱（heterostyly）之謎的線索。但在臺灣，至今似乎仍未有研究人員從這個角度對玉山櫻草進行探索。此外，雲南少數民族對橫斷山原生植物的應用，更是我們探索可用山地植物資源的參考。譬如，扁核木屬物種在玉龍雪山是納西族人世代傳承的東巴草藥，但臺灣對自有的假皂莢卻所知甚稀。另一方面，橫斷

偶見於三千公尺高山林下或溪畔的匍枝銀蓮花（游旨价攝）

上　奇萊的高山繡球藤（游旨价攝）
下　橫斷山的繡球藤（游旨价攝）

山—臺灣間斷分布對臺灣人鄉土意識的知性培養也頗具深義。比如說，對於臺灣島的生物，大多數人往往僅對特有物種特別感興趣。「特有」物種固然獨特，但它們並非臺灣大自然的全部。通過玉山金梅、刺葉高山櫟這類非特有的間斷分布物種，反而得以跳出「特有」一詞的設限，將興趣視角延伸到東亞大陸深處，那宿存在遠方高山上的臺灣自然史片段。

假若你對瞭解臺灣一直有所渴望，當你知曉了，高山林立的東亞島弧上竟只有臺灣島與橫斷山就地演化而生的物種存在著特殊的連結，你或許也會跟我一樣，在心裡湧起一股前往橫斷山的念頭。二〇一九年，我便是帶著對這份念想的實踐來到橫斷山。縱然至今仍未將七脈六江之境都走過一遍，卻也已充分瀏覽了這片山之王國的多元面貌。過去三年裡，我親眼見證了臺灣與此地間的生物親緣性，也發現這裡如同臺灣，有一群一有機會就想跑到山裡去追花的愛好者，以及大隱於市，致力重現上個世紀博物學者探險事蹟的學人與冒險者。對於山，不管在哪裡，能在祂的天地中探索的永遠不只是山友和研究人員，還有熱愛自然與山林人文遺緒的人們。對臺灣人來說，山並非只是一片可以打卡的風景、一道征服的天險，更不該只是一個與我們如此靠近卻陌生的物體。此刻的我，面對未來，願通過橫斷山賦予我的嶄新視角，持續山旅。也願自己帶著登山夥伴們的回憶，繼續在世界其他山地，尋找那些群山中仍不為人所知的各種知識與可能性。

山離我們那麼近，但你認識祂嗎？
臺東關山的稻田、人家與遠山。
（黃柏雯攝）

植物圖集——從橫斷山到臺灣，以及間斷分布[1]

生機盎然的湖沼

上　苞葉大黃是橫斷山北部溼地區的代表與特有植物，也是著名的溫室植物。此圖還可以同時看到杜鵑、雪山U型谷、冰蝕湖。
下　溫室植物：被保護在溫室（苞片）內的花。

1　編注：除有標示的繪者與攝影者外，均為作者游旨价攝影。

高山草甸與矮杜鵑原

左上　點地梅屬植物（墊狀植物）
左中　橫斷山特有高寒植物－菊科垂頭菊屬
左下　囊距紫堇部分個體葉片會擬態成岩石的模樣
右下　風毛菊屬雪兔子亞屬物種（雪球植物）

濃鬱的山地溫帶森林

左上　美麗且稀有的毛莨科人字果屬物種

左中　直穗小檗，北溫帶大葉型類群。

左下　珙桐，有北半球最美樹種之稱。

高山針葉林與溪谷

右下　橫斷山的蕨麻屬植物盛開的景色

左上　橫斷山與鄰近溫帶地區珍稀的星葉草科植物──獨葉草

左中　岩鬚屬，具有像針葉般葉片的杜鵑花科類群。

左下　西南鳶尾

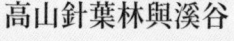

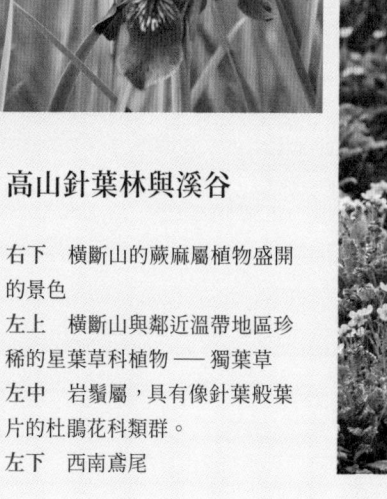

高山流石灘－高寒植物的天堂

右　忍冬科刺續斷屬大花刺參
左中　橫斷山特有百合科植物－豹子花
左下　喜馬拉雅的金色罌粟

威爾森曾描繪過一處美麗河谷，那裡黃花杓蘭成片
生長，盛開時將河谷染成粉黃色花海，如夢似幻。

上　鑽葉龍膽。龍膽屬小龍膽組是泛青藏高地物種多樣化類群最高的草本類群之一。

下　阿里山龍膽。臺灣高山上最著名的小龍膽組物種之一。無獨有偶，小龍膽組物種在臺灣與在橫斷山一樣，都是多樣性最高的一種高山草本類群。

上　偏翅唐松草，橫斷山至為美麗的一種毛茛科植物，喜生於河谷、林緣。

下　杉林溪盔蘭，在中國又稱大理鎧蘭，是間斷分布於橫斷山與臺灣島的奇特蘭花。（楊智凱攝）

玉山金梅

張一繪

上　橫斷山的玉山金梅。本種原屬於翻白草屬，但現有學者倡議將其置於蕨麻屬中。
下　南湖圈谷的玉山金梅，間斷分布在臺灣與泛青藏高地的代表性物種。（楊智凱攝）

右　毛茛科銀蓮花屬內打破碗花組的小白頭翁，是臺灣中海拔常見的夏花，但一般人卻不知道其是橫斷山－臺灣間斷分布的物種。（楊智凱攝）

左　橫斷山打破碗花組的物種，常見於路邊、林緣等開闊地。

右　雲南金蓮花。金蓮花屬在泛青藏高地物種眾多，亦分布於東亞北溫帶地區。臺灣產金蓮花屬物種，從形態上來看，與泛青藏高地的山地譜系物種較近似。

左　臺灣金蓮花。金蓮花屬在臺灣僅產此一物種，珍稀美麗。

右上　茴香燈臺報春，花朵形態近似玉山櫻草。在臺灣甚少有人知道玉山櫻草的其他姊妹物種竟都僅分布在橫斷山。

左上　玉山櫻草，屬於橫斷山產燈臺報春組的報春花。燈臺報春組的物種是著名的園藝植物。

下　海仙報春，最有名的燈臺報春花之一。海仙報春俗稱海仙花，花葶上有二至六輪的傘型花序，花冠紫紅色，花冠筒口周圍一圈五星形的亮黃色附屬物，十分美麗。海仙花常常在橫斷山的高山草甸或溼地邊上成片綻放，形成耀眼的花海。

上　臺灣茶藨子，臺灣原生的醋栗(goose berry)，小小的果實酸甜可食，僅生於高山地帶。很少人知道它的姊妹物種亦在遙遠的橫斷山地區。

下　生駒氏馬先蒿(南湖蒿草)。馬先蒿屬在泛青藏高地是多樣化最高的草本類群之一。生駒氏馬先蒿是該屬內少見的單種組(section)，意即此組只有一個物種組成。本組的姊妹類群皆產於橫斷山。

在橫斷山高寒地帶生長的玉山圓柏亦呈灌木形式，伴生諸多其他高山植物。

玉山圓柏在玉山形成的灌木叢，庇蔭許多高山植物的生長。

臺灣高山也有矮小匍匐型態的柳屬物種，然並非高山植被的優勢物種。

東喜馬拉雅山、橫斷山西部高寒地帶可見的墊狀柳植被。匍匐型矮生物種在柳屬中非常少見，是適應高寒環境的一種演化形態。

玉龍雪山，山彙上十三座山峰連綿起伏，似銀龍飛舞，故得名。

天寶山彙，香格里拉高原七大雪山之一，全域四千公尺以上的雪峰一百多座，山間人跡罕至，原始森林遮天蔽日。

瀾滄江，以長度計的世界第六大河，出中國後為湄公河。於三江併流峽谷區，河流穿梭於乾熱河谷間，兩側公路蜿蜒在陡峭的山壁上。

上　威爾森傳奇中著名的岷江（帝王）百合，整體與細部形態都與臺灣百合頗為相似。
下　橫斷山的尼泊爾籟簫形態，明顯與臺灣不同。

5600—3400萬年前 始新世	4400—3400萬年前 始新世晚期	3400—2300萬年前 漸新世
印度板塊繼續靠近亞洲大陸。喜馬拉雅山海拔尚低，可能僅有一千至二千公尺。拉薩板塊南緣的岡底斯山脈部分地區或已高達四千五百公尺。	青藏高原中部存在一個中央谷地，海拔可能不超過二千公尺。	現今各大高山山脈多在此時期隆起。洛磯山脈持續抬升，非洲板塊持續向北擠壓歐亞板塊，阿爾卑斯山脈隨之開始隆起，並將新特提斯洋的殘餘部分與大洋隔離開。橫斷山北部已具有一定高海拔區域，可能有四千公尺的山區。喜馬拉雅山海拔則大約來到二千公尺。青藏高原北部（羌塘地塊和松潘—甘孜地塊）逐漸抬升。
大約在四千七百萬年前，青藏高原所處之地未達此刻的海拔，氣候相較溫暖。東亞仍存在一定面積的乾旱區。	全球氣候季節性差異增加，夏季更乾更熱，冬季則更冷更溼。北半球中緯度帶出現乾燥地域。北半球年均溫開始緩慢、震盪地下降，直至漸新世初期開始迅速降溫。	始新世／漸新世之交，受南極洲逐漸冰封影響，全球氣候從溫暖潮溼開始過渡到較冷且季節性增強的狀態。在漸新世初，南極洲冰河作用伊始。漸新世／中新世之交，東亞季風形成，東亞乾旱帶或於此時開始消失。
	某些地區森林分布範圍縮小。青藏高原中部地區或以亞熱帶植被為主。	橫斷山已是諸多高山植物演化的天堂，雲貴高原石灰岩地形持續發育中。古歐洲動物相滅絕，亞洲動物西遷。草原生態系在全球的擴張。被子植物繼續在全球擴張，熱帶和亞熱帶森林被溫帶落葉林所取代。青藏高原北部從古近紀到新近紀的隆起增強了東亞季風氣候系統，將東亞植被從落葉闊葉林為主的乾旱、半乾旱類型轉變為以常綠闊葉林為主的溼潤、半溼潤植被類型，促進植物多樣性的增加。

附錄一　地質事件表

時間	6550—5600萬年前	5600萬年前	5300—5000萬年前
地質年代	古新世	古新世／始新世	始新世早期
古地質事件			
古氣候事件	新生代伊始，全球整體氣候溫暖潮溼。全球年均溫可達攝氏二十度，地球表層的氣溫比現在高出近十度。各地多有高降雨，但東亞可能存在大面積的乾旱或半乾旱地帶。	古新世－始新世極熱事件（PETM），全球溫度平均上升攝氏五至八度。	始新世早期氣候適宜期（EECO），高溫的氣候以及溫暖海洋的存在，全球環境仍偏溫暖而潮溼，棕櫚樹分布範圍北可及阿拉斯加和北歐地區。
古生態變遷	溫暖溼潤的氣候蘊生世界各地的熱帶和亞熱帶森林，如今中緯度帶的溫帶森林分布範圍拓展到高緯度區，一些落葉闊葉樹種從亞洲東北，經由白令陸橋抵達北美洲。北美洲西部蔓延著廣大的森林。	原始哺乳動物出現在歐洲和北美地區	除了乾旱的沙漠，地表大致被森林所覆蓋。極地地區的森林面積廣大。如今寒冷的格陵蘭島和阿拉斯加都有溫帶森林分布，甚至可能有亞熱帶植被。熱帶雨林則擴展至太平洋西北岸和歐洲地區。

800萬年前	550萬年前	530－260萬年前	250－120萬年前
晚中新世	晚中新世	上新世	更新世
	白令陸橋消失。喜馬拉雅山持續隆升，臺灣島經蓬萊造山運動抬升出水面。非洲板塊與歐洲板塊的碰撞使地中海開始形成。新特提斯洋消失。	喜馬拉雅山劇烈隆升，海拔達到四千至五千公尺。巴拿馬地峽抬升。	
東亞季風系統開始增強	現代地中海的半乾旱氣候逐漸成形	全球年均溫劇烈下降。喜馬拉雅山造成的雨影效應進一步旱化青藏高原與岡底斯山脈。	歐洲和北美發生被稱為冰河期（第四紀冰期）的寒冷階段，其間隔時間約為四萬至十萬年。漫長的冰河期被更溫和、更短的間冰期隔開，間冰期通常會持續大約一萬至一萬五千年。上一次冰河期大約在一萬年前結束。
東亞常綠闊葉林擴張		南美洲的有袋類動物幾乎滅絕。全世界熱帶植物種類減少，只有在赤道地區還有熱帶雨林。全球尺度上，溫帶落葉林擴展。高緯度帶被針葉林和凍土地帶覆蓋。除南極洲外，所有大陸上的草原生態系分布擴張。亞洲和非洲出現疏林草原和沙漠。	橫斷山－臺灣間斷分布形成

（游旨价製表）

時間	2300—1600萬年前	1800—1480萬年前	1480—1410萬年前	1600—1160萬年前	1160—550萬年前
地質年代	早中新世	中中新世	中中新世	中中新世	晚中新世
古地質事件	青藏高原隆起。喜馬拉雅山海拔尚不達四千公尺。安地斯山北部和中部海拔抬升。		南極洲東部冰原（EAIS）增長	東非大裂谷抬升。非洲—阿拉伯大陸與歐亞大陸在中新世接合。中亞山系海拔逐步抬升。	青藏高原逐漸旱化。古地中海逐漸退卻，喜馬拉雅山階段性大隆起開始。
古氣候事件	全球再次短暫進入升溫期。喜馬拉雅山海拔尚不足以阻擋印度洋水氣。青藏高原仍較為溼潤。	中中新世時出現短暫的氣溫最佳期（MMCO）。全球平均氣溫大約比今天還要溫暖攝氏四至五度。	中中新世時出現短暫、穩定的寒冷期		東亞季風進一步增強。全球年均溫持續下降。
古生態變遷	岡底斯山脈發育溫帶落葉闊葉林		全球各地約有三〇%的哺乳動物滅絕。海洋生物也有一批滅絕潮。		中亞與歐洲亞熱帶常綠闊葉林分布縮減。暖溫帶硬葉林、灌叢和莽原擴張。北半球溫帶植物傳播至安地斯山。全球C4草本植物開始擴張。季風為橫斷山與華南帶來溼潤的水氣，如今的東亞常綠闊葉林開始擴張。

附錄二　植物屬名對照表

科名	科名中文	屬名	屬名中文
Adoxaceae	五福花科	*Viburnum*	莢迷屬
Amborellaceae	無油樟科	*Amborella*	無油樟屬
Aquifoliaceae	冬青科	*Ilex*	冬青屬
Araliaceae	五加科	*Panax*	人蔘屬
Asteraceae	菊科	*Anaphalis*	籟簫屬
Begoniaceae	秋海棠科	*Begonia*	秋海棠屬
Berberidaceae	小檗科	*Berberis*	小檗屬
		Mahonia	十大功勞屬
Caprifoliaceae	忍冬科	*Scabiosa*	藍盆花屬
		Triplostegia	雙參屬
Coriariaceae	馬桑科	*Coriaria*	馬桑屬
Cupressaceae	柏科	*Chamaecyparis*	扁柏屬
		Fokienia	福建柏屬
		Taiwania	臺灣杉屬
Ericaceae	杜鵑花科	*Calluna*	帚石楠屬
		Erica	歐石楠屬
		Rhododendron	杜鵑花屬
Fabaceae	豆科	*Astragalus*	紫雲英屬
Fagaceae	殼斗科	*Castanopsis*	苦櫧屬
		Fagus	山毛櫸屬
		Lithocarpus	石櫟屬
		Quercus	麻櫟屬
		Trigonobalanus	三棱櫟屬
Gentianaceae	龍膽科	*Gentiana*	龍膽屬
		Tripterospermum	肺形草屬
Hernandiaceae	蓮葉桐科	*Illigera*	青藤屬
Hydrangeaceae	八仙花科	*Hydrangea*	繡球屬
Lauraceae	樟科	*Aiouea*	杯托樟屬
		Camphora	樟屬
		Cinnamomum	肉桂屬
		Kuloa	碗托樟屬
		Litsea	木薑子屬
		Machilus	楨楠屬
		Neolitsea	新木薑子屬
		Ocotea	甜樟屬
		Phoebe	雅楠屬
		Sassafras	檫樹屬
Magnoliaceae	木蘭科	*Magnolia*	木蘭屬
		Manglietia	木蓮屬
Moraceae	桑科	*Ficus*	榕屬
Oleaceae	木犀科	*Ligustrum*	女貞屬
		Osmanthus	木犀屬
Orchidaceae	蘭科	*Cypripedium*	喜普鞋蘭屬
Orobanchaceae	列當科	*Pedicularis*	馬先蒿屬
Papaveraceae	罌粟科	*Meconopsis*	綠絨蒿屬
Pentaphylacaceae	五列木科	*Cleyera*	紅淡比屬
		Eurya	柃木屬
		Ternstroemia	厚皮香屬
Pinaceae	松科	*Larix*	落葉松屬
		Pinus	松屬
Poaceae	禾本科	*Fargesia*	矢竹屬
		Sarocalamus	冷箭竹屬
		Yushania	玉山箭竹屬
Primulaceae	報春花科	*Primula*	報春花屬
Pteridaceae	鳳尾蕨科	*Aleuritopteris*	粉背蕨屬
Ranunculaceae	毛茛科	*Anemone*	銀蓮花屬
		Clematis	鐵線蓮屬
		Coptis	黃連屬
Rhamnaceae	鼠李科	*Ventilago*	翼核果屬
Rosaceae	薔薇科	*Cotoneaster*	鋪地蜈蚣屬
		Photinia	石楠屬
		Prinsepia	扁核木屬
		Rosa	薔薇屬
Sapindaceae	無患子科	*Aesculus*	七葉樹屬
Saxifragaceae	虎耳草科	*Astilbe*	落新婦屬
Schisandraceae	五味子科	*Illicium*	八角屬
Simaroubaceae	苦木科	*Ailanthus*	臭椿屬
Theaceae	茶科	*Camellia*	山茶屬
		Schima	木荷屬
Trochodendraceae	昆欄樹科	*Tetracentron*	水青樹屬
Ulmaceae	榆科	*Cedrelospermum*	椿榆屬

（胡嘉穎製表）

附錄二　植物學名對照表

學名	中文名
Abies delavayi var. *motuoensis*	墨脫冷杉
Abies ernestii var. *salouenensis*	雲南黃果冷杉
Abies georgei	長苞冷杉
Abies kawakamii	臺灣冷杉
Abies spectabilis	西藏冷杉
Ailanthus altissima var. *tanakai*	臺灣樗樹／臭椿
Amborella trichopoda	無油樟
Anaphalis nepalensis	尼泊爾籟簫／兒玉菊
Anemone montana	高山繡球藤
Anemone stolonifera	匍枝銀蓮花
Anemone vitifolia var. *matsudae*	小白頭翁
Argentina leuconota	玉山金梅
Berberis aristatoserrulata	長葉小檗
Berberis bicolor	二色小檗
Berberis hayatana	早田氏小檗
Berberis kawakamii	臺灣小檗
Berberis morrisonensis	玉山小檗
Berberis pengii	南臺灣小檗
Berberis purpureocaulis	紫色小檗
Berberis ravenii	神武小檗
Berberis zhaoi	趙氏小檗
Bretschneidera sinensis	鐘萼木
Camphora officinarum	樟樹
Castanopsis eyrei	反刺苦櫧
Chamaecyparis lawsoniana	美國扁柏
Chamaecyparis obtusa	日本扁柏
Chamaecyparis pisifera	日本花柏
Chamaecyparis thyoides	美國尖葉扁柏
Cinnamomum kanehirae	牛樟
Cinnamomum longipetiolatum	長柄樟
Cinnamomum saxatile	岩樟
Clematis akoensis	屏東鐵線蓮
Clematis psilandra	臺灣草牡丹
Clematis tsugetorum	高山鐵線蓮
Coptis morii	森氏黃連
Coptis quinquefolia	五葉黃連
Coriaria intermedia	臺灣馬桑
Cycas revoluta	琉球蘇鐵/蘇鐵
Cycas taitungensis	臺東蘇鐵
Cypripedium henryi	綠花杓蘭
Cypripedium debile	小老虎七／對葉杓蘭
Cypripedium fasciolatum	大葉杓蘭
Cypripedium sagawae	臺灣喜普鞋蘭
Cypripedium franchetii	毛杓蘭
Cypripedium japonicum	日本杓蘭
Cypripedium macranthos	大花杓蘭
Cypripedium segawai	寶島喜普鞋蘭／黃花喜普鞋蘭
Cypripedium smithii	褐花杓蘭
Cypripedium taiwanalpinum	奇萊喜普鞋蘭
Epilobium nankotaizanense	南湖柳葉菜
Fagus crenata	圓齒山毛櫸
Fagus hayatae	臺灣山毛櫸
Fagus japonica	日本山毛櫸
Gleditsia sinensis	皂莢
Juniperus squamata	玉山圓柏
Larix potaninii var. *australis*	南方紅杉
Laurus azorica	亞述爾月桂樹
Laurus nobilis	月桂樹
Leontopodium microphyllum	玉山薄雪草
Lithocarpus amygdalifolius	杏葉石櫟
Lithocarpus corneus	後大埔石櫟
Litsea cubeba	山胡椒
Litsea elongata var. *mushaensis*	霧社木薑子
Machilus thunbergii	紅楠
Machilus zuihoensis var. *zuihoensis*	香楠
Panax quinquefolius	花旗蔘
Pedicularis ikomaii	南湖蒿草
Phoebe formosana	臺灣雅楠
Picea likiangensis var. *linzhiensis*	林芝雲杉
Picea morrisonicola	臺灣雲杉
Pinus bhutanica	不丹松
Pinus densata	高山松
Pinus kesiya	卡西亞松
Pinus kesiya var. *langbianensis*	思茅松
Pinus longaeva	狐尾松（大盆地刺果松）
Pinus pumila	偃松
Pinus taiwanensis	臺灣二葉松
Pinus yunnanensis	雲南松
Polystichum glaciale	玉龍蕨

▼續下頁

學名	中文名
Primula miyabeana	玉山櫻草
Prinsepia scandens	假皂莢
Prinsepia sinensis	東北扁核木
Prinsepia uniflora	蕤核
Prinsepia utilis	青刺尖
Quercus alba	白橡
Quercus bawanglingensis	壩王櫟
Quercus dentata	槲樹
Quercus engleriana	巴東櫟
Quercus glauca	青剛櫟
Quercus montana	栗橡
Quercus morii	森氏櫟
Quercus pachyloma	捲斗櫟
Quercus pseudosemecarpifolia	光葉高山櫟
Quercus rhombifolia	菱葉櫟
Quercus robur	夏櫟
Quercus semecarpifolia	刺葉高山櫟
Quercus setulosa	富寧櫟
Quercus tarokoensis	太魯閣櫟
Quercus tatakaensis	塔塔加櫟
Quercus utilis	炭櫟
Rheum nobile	塔黃
Rhododendron breviperulatum	南澳杜鵑
Rhododendron decorum	大白杜鵑
Rhododendron delavayi	馬纓杜鵑
Rhododendron farrerae	丁香杜鵑
Rhododendron formosanum	臺灣杜鵑
Rhododendron fortunei	雲錦杜鵑
Rhododendron fulgens	猩紅杜鵑
Rhododendron pseudochrysanthum subsp. *morii* var. *taitunense*	紅星杜鵑
Rhododendron hyperythrum	南湖杜鵑
Rhododendron indicum	皋月杜鵑
Rhododendron kanehirae	烏來杜鵑
Rhododendron kawakamie	著生杜鵑

學名	中文名
Rhododendron leptosanthum	西施花
Rhododendron mole ssp. *japonica*	日本羊躑躅
Rhododendron molle	羊躑躅
Rhododendron morii	森氏杜鵑
Rhododendron oldhamii	金毛杜鵑
Rhododendron primuliflorum	櫻草杜鵑
Rhododendron protistum var. *giganteum*	大樹杜鵑
Rhododendron pseudochrysanthum	玉山杜鵑
Rhododendron sinogrande	凸尖杜鵑
Ribes formosanum	臺灣茶藨子
Rosa sericea var. *morrisonensis*	玉山薔薇
Rosa sericea	絹毛薔薇
Sassafras albidum	北美檫樹
Sassafras randaiense	臺灣檫樹
Sassafras tzumu	華中檫木
Scabiosa comosa	窄葉藍盆花
Scabiosa japoica	日本藍盆花
Scabiosa lacerifolia	玉山山蘿蔔
Sedum actinocarpum	星果佛甲草
Sedum tarokoense	太魯閣佛甲草
Sequoia sempervirens	紅杉／北美紅杉
Sequoiadendron giganteum	世界爺
Sorbus randaiensis	巒大花楸
Taiwania cryptomerioides	臺灣杉
Taiwania flousiana	禿杉
Thalictrum urbaini var. *majus*	大花傅氏唐松草
Thalictrum urbaini var. *urbaini*	傅氏唐松草
Triplostegia glandulifera	三萼花草
Trochodendron aralioides	昆欄樹
Tsuga chinensis	鐵杉
Tsuga dumosa	雲南鐵杉
Tsuga formosana	臺灣鐵杉
Tsuga forrestii	麗江鐵杉
Yushania niitakayamensis	玉山箭竹

（胡嘉穎製表）

致謝

這本書源於過去十九年來我在臺灣登山時所累積的思考。那些也許是我在腦中天馬行空的問題，像是為什麼臺灣高山上會有美麗的山地杜鵑花？我們的山地森林又為什麼是由某些特定樹種所組成？這一切是偶然還是有原因？在學術研究中要探討這些問題，可能需要很長的時間。也因此，我首先想感謝春山出版社讓我有這個機會自由地在這本書裡自己回答自己的問題，以及總編輯小瑞的討論與編輯工作。在難熬的寫作過程裡，我想謝謝威澄的支持與鼓勵，還有細心的編輯嘉穎學姐、每次返臺時常跟我討論寫作的Jater、張簡。另外，特別感謝西雙版納熱帶植物園的星耀武研究員，帶我走進橫斷山的生物多樣性世界。感謝張秋月博士、丁文娜博士、韓廷申博士、黃健博士給予我在橫斷山植物演化歷史的灼見。感謝生物地理與生態學課題組的師弟妹們對我的生活給予貼心照料。在成書之前，謝謝上下游副刊給我一個練習寫作的天地，以及古碧玲總編無私的支持。感謝成都博物學人張一的鼓勵，並提供本書許多植物圖片。感謝昆明博物學人邱天、陶陶老師協助我更深入理解橫斷山的文史。謝謝在昆明所有的攀岩夥伴們（大腳、高老師、宇航、鄧老師）的陪伴。謝謝爲本書審稿的趙建棣博士、廖培鈞老師與楊智凱學長。謝謝洪廣冀學長費心撰寫的導讀，詹偉雄先生、徐如林學姐為本書所撰之推薦專文。謝謝所有推薦人，以及試讀草稿的朋友們，感謝你們願意花時間看不成熟的文字。謝謝授權我們使用攝影作品的各位老師、前輩、學長姐、學弟妹，以及愛丁堡皇家植物園的Mark Hughes與Leonie Paterson，因為你們，這本書的內容才得以立體與具像。感謝柳志昀、仲耘和雅婷製作地圖。感謝張一、小銘所繪的精美插圖；萬萬（萬向欣）細緻的設計、無畏的創作；謝謝丸同連合高效率為本書設計出兼顧人文與科學的版面。最後謝謝瀚嶢與錦堯再次為本書以及臺灣的山林與植物作畫。

二〇二三年於昆明

Voice
春山之聲
O46

橫斷臺灣：追尋臺灣高山植物地理起源

Traverse Taiwan: : On the Phytogeographical Origin of Montane Plants in Taiwan

作　　者　游旨价
內頁繪圖　黃瀚嶢、王錦堯、張一、馮銘如
地圖繪製　柳志昀、游旨价、郭仲耘、楊雅婷、丸同連合
照片授權　愛丁堡皇家植物園（Royal Botanic Garden Edinburgh）、白欽源、伊東拓朗、吳金臺、林雋、崔祖錫、張一、張之毅、許永暉、郭英豪、雪羊（黃鈺翔）、黃柏雯、黃健、楊智凱、鄒滔、鄭元皓、謝牡丹、謝佳倫
審　　訂　趙建棣（全書）、廖培鈞（第一、四章）、楊智凱（第二、三章）

總 編 輯　莊瑞琳
責任編輯　莊瑞琳．胡嘉穎
行銷企畫　甘彩蓉
業　　務　尹子麟
封面繪圖．設計　萬向欣
內頁美術統籌　丸同連合 UN-TONED Studio
法律顧問　鵬耀法律事務所戴智權律師

出　　版　春山出版有限公司
地　　址　116臺北市文山區羅斯福路六段297號10樓
電　　話　(02) 2931-8171
傳　　真　(02) 8663-8233

總 經 銷　時報文化出版企業股份有限公司
電　　話　(02) 23066842
地　　址　桃園市龜山區萬壽路二段351號
製　　版　瑞豐電腦製版印刷股份有限公司
印　　刷　搖籃本文化事業有限公司

初版一刷　2023年7月　ISBN 978-626-7236-35-2（紙書）
初版三刷　2024年5月　978-626-7236-37-6（EPUB）
定　　價　750元　978-626-7236-36-9（PDF）

國家圖書館預行編目資料

橫斷臺灣：追尋臺灣高山植物地理起源／游旨价著.—初版.—
臺北市：春山出版有限公司，2023.07
464面；17×23公分.—（春山之聲；46）

ISBN 978-626-7236-35-2（平裝）
1.CST：植物地理學　2.CST：山地生物　3.CST：臺灣
374.33　112008127

春山出版

Email　SpringHillPublishing@gmail.com
Facebook　www.facebook.com/springhillpublishing/

填寫本書線上回函

All Voices from the Island

島嶼湧現的聲音